A. Zeeck, I. Mey, S. Grond

Prüfungstraining Chemie für Mediziner

Axel Zeeck, Ingo Mey, Stephanie Grond

Prüfungstraining Chemie für Mediziner

4. Auflage

Mit 400 Fragen und Antworten sowie 15 Lösungsvideos

ELSEVIER

Elsevier GmbH, Bernhard-Wicki-Str. 5, 80636 München, Deutschland
Wir freuen uns über Ihr Feedback und Ihre Anregungen an kundendienst@elsevier.com

ISBN 978-3-437-42449-6

Wichtiger Hinweis für den Benutzer
Die medizinischen Wissenschaften unterliegen einem sehr schnellen Wissenszuwachs. Der stetige Wandel von Methoden, Wirkstoffen und Erkenntnissen ist allen an diesem Werk Beteiligten bewusst. Sowohl der Verlag als auch die Autorinnen und Autoren und alle, die an der Entstehung dieses Werkes beteiligt waren, haben große Sorgfalt darauf verwandt, dass die Angaben zu Methoden, Anweisungen, Produkten, Anwendungen oder Konzepten dem aktuellen Wissensstand zum Zeitpunkt der Fertigstellung des Werkes entsprechen.
Der Verlag kann jedoch keine Gewähr für Angaben zu Dosierung und Applikationsformen übernehmen. Es sollte stets eine unabhängige und sorgfältige Überprüfung von Diagnosen und Arzneimitteldosierungen sowie möglicher Kontraindikationen erfolgen. Jede Dosierung oder Applikation liegt in der Verantwortung der Anwenderin oder des Anwenders. Die Elsevier GmbH, die Autorinnen und Autoren und alle, die an der Entstehung des Werkes mitgewirkt haben, können keinerlei Haftung in Bezug auf jegliche Verletzung und/oder Schäden an Personen oder Eigentum, im Rahmen von Produkthaftung, Fahrlässigkeit oder anderweitig übernehmen.

Bibliografische Information der Deutschen Nationalbibliothek
Die Deutsche Nationalbibliothek verzeichnet diese Publikation in der Deutschen Nationalbibliografie; detaillierte bibliografische Daten sind im Internet über https://www.dnb.de abrufbar.

22 23 24 25 26 6 5 4 3 2

In ihren Veröffentlichungen verfolgt die Elsevier GmbH das Ziel, genderneutrale Formulierungen für Personengruppen zu verwenden. Um jedoch den Textfluss nicht zu stören sowie die gestalterische Freiheit nicht einzuschränken, wurden bisweilen Kompromisse eingegangen. Selbstverständlich sind **immer alle Geschlechter** gemeint.

Planung: Veronika Rojacher
Projektmanagement: Dr. Andrea Beilmann
Redaktion: Dr. Andrea Beilmann; Bernd Schlupeck, München
Rechteklärung: Petra Sneed
Satz: abavo GmbH, Buchloe/Deutschland
Druck und Bindung: Rodona Industria Gráfica, S.L., Pamplona/Spanien
Fotos/Zeichnungen: Stefan Dangl, München; Sabine Weinert-Spieß, Neu-Ulm; Dr. Wolfgang Zettlmeier, Barbing
Umschlaggestaltung: SpieszDesign, Neu-Ulm

Aktuelle Informationen finden Sie im Internet unter **www.elsevier.de**

Vorwort

„Übung macht den Meister“ ist das Motto für unser Prüfungstraining. Lernen in Vorlesungen, aus dem Lehrbuch, in Seminaren und Praktika ist das eine. Irgendwann aber bedarf es der Selbstkontrolle, wie viel man vom Lernstoff verstanden und behalten hat. Die in den schriftlichen Examina verwendeten Multiple-Choice-Aufgaben sind hierfür jedoch denkbar ungeeignet. Auch das Nacharbeiten gelaufener Prüfungsaufgaben ist nicht zielführend, weil kein systematisches Training zu Stande kommt. Dies ist in diesem Buch ganz anders. Unser Anliegen ist es, Sie mit Aufgaben aus der Chemie für Mediziner gedanklich beweglich zu machen und Sie zu einem freien Umgang mit den Lerninhalten einzelner Themenbereiche anzuleiten, wie es für schriftliche und mündliche Prüfungen gleichermaßen benötigt wird. Sie begegnen ganz unterschiedlichen Aufgabenformaten, darunter sind auch Multiple-Choice-Aufgaben. Im Vordergrund steht jedoch, dass das Lernen auch Spaß machen kann, wenn es zuweilen spielerisch oder knifflig wird.

Neu ist, dass wir zu 15 ausgewählten Übungsaufgaben ein Lösungsvideo anbieten, das Sie über einen QR-Code auf Ihrem Smartphone oder Tablet aktivieren können. Dabei wird nicht die Aufgabe selbst gelöst, sondern eine Analogaufgabe. Der Transfer zur Aufgabe im Buch sollte dann möglich sein und zeigt Ihnen, ob Sie alles verstanden haben.

Lernen ist nicht eine Wegstrecke, die man gemäß irgendwelcher Vorgaben einfach zurücklegt. Man erreicht zwar ein Ziel, stellt aber mit Erstaunen fest, dass es nicht das ist, was im späteren Beruf als Ärztin oder Arzt von einem verlangt wird. Um diese Kompetenzen zu erreichen, bedarf es der Orientierung links und rechts der Lernstrecke. Erst dann entsteht ein Raum, in dem man sich die Inhalte, die für die spätere Berufstätigkeit wichtig sind, zu eigen macht. Genau dies versuchen wir mit diesem Prüfungstraining zu erreichen.

In den Kapiteln orientieren wir uns zunächst eng an den jeweiligen Themenbereichen des Lehrbuchs und des IMPP-Gegenstandskatalogs (GK-1). Mit den Übungsaufgaben im Anhang B öffnen wir den Raum themenübergreifend, um dann im neu konzipierten Anhang C (Medizin und Chemie) größere Brücken in die Medizin zu bauen. Das verwendete Fragenformat Multiple-Choice^{forte} stellt dabei sicher, dass Sie innerhalb Ihrer Kompetenzen beweglich werden. Was Sie vielleicht überrascht: Alle Aufgaben lassen sich mit unserem Lehrbuch „Chemie für Mediziner“ (10. Auflage, 2020) lösen, weil dort die Brücken von der Chemie zur Medizin schon angelegt sind.

Unser Dank gilt dem Projektmanagement und dem Lektorat, insbesondere Frau Veronika Rojacher und Frau Dr. Andrea Beilmann für die Bereitschaft, diesen auch in der Aufmachung ungewöhnlichen Lerntext erneut auf den Weg zu bringen und sowohl durch die Aufnahme neuer Aufgaben im Anhang C (Medizin und Chemie), als auch durch völlig neu gestaltete Lösungsvideos zu bereichern.

Göttingen, im Juni 2021
Axel Zeeck, Ingo Mey und Stephanie Grond

Adressen

Prof. Dr. rer. nat. Axel Zeeck
Georg-August-Universität Göttingen
Institut für Organische und Biomolekulare Chemie
Tammannstr. 2
37077 Göttingen

Prof. Dr. rer. nat. Stephanie Grond
Eberhard-Karls-Universität Tübingen
Institut für Organische Chemie
Auf der Morgenstelle 18
72076 Tübingen

Dr. rer. nat. Ingo P. Mey
Lippbergstr. 34
37120 Bovenden

Fehler gefunden?

https://else4.de/978-3-437-42449-6

An unsere Inhalte haben wir sehr hohe Ansprüche. Trotz aller Sorgfalt kann es jedoch passieren, dass sich ein Fehler einschleicht oder fachlich-inhaltliche Aktualisierungen notwendig geworden sind.

Sobald ein relevanter Fehler entdeckt wird, stellen wir eine Korrektur zur Verfügung.

Mit diesem QR-Code gelingt der schnelle Zugriff.
Wir sind dankbar für jeden Hinweis, der uns hilft, dieses Werk zu verbessern. Bitte richten Sie Ihre Anregungen, Lob und Kritik an folgende E-Mailadresse: kundendienst@elsevier.com

Hinweise zur Benutzung des Buches

Die Aufgaben in den einzelnen Kapitel sprechen unterschiedliche Arbeitsweisen und Fähigkeiten an. Es ist z. B. vorgesehen, dass Sie Texte, Diagramme oder Schemata ergänzen, Aussagen beurteilen, Formeln, Namen oder funktionelle Gruppen in chemischen Verbindungen zuordnen sowie Rechenaufgaben lösen. Vor jeder Aufgabe steht ein Symbol, um Sie visuell darauf vorzubereiten, was Sie erwartet.

Am Anfang gehen die Türen auf **(Ouvertüre)**. Ein Lückentext fasst wichtige Grundlagen eines Kapitels zusammen und gibt Ihnen die Möglichkeit, Ihren Wissensstand einzuschätzen. Gibt es hier zu viele Lücken, greifen Sie erst noch mal zum Lehrbuch, bevor Sie weitermachen.

Trainieren und Zuordnen dient der Wiederholung von Fakten und Zusammenhängen mit unterschiedlichen Aufgabentypen. Der Hinweis *mit Extrablatt* bedeutet, dass die Lösung umfangreicher ist und ein gesondertes Blatt erfordert.

Multiple-Choice-Aufgaben gehören zum Standard der schriftlichen Medizin-Examina. Solche Aufgaben müssen auch geübt werden. Sie sind in der Regel leicht, wenn der Stoff verstanden wurde. Durch das Lösen solcher Aufgaben lässt sich allerdings kein Verständnis für die Themen eines Faches gewinnen, zumal man die Lösung häufig im Ausschlussverfahren finden kann. Die Zahl dieser Aufgaben haben wir begrenzt, und wir lassen Sie aus didaktischen Gründen nicht nur die richtige Antwort neben vier falschen suchen (Standardformat), sondern auch die falsche Antwort neben vier richtigen.

forte

Multiple Choice[forte] bedeutet, dass Sie in einem Themenbereich bei einer variablen Anzahl von Angaben zwischen Richtig und Falsch entscheiden sollen, ohne zu wissen, wie die Verteilung ist. Dies ist eine Weiterentwicklung des heutigen Multiple-Choice-Standards (s. Nachwort auf S. 183). Bei zu vielen Fehlern in der Lösung sollten Sie erneut auf das Lehrbuch zurückgreifen.

Netzdenken soll Ihnen helfen, die vielen Details einzelner Themen in den Zusammenhang zu stellen, was Ihnen mehr Übersicht verschafft und wodurch Sie am leichtesten bemerken können, ob der Stoff in Ihnen „lebendig" geworden ist. Die Kreuzworträtsel trainieren das Verständnis von Definition und Begriffen.

Rechnen in der „Chemie für Mediziner" bereitet häufig Schwierigkeiten, weil es dort nicht erwartet wird. Der Hinweis *mit Extrablatt* besagt, dass Sie den Lösungsweg nicht ins Buch schreiben sollten, sondern nur das Ergebnis. Für jede Rechenaufgabe wird der Rechenweg im Lösungsteil Schritt für Schritt erklärt (siehe Anhang A).

https://else4.de/3hy

Audiovisuelle Lösungshilfen bei 15 ausgewählten Aufgaben sollen Ihnen helfen, sobald Sie beim Lösen dieser Aufgabe auf Schwierigkeiten stoßen oder Fragen zum Lösungsweg haben. Sie finden einen QR-Code in der Randspalte, dessen Inhalt Sie mit Ihrem Smartphone oder Tablet sowie über short links an Ihrem Computer öffnen können.

Medizin und Alltag werden in einfachen Aufgaben immer wieder eingestreut, um Sie daran zu erinnern, warum Sie sich als Medizinstudierende überhaupt mit der Chemie beschäftigen.

Inhaltsverzeichnis

Im **Anhang A** werden die wichtigsten Rechenwege in der Chemie anhand ganz einfacher Aufgaben nochmals gründlich erklärt.

Im **Anhang B** finden Sie themenübergreifende Fragen, die den Stoff der verschiedenen Kapitel bis in die Biochemie hinein vernetzen.

Im **Anhang C** (Medizin und Chemie) beschreiten wir neue Wege, um medizinischen Sachverhalten mit solchen der Chemie und der Biochemie zu vernetzen. Wir wählen dafür ausschließlich den Fragentyp Multiple Choice^{forte}. Diese Aufgaben sind alle mit dem Lehrbuch „Chemie für Mediziner" (10. Auflage) zu lösen. Außerdem definieren wir bei jeder der 25 Fragen die behandelte Thematik, den sog. Lerngegenstand, um die notwendige und mögliche Integration der Fächer Chemie und/oder Biochemie in die Medizin zu verdeutlichen.

Fragen

1 Atombau

Ouvertüre

(1) Jedes Atom besitzt einen Kern (1.1) und eine Elektronenhülle (1.2). Der Atomkern ist positiv (1.3) geladen und vereint nahezu die gesamte Masse (1.4) eines Atoms (1.5) in sich. Der Atomkern besteht aus positiv (1.6) geladenen Protonen (1.7) und ungeladenen Neutronen (1.8). Die negativ (1.9) geladenen Elektronen umgeben den Atomkern (1.10) als Wolke negativer (1.11) Ladung. Atome sind nach außen hin neutral (1.12), d .h., die Zahl der Elektronen in der Elektronenhülle (1.13) eines Atoms entspricht der Zahl der Protonen (1.14) im Kern (1.15).

Multiple Choice

(2) Welche Aussage trifft **nicht** zu?

- A Die Masse eines Protons ist etwa um den Faktor 2000 größer als die eines Elektrons.
- B Der Durchmesser des Atomkerns ist um den Faktor 10 kleiner als der des Atoms.
- C Die Zahl der Neutronen im Atomkern kann größer, gleich oder kleiner als die der Protonen sein.
- D Die Kernladungszahl eines Atoms entspricht der Anzahl der Protonen im Atomkern.
- E Die Ordnungszahl eines Elements entspricht der Kernladungszahl der zugehörigen Atome.

Trainieren und Zuordnen

(3) Über den Aufbau eines Atoms gibt die Schreibweise $^{A}_{Z}M$ Auskunft. Ergänzen Sie die fehlenden Angaben in der Tabelle (M = Elementsymbole, A = Massenzahl, Z = Ordnungszahl).

Symbol	Name	A	Z	Protonenzahl	Neutronenzahl	Elektronenzahl	$^{A}_{Z}M$
C	Kohlenstoff	12	6	6	6	6	$^{12}_{6}C$
N	Stickstoff	14	7	7	7	7	$^{14}_{7}N$
O	Sauerstoff	16	8	8	8	8	$^{16}_{8}O$
P	Phosphor	31	15	15	16	15	$^{31}_{15}P$
S	Schwefel	32	16	16	16	16	$^{32}_{16}S$

Multiple Choice

(4) Was kennzeichnet ein chemisches Element?

- A Substanz, die sich in einfachere Substanzen zerlegen lässt.
- B Substanz, die bei Raumtemperatur gasförmig ist.
- C Substanz, deren Atome überschüssige Neutronen enthalten.
- D Substanz, bei der alle Atome dieselbe Kernladungszahl haben.
- E Substanz, die nicht radioaktiv ist.

Multiple Choice

(5) Prüfen Sie die Aussagen über Isotope.

1. Atome eines Elements mit unterschiedlicher Masse
2. Atome mit gleicher Kernladungszahl, aber unterschiedlicher Neutronenzahl
3. Atome mit gleicher Protonenzahl, aber unterschiedlicher Neutronenzahl
4. Isotope eines Elements können stabil oder instabil sein.
5. Es gibt Isotope, die nicht in der Natur vorkommen, sondern sich nur künstlich herstellen lassen (z.B. im Atomreaktor).

Welche Aussagen treffen zu?

- A Nur 1 und 2
- B Nur 1, 2 und 3
- C Nur 2 und 4
- D Nur 3, 4 und 5
- E Alle Aussagen treffen zu.

Trainieren und Zuordnen

(6) Das natürlich vorkommende Element Chlor setzt sich anteilig aus zwei Isotopen zusammen:

- a) $^{35}_{17}Cl$ (relative Atommasse: 34,969) mit einem Anteil von 75,77%
- b) $^{37}_{17}Cl$ (relative Atommasse: 36,966) mit einem Anteil von 24,23%

Die mittlere Atommasse von Chlor ergibt sich als Summe der Atommassen der Isotope unter Berücksichtigung der Anteile.

Welcher Wert errechnet sich für Chlor? ____ (6.1)

Wie lautet der Wert aus dem Periodensystem? ____ (6.2)

Worin unterscheiden sich die Chlor-Isotope?

____ (6.3)

Lückentext

(7) Man kennt ____ (7.1) Wasserstoff-Isotope: $^{1}_{1}H$, $^{2}_{1}H$ (____, 7.2), $^{3}_{1}H$ (____, 7.3). Die Isotope unterscheiden sich in der Anzahl der ____ (7.4) im Atomkern. Die ersten beiden Isotope sind ____ (7.5), Tritium ist instabil (= ____, 7.6). Es hat eine ____ (7.7) von 12,3 Jahren und zerfällt unter Aussendung von ____ (7.8). Markiert man einen Arzneistoff mit ____ (7.9), dann kann man dessen Verbleib im ____ (7.10) durch Messung der Radioaktivität verfolgen (Tracer-Methode).

Die ____ (7.11) des Stoffwechsels können in der Regel nicht zwischen den ____ (7.12) eines Elements unterscheiden, d.h. markierte und unmarkierte ____ (7.13) werden in nahezu gleicher Weise verstoffwechselt.

forte

Trainieren und Zuordnen

(8) Entscheiden Sie, ob die nachstehenden Aussagen zur Elektronenhülle von Atomen richtig oder falsch sind.

		Richtig	Falsch
(8.1)	Die Elektronenhülle eines Atoms enthält mehr Elektronen als Protonen im Kern.		
(8.2)	Die Elektronenhülle besitzt einen gesetzmäßigen Aufbau.		
(8.3)	Für die Beschreibung der Energieniveaus von Elektronen gibt es sechs Quantenzahlen.		
(8.4)	Kein Elektron stimmt in allen Quantenzahlen mit einem anderen überein.		

		Richtig	Falsch
(8.5)	Elektronen, die sich in der äußeren Schale befinden, heißen Valenzelektronen.		
(8.6)	Kohlenstoff hat die Elektronenkonfiguration $1s^2\ 2s^2\ 2p^6\ 3s^1$.		
(8.7)	Orbitale beschreiben den Raum in der Elektronenhülle, in dem die Aufenthaltswahrscheinlichkeit für ein Elektron zwischen 0 und 1 liegt.		
(8.8)	1*s*-Elektronen sind energieärmer als 2*s*-Elektronen.		
(8.9)	*s*-Orbitale sind hantelförmig um den Atomkern angeordnet.		
(8.10)	Bei Atomen von Elementen mit höherer Ordnungszahl gibt es neben *s*- und *p*-Elektronen auch *d*- und *f*-Elektronen.		
(8.11)	Von Element zu Element werden immer erst alle Elektronen einer Schale aufgefüllt, bevor die nächste Schale begonnen wird.		

Rechnen mit Extrablatt

(9) Welche Masse hat 1 mol Kohlenstoff $^{12}_{6}C$? ______________ (9.1)

Wie viele Atome enthält die vorgenannte Menge Kohlenstoff? ______________ (9.2)

Welche Masse haben 0,3 µmol des genannten Kohlenstoffs? ______________ (9.3)

Wie viele Atome enthält die vorgenannte Menge? ______________ (9.4)

300 µmol eines zweiatomigen Elements haben eine Masse von 8,4 mg. Wie groß ist die relative Atommasse des Elements und um welches Element handelt es sich?

______________ (9.5)

https://else4.de/h57

Medizin und Alltag

(10) Welche Aussage zum menschlichen Körper trifft **nicht** zu?

- A Das Gewicht eines Menschen wird ganz überwiegend durch die Protonen und Neutronen der am Aufbau beteiligten Atome bestimmt.
- B Der Mensch besteht aus etwa 10^{23} Atomen, die am Aufbau der Körpersubstanz beteiligt sind.
- C Der Mensch ist etwa 10^{10}-mal größer als der Durchmesser eines Atoms.
- D Der Durchmesser der Sonne ist etwa 10^{9}-mal größer als ein Mensch.
- E Elektromagnetische Felder (z. B. Elektrosmog) können auf den Ladungstransport im menschlichen Körper Einfluss nehmen.

2 Periodensystem der Elemente

Ouvertüre

(1) Man kennt heute ______ (1.1) Elemente, die mit den ____________zahlen (1.2) von 1 bis ______ (1.3) belegt sind. Diese für jedes Element typische Kernladungszahl kennzeichnet die Anzahl der __________ (1.4) im __________ (1.5) der Atome. Die Elemente werden in einem ____________________ (1.6) Schema angeordnet, das man ______________ (1.7) nennt. Das Ordnungsprinzip, nach dem man die __________ (1.8) in __________ (1.9) und __________ (1.10) neben- und untereinander schreibt, wurde ______ (1.11) von den Chemikern ________ (1.12) und Mendelejew erkannt. Es ergab sich aus dem Studium der chemischen ______________ (1.13) der Elemente. Elemente mit ____________ (1.14) Eigenschaften wurden in ____________ (1.15) zusammengefasst. Heute weiß man, dass diese Eigenschaften mit der ____________konfiguration

(1.16) der __________ (1.17) zusammenhängen und man sich mit dieser beschäftigen muss, um das __________________________ (1.18) des Periodensystems zu verstehen.

Trainieren und Zuordnen

(2) Nachstehend finden Sie ein fast leeres Schema des Periodensystems.

(2.1) Wo finden Sie die Perioden 1 bis 6?
(2.2) Wo finden Sie Haupt- und Nebengruppen? Welche Ziffern tragen sie?
(2.3) Tragen Sie die folgenden Elemente in die entsprechenden Kästchen des Periodensystems ein: K, Mg, Ca, C, N, P, S, Fe, Cu, Zn.
(2.4) Welche Gruppe enthält die Alkalimetalle, Erdalkalimetalle, Halogene bzw. Edelgase?
(2.5) Nennen Sie den Namen von allen Elementen, die in dieser Aufgabe nur mit dem Elementsymbol auftauchen.

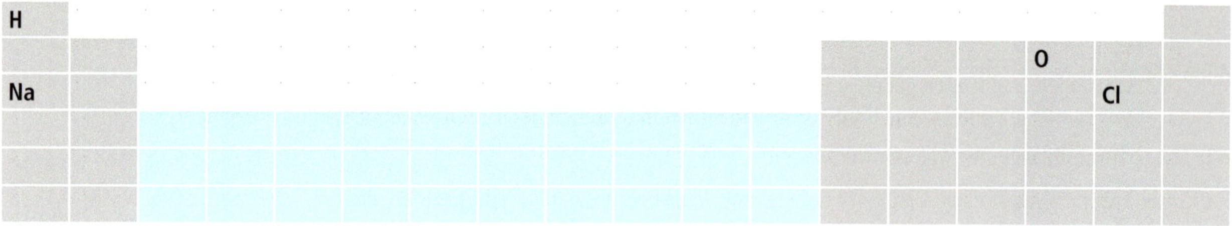

Multiple Choice

(3) Welche Aussage trifft zu?

Das Periodensystem der Elemente

- A war schon den alten Griechen bekannt.
- B ist eine Erfindung der Chemiker und patentgeschützt.
- C ist ein mathematisches Modell aus der Quantenphysik.
- D spiegelt Naturgesetze, die für den Aufbau der Materie gelten.
- E ist in sich abgeschlossen und nicht mehr erweiterbar.

forte

Trainieren und Zuordnen

(4) Entscheiden Sie, welche der folgenden Aussagen zum Periodensystem bzw. zu den einzelnen Elementen richtig oder falsch sind.

		Richtig	Falsch
(4.1)	Das Ordnungsprinzip des Periodensystems ist die relative Atommasse der Elemente.		
(4.2)	Die relative Atommasse eines Elements wird vom Anteil der enthaltenen Isotope bestimmt.		
(4.3)	Alle Elemente bis zur Ordnungszahl 92 (Uran) kommen in der Natur vor.		
(4.4)	Nur die Isotope der Elemente ab der Ordnungszahl 92 (Uran) sind radioaktiv.		
(4.5)	Die waagrechten Reihen im Periodensystem heißen Perioden.		
(4.6)	Beim Durchlaufen der Elemente der 2. Periode von links nach rechts wird die 2. Schale mit maximal acht Elektronen aufgefüllt.		
(4.7)	Edelgase enthalten mit Ausnahme des Heliums acht Valenzelektronen.		
(4.8)	Die Elektronenschalen der Elemente werden nacheinander vollständig mit Elektronen besetzt.		
(4.9)	Nebengruppenelemente enthalten in der Regel zwei Valenzelektronen.		
(4.10)	Alle Nebengruppenelemente sind Metalle.		
(4.11)	Alle Hauptgruppenelemente sind Nichtmetalle.		
(4.12)	Im Periodensystem gibt es mehr Metalle als Nichtmetalle.		
(4.13)	Elemente der 14. Hauptgruppe enthalten vier Valenzelektronen.		
(4.14)	Im „Periodensystem des menschlichen Körpers" haben die meisten Elemente eine Ordnungszahl unter 30.		

Trainieren und Zuordnen

(5) Welche Elemente (jeweils vier) kommen im menschlichen Körper am häufigsten vor? Geben Sie den Namen sowie das Elementsymbol an und ordnen Sie nach abnehmender Häufigkeit.

(5.1) Hauptgruppenelemente:

(5.2) Hauptgruppenmetalle:

(5.3) Nebengruppenelemente:

Multiple Choice

(6) Welche Aussage trifft **nicht** zu?

- A Die Elemente einer Hauptgruppe stimmen in der Anzahl der Valenzelektronen überein.
- B Die Nebengruppen des Periodensystems tragen die Ziffern 3–12.
- C Acht Valenzelektronen geben einem Element eine besondere chemische Stabilität.
- D Die Hauptgruppenelemente Kohlenstoff und Stickstoff weisen unbesetzte Orbitale auf.
- E Die 3. Elektronenschale (M-Schale) kann maximal 8 Elektronen aufnehmen.

Netzdenken

(7) Lösen Sie das Kreuzworträtsel. Beginnen Sie das gesuchte Wort im Kästchen mit der Zahl. (ä = ae)

1. Italienischer Gelehrter, dessen Name in Verbindung mit der Naturkonstanten zur Definition der Stoffmenge auftaucht.
2. Wahrscheinlicher Aufenthaltsort eines Elektrons
3. Spurenelement, das bei Oxidasen eine Rolle spielt.
4. *s*- und *p*-Elektronen unterscheiden sich darin.
5. Element, das für die Diagnostik der Schilddrüsenfunktion in radioaktiver Form verwendet wird.
6. Hauptgruppenelement über Kalium
7. Nebengruppenelement mit Bedeutung für das Hämoglobin
8. Waagerechte Reihe im Periodensystem
9. Negativ geladenes Elementarteilchen
10. Deuterium und Tritium sind es.
11. Element der Gruppe 15, das im ATP enthalten ist.

1										
	2	3	4							
					6		8	9	10	11
						7				
				5						

Lösungswort: ______________________

Medizin und Alltag

(8) Nachfolgend wird biochemisch wichtigen Nebengruppenelementen eine Bedeutung im Stoffwechsel zugeordnet.
Welche Zuordnung trifft **nicht** zu?

- A Eisen – Sauerstofftransport
- B Molybdän – Bestandteil von Oxidasen
- C Zink – ATP-Hydrolyse
- D Cobalt – Bestandteil von Vitamin B_{12}
- E Kupfer – Bestandteil der Cytochrom-Oxidase im Komplex IV der Atmungskette

Medizin und Alltag

(9) Welche Aussage trifft **nicht** zu?

- A Blei und Quecksilber sind giftig.
- B Iod ist auch ein Desinfektionsmittel.
- C Selen ist Spurenelement.
- D Argon ist ein Narkosemittel.
- E Nickelohrringe können Allergien auslösen.

Multiple Choice[forte]

(10) Radioisotope senden unterschiedliche Strahlung aus, die für medizinische Zwecke (Diagnose/Therapie) genutzt wird, für den Menschen aber auch gesundheitsgefährdend sein kann.
Prüfen Sie, ob die folgenden Angaben richtig oder falsch sind!

		Richtig	Falsch
(10.1)	Der radioaktive Kohlenstoff-14 enthält zwei Protonen mehr als Kohlenstoff-12.		
(10.2)	Die Halbwertszeit von Radioisotopen bestimmt deren Lebensdauer.		
(10.3)	Radioisotope kommen in der Natur vor oder werden in Atomreaktoren erbrütet.		
(10.4)	Die Radiocarbon-Methode dient der Altersbestimmung von Fossilien.		
(10.5)	Die Szintigraphie ist eine nuklearmedizinische Untersuchungsmethode.		
(10.6)	Bestimmte Radioisotope zerfallen unter Aussendung von Positronen ($\beta^{\oplus}$-Strahlung).		
(10.7)	Cobalt-60 ($^{60}_{27}Co$) ist ein $\beta^{\ominus}$-Strahler und zerfällt zu Nickel-60 ($^{60}_{28}Ni$).		
(10.8)	Radium-223 ($^{223}_{88}Ra$) ist ein α-Strahler und wird zu Radon-219 ($^{219}_{86}Rn$).		
(10.9)	Radioisotope mit harter γ-Strahlung sind besonders gefährlich.		
(10.10)	Zur Diagnose und Therapie von Schilddrüsenerkrankungen werden Radioisotope des Iods eingesetzt.		
(10.11)	Menschen können radioaktive Strahlung wahrnehmen.		

Multiple Choice

(11) Fluor-18 ($^{18}_{9}F$) ist eine typische Positronenquelle und zerfällt mit einer Halbwertszeit von 110 Minuten zu stabilem Sauerstoff-18 ($^{18}_{8}O$).
Welche Aussage trifft zu?

- A Fluor-18 gewinnt bei diesem Zerfall ein Elektron.
- B Sauerstoff-18 enthält ein Neutron mehr als Fluor-18.
- C Die $\beta^{\oplus}$-Strahlung stammt aus dem Zerfall eines Neutrons.
- D Die $\beta^{\oplus}$-Strahlung kommt aus einem Proton, das zum Neutron wird.
- E Die abgestrahlten Positronen kommen aus der Valenzschale von Fluor-18.

Multiple Choice[forte]

(12) Atome bestimmter Isotope (z.B. ^{11}C, ^{18}F oder ^{68}Ga) zerfallen unter Aussendung von Positronen ($\beta^{\oplus}$-Strahlung). Dies wird in einer nuklearmedizinischen Methode (PET) genutzt. Prüfen Sie, ob die folgenden Angaben richtig oder falsch sind!

		Richtig	Falsch
(12.1)	Die Strahlung stammt aus einem Neutron.		
(12.2)	Bei dem Zerfall entsteht ein Neutron.		
(12.3)	Bei dem Zerfall entsteht ein anderes Element mit einer um 1 verminderten Ordnungszahl.		
(12.4)	Bei dem Zerfall nimmt ein Proton ein Elektron auf.		
(12.5)	Die Zahl der Elektronen in der Hülle vermindert sich um 1.		
(12.6)	Durch den Zerfall ändert sich die Atommasse.		
(12.7)	Wenn Positronen und Elektronen zusammenstoßen, löschen sie sich aus und setzen dabei eine „weiche" γ-Strahlung frei.		
(12.8)	Medizinisch genutzte Radioisotope kommen in der Natur vor.		
(12.9)	PET wird z.B. in der Onkologie und der Kardiologie genutzt.		
(12.10)	Medizinisch genutzte Radioisotope werden über Tracermoleküle (z.B. ^{18}F-Glucose) in den Stoffwechsel eingebracht.		

3 Grundtypen der chemischen Bindung

Ouvertüre

(1) Die ________ (1.1) eines Elements können miteinander oder mit Atomen anderer ________ (1.2) reagieren. Für den ________ (1.3) von Atomen bzw. aus ihnen hervorgehenden Ionen ist eine ________ (1.4) Bindung erforderlich. Die drei Grundtypen sind die ________ (1.5) Bindung (Beispiel: Gold), die ______bindung (1.6) (Beispiel: Kochsalz) und die ______bindung (1.7) (Beispiel: Methan). Welche Bindung entsteht, hängt u.a. von der Zahl der ______elektronen (1.8) der Bindungspartner ab. Erreichen die an der Bindung beteiligten Partner durch die Ausbildung der Bindung die ________ konfiguration (1.9) in der Valenzschale, so ist dies ________ (1.10) günstig und damit bevorzugt. Die Atome der ________ (1.11) haben deshalb keine ________ (1.12), Bindungen einzugehen. Die Elektronenkonfiguration der Valenzschale der Edelgase lautet ______ (1.13) für Helium bzw. ______ (1.14) für die anderen Edelgase, d.h., mit ______ (1.15) Elektronen in der Valenzschale ist das System vergleichsweise stabil. Der Trend zu ______ (1.16) Valenzelektronen wird als ________ (1.17) bezeichnet.

Trainieren und Zuordnen

(2) (2.1) Nennen Sie vier typische Metalle (Name und Elementsymbol).

________ ________ ________ ________

(2.2) Nennen Sie vier typische Eigenschaften von Metallen.

________ ________ ________ ________

F

Multiple Choice

(3) Prüfen Sie die Angaben zu Metallen bzw. zur metallischen Bindung.

1. Metallatome werden durch delokalisierte Valenzelektronen zusammengehalten.
2. Alle Nebengruppenelemente sind Metalle.
3. Der metallische Charakter der Elemente nimmt innerhalb einer Hauptgruppe von unten nach oben ab.
4. Der metallische Charakter der Elemente nimmt innerhalb einer Periode von links nach rechts zu.
5. Legierungen sind metallische Werkstoffe aus zwei und mehr Elementen.

Welche Angaben sind richtig?

A Nur 1 und 2
B Nur 1, 2, 3 und 5
C Nur 2, 3 und 4
D Nur 4 und 5
E Alle Angaben sind richtig.

forte

Trainieren und Zuordnen

(4) Prüfen Sie, ob folgende Aussagen richtig oder falsch sind.

		Richtig	Falsch
(4.1)	Aus Metallatomen entstehen durch Abgabe von Elektronen Kationen.		
(4.2)	Aus Nichtmetallatomen entstehen durch Aufnahme von Elektronen Anionen.		
(4.3)	Die Elektronenaffinität beschreibt die Energie, die für die Abgabe von Elektronen benötigt wird.		
(4.4)	Bei der Ionenbildung aus den Atomen eines Elements ändert sich: die Ladung.		
(4.5)	die Kernladungszahl.		
(4.6)	die relative Atommasse.		
(4.7)	der Radius des Teilchens.		
(4.8)	Atome eines Elements haben eine hohe Elektronegativität, wenn sie eine starke Tendenz haben, Elektronen zu sich herüberzuziehen.		
(4.9)	Natrium ist elektronegativer als Chlor.		
(4.10)	Sauerstoff ist elektronegativer als Kohlenstoff.		
(4.11)	Die Elektronegativität nimmt innerhalb einer Hauptgruppe von oben nach unten ab.		
(4.12)	Der Atomradius der Atome eines Elements ist immer größer als der Ionenradius.		
(4.13)	Atom- und Ionenradius eines Elements nehmen innerhalb einer Hauptgruppe von oben nach unten zu.		
(4.14)	Salze sind aus gegensinnig geladenen Ionen aufgebaut.		
(4.15)	Die Ionenbindung kommt durch elektrostatische Anziehung zustande.		
(4.16)	Die Ionenbindung ist gerichtet.		
(4.17)	Salze entstehen aus Elementen mit ähnlicher Elektronegativität.		
(4.18)	Die Bindungsenergie von Salzen bezeichnet man als Gitterenergie.		
(4.19)	Salzkristalle bestehen aus Ionengittern.		
(4.20)	Salze sind bei Raumtemperatur gasförmig, flüssig oder fest.		
(4.21)	Die Ionenbindung wird auch als heteropolar bezeichnet.		
(4.22)	Salzschmelzen leiten den elektrischen Strom.		

Trainieren und Zuordnen

(5) Geben Sie für die nachfolgenden Salze die Formel und die enthaltenen Ionen mit ihrer Ladung an.

		Formel	Kation	Anion
(5.1)	Natriumchlorid			
(5.2)	Kaliumiodid			
(5.3)	Magnesium(II)-chlorid			
(5.4)	Magnesium(II)-sulfat			
(5.5)	Natriumcarbonat			
(5.6)	Silbernitrat			
(5.7)	Eisen(II)-sulfat			
(5.8)	Eisen(III)-chlorid			
(5.9)	Kupfer(II)-bromid			
(5.10)	Ammoniumsulfat			

Rechnen

(6) (6.1) Wie viel Gramm NaCl entsprechen 0,1 mol NaCl?
(relative Atommassen: Na 23, Cl 35.5)

____

(6.2) Wie viele Ionen liefert 1 mol $MgCl_2$ beim Lösen in Wasser?

____

____

Multiple Choice

(7) Welche Aussage zur Atombindung trifft **nicht** zu?

- A Sie entsteht durch die Ausbildung gemeinsamer Elektronenpaare.
- B Sie ist gerichtet.
- C Sie entsteht zwischen Atomen ähnlicher Elektronegativität.
- D Sie kann polarisiert sein.
- E Sie wird auch als heteropolare Bindung bezeichnet.

Trainieren und Zuordnen

(8) Wie viel bindig sind die folgenden Elemente gegenüber Wasserstoff?

H: ______ O: ______ C: ______ N: ______ S: ______ Cl: ______ F: ______

Trainieren und Zuordnen

(9) Benennen Sie folgende Verbindungen, geben Sie die Strukturformel mit allen freien Elektronenpaaren an und berechnen Sie mit Hilfe der Angaben im Periodensystems die jeweilige Molmasse in g/mol.

		Name	Strukturformel	Molmasse
(9.1)	H_2			
(9.2)	Cl_2			
(9.3)	N_2			
(9.4)	O_3			
(9.5)	HCl			
(9.6)	H_2O			
(9.7)	NH_3			
(9.8)	CH_4			
(9.9)	C_2H_4			
(9.10)	N_2O			

Multiple Choice

(10) Welche Aussage zur Atombindung trifft **nicht** zu?

- A Elemente der 15. Gruppe sind fünfbindig.
- B Die Bindungen des vierbindigen Kohlenstoffs weisen in die Ecken eines Tetraeders.
- C Eine Einfachbindung wird auch als σ-Bindung bezeichnet.
- D Die Bindung entsteht, wenn einfach besetzte Atomorbitale doppelt besetzte Molekülorbitale bilden.
- E Die Bindungslänge liegt zwischen 70 und 300 pm (1 pm = 10^{-12} m).

Netzdenken

(11) Ordnen Sie folgende Stichworte/Begriffe den drei angegebenen Bindungstypen zu.

(11.1) **Metallische Bindung:** ____________________

(11.2) **Ionenbindung:** ____________________

(11.3) **Atombindung:** ____________________

- A Delokalisierte Valenzelektronen
- B Gemeinsames Elektronenpaar
- C Polarisierbar
- D Heteropolar
- E Dipolmoleküle
- F Gerichtet
- G Elektrostatische Anziehung
- H Gewinkelte Moleküle
- I Stoffe leiten den elektrischen Strom.
- J Salz
- K Stoffe sind bei Raumtemperatur gasförmig, flüssig oder fest.
- L Stoffe haben einen hohen Schmelzpunkt.
- M Molekülbildung
- N Einzelne Bindungspartner können hybridisiert sein.
- O Bindigkeit
- P Bindungspartner haben eine große Elektronegativitätsdifferenz.
- Q Definierte Summenformel

Netzdenken

(12) Lösen Sie das Kreuzworträtsel. Beginnen Sie das gesuchte Wort im Kästchen mit der Ziffer. (ä = ae, ü = ue)

1 Bindungstyp bei Salzen
2 Positiv geladenes Teilchen
3 Eigenschaft der Ionenbindung
4 Name des Ions, wenn ein Fluoratom ein Elektron aufnimmt
5 Abstand zwischen zwei Atomen in einem Molekül
6 Bezeichnung für Silicium und Germanium, die weder Metall noch Nichtmetall sind
7 Negativ geladenes Teilchen
8 Aus zwei oder mehr Atomen zusammengesetztes Teilchen einer Verbindung
9 Die delokalisierten Valenzelektronen eines Metalls werden wegen ihrer Beweglichkeit so auch genannt.
10 Das Wassermolekül ist so gebaut.
11 Mischung verschiedener Metalle
12 Geometrische Form, die beim vierbindigen Kohlenstoff eine Rolle spielt
13 Eigenschaft der Atombindung

Lösungswort: ______________________________

Multiple Choice

(13) Die nachfolgenden Verbindungsreihen sollen hinsichtlich des Bindungstyps einheitlich sein.

Für welche Reihe trifft dies **nicht** zu?

A Cu, Pb, Ag
B HBr, NaCl, KBr
C H_2, Cl_2, Br_2
D $MgCl_2$, $FeCl_3$, $CuBr_2$
E H_2O, NH_3, HCl

Trainieren und Zuordnen

(14) Die Bindungsverhältnisse einiger Moleküle werden betrachtet.
Prüfen Sie, ob die folgenden Angaben richtig oder falsch sind!

		Richtig	Falsch
(14.1)	Im Kohlendioxid sind Doppelbindungen wirksam.		
(14.2)	Die Dreifachbindung im Stickstoff ist polarisiert.		
(14.3)	Ozon ist gewinkelt gebaut.		
(14.4)	Luftsauerstoff ist ein Biradikal.		
(14.5)	Wasser ist ein Dipolmolekül.		
(14.6)	Wasserstoffperoxid ist gestreckt gebaut.		
(14.7)	Der Abstand der C-Atome ist im Ethen größer als im Ethan.		
(14.8)	Im Ethen stehen die π-Orbitale senkrecht zu den trigonalen sp^2-Orbitalen.		
(14.9)	Der Kohlenwasserstoff C_2H_2 enthält zwei Dreifachbindungen.		
(14.10)	Die korrekte Valenzstrichformel für Kohlenmonoxid enthält Formalladungen.		

4 Erscheinungsformen der Materie

Ouvertüre

(1) Stoffe können je nach Temperatur- und Druckverhältnissen in verschiedenen __________ (1.1) (= Erscheinungsformen) auftreten. Man unterscheidet zwischen __________ (g) (1.2), __________ (l) (1.3) und ______ (s) (1.4). Der Übergang von einer Erscheinungsform in eine andere wird auch __________ (1.5) genannt, die zugehörige Temperatur bezeichnet man beim Übergang s → l als __________ (1.6) und beim Übergang l → g als __________ (1.7) eines Stoffs. Für eine __________ (1.8), die eine definierte __________ (1.9) Zusammensetzung aufweist, sind diese __________ (1.10) Eigenschaften charakteristisch.
Liegt ein Stoffsystem in einem Aggregatzustand vor und ist nach außen hin __________ (1.11), so bezeichnet man es als ______ (1.12). Besteht ein System nur aus einer Phase, ist es ________ (1.13). Liegen zwei Phasen nebeneinander vor, ist es __________ (1.14). Für Letztere gibt es je nach Aggregatzustand der Phasen verschiedene Begriffe: s/s = ________ (1.15), s/l = __________ (1.16), s/g = __________ (1.17), l/l = __________ (1.18), l/g = __________ (1.19).

Trainieren und Zuordnen

(2) Folgendes Diagramm beschreibt die Phasenumwandlungen. Gesucht wird der Begriff für den jeweiligen Prozess in Pfeilrichtung. Setzen Sie das Verb dafür ein.
Ergänzen Sie ferner für das **Wasser** das Wort für den jeweiligen Aggregatzustand.

2.8: ______________

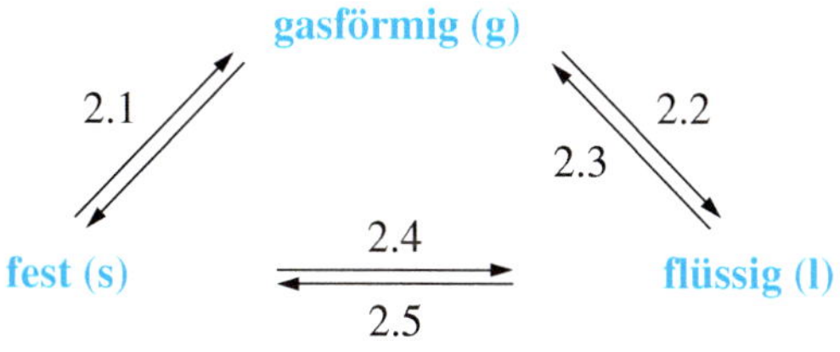

2.6: ______________ 2.7: ______________

(2.1) ______________

(2.2) ______________

(2.3) ______________

(2.4) ______________

(2.5) ______________

Trainieren und Zuordnen

(3) Kreuzen Sie bei folgenden Stoffgemischen an, um welche Art System es sich handelt.

	Stoffgemisch	homogen	Suspension	Emulsion	Aerosol
(3.1)	Milch				
(3.2)	Kochsalzlösung				
(3.3)	Ethanol/Wasser-Gemisch				
(3.4)	Benzin/Wasser-Gemisch				
(3.5)	Rauch, Feinstaub				
(3.6)	Aktivkohle in Wasser				
(3.7)	Nebel				
(3.8)	Essig/Öl-Salatdressing				
(3.9)	Luft				

F

Trainieren und Zuordnen

(4) Wie ändern sich kinetische Energie und Ordnung der Teilchen eines Stoffs beim Wechsel der Aggregatzustände von fest über flüssig nach gasförmig?
Ordnen Sie die Aggregatzustände entsprechend.

Kinetische Energie: ____________ > ____________ > ____________ (4.1)

Ordnung: ____________ > ____________ > ____________ (4.2)

Multiple Choice

(5) Welches der folgenden Systeme ist **nicht** homogen?

- A Atemluft
- B 2 M NaCl
- C Messing
- D Gold
- E Orangensaft

Multiple Choice

(6) Welche Aussage zu Wasserstoffbrückenbindungen trifft **nicht** zu?

- A Wenn sie sich ausbilden, erhöht sich der Siedepunkt einer Substanz.
- B Molekularer Wasserstoff (H_2) ist durch sie assoziiert.
- C Die Bindungsenergie liegt zwischen 10 und 20 kJ/mol.
- D Voraussetzung für ihre Bildung ist das Vorliegen eines H-Donators und eines Akzeptors (Atom mit freiem Elektronenpaar).
- E Sie sind bei Raumtemperatur zwischen Wassermolekülen wirksam.

forte

Trainieren und Zuordnen

(7) Vergleichen Sie Wasser (H_2O) und Schwefelwasserstoff (H_2S).
Prüfen Sie, ob die folgenden Angaben richtig oder falsch sind!

		Richtig	Falsch
(7.1)	Das S-Atom ist größer als das O-Atom.		
(7.2)	Schwefel ist elektronegativer als Sauerstoff.		
(7.3)	Beide Verbindungen sind bei Raumtemperatur flüssig.		
(7.4)	Die S–H-Bindung ist länger und weniger polarisiert als die O–H-Bindung.		
(7.5)	H_2O-Moleküle sind stärker assoziiert als H_2S-Moleküle.		
(7.6)	Die Verdampfungswärme für H_2S ist größer als für H_2O.		
(7.7)	H_2S ist stärker sauer als H_2O.		
(7.8)	H_2S zeigt eine dem Wasser analoge Dichteanomalie.		
(7.9)	H_2S riecht nach faulen Eiern und ist ein Atemgift.		
(7.10)	H_2S ist im Stoffwechsel ein Signalmolekül zur Regulierung des Blutdrucks.		

Netzdenken

(8) Lösen Sie das Kreuzworträtsel. Beginnen Sie das gesuchte Wort im Kästchen mit der Zahl. (ä = ae)

1 SI-Einheit für den Druck
2 Man bezeichnet so ein System, das nur aus einer Phase besteht.
3 Ein sich wiederholendes, dreidimensionales Muster eines Feststoffs
4 Phasenwechsel s → g (Verb)
5 Phasenwechsel s → l (Verb)
6 Beim Phasenwechsel l → s tritt sie mit dem Thermometer messbar auf.
7 Geschlossener Behälter, in dem man mit Wasserdampf Geräte sterilisieren kann
8 Modifikation des Kohlenstoffs mit partieller elektrischer Leitfähigkeit
9 Temperatur bei der Phasenumwandlung s → l eines Stoffs
10 Bei 0 K wird er als absolut bezeichnet.
11 Element, das zu etwa 21% in der Erdatmosphäre enthalten ist
12 Kosmisches Element, kommt auf der Erde nicht frei vor
13 Sehr harte Modifikation des Kohlenstoffs
14 Temperatureinheit, deren Skala bei −273,15 °C beginnt
15 Ein Druck von 1,013 bar wird so genannt.

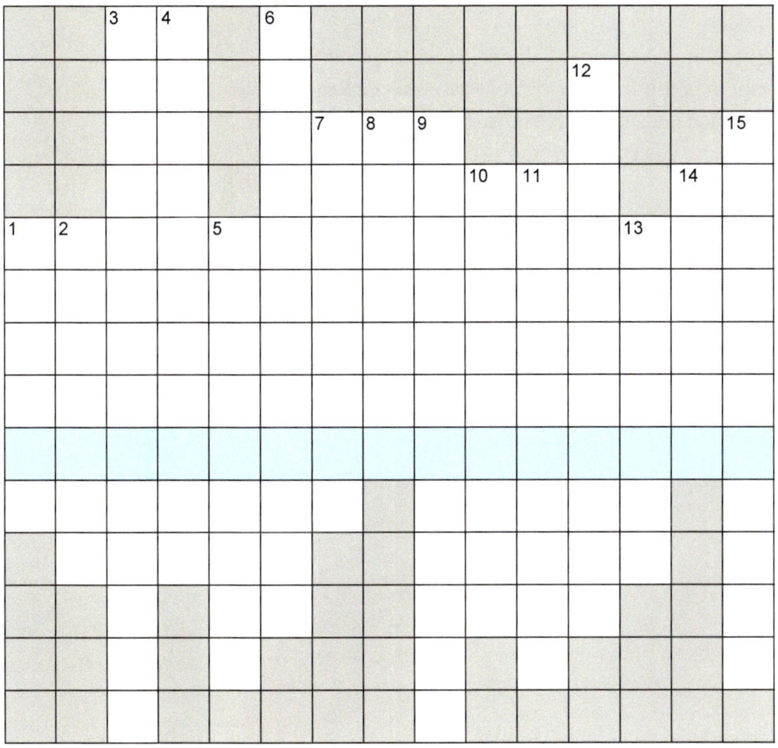

Lösungswort: ______________________

Trainieren und Zuordnen

(9) Prüfen Sie, ob die folgenden Angaben richtig oder falsch sind!

		Richtig	Falsch
(9.1)	C_{60}-Fulleren ist eine Modifikation des Kohlenstoffs.		
(9.2)	C_{60}-Fulleren ist farbig.		
(9.3)	Diamant und Graphit sind farblos.		
(9.4)	Diamant ist genauso hart wie Graphit.		
(9.5)	Im Diamant sind die C-Atome sp^3-hybridisiert.		
(9.6)	Im Graphit bilden die C-Atome Schichten aus Fünfringen.		
(9.7)	Graphit leitet den elektrischen Strom nur in Schichtrichtung.		
(9.8)	Graphen besteht aus einer Vielzahl überlagerter Graphitschichten.		
(9.9)	Kohlenstoff-Nanoröhren bestehen aus Graphen.		
(9.10)	Kohlenstoff ist strukturbegabt.		
(9.11)	Beim Erhitzen an der Luft verbrennt Diamant zu Kohlendioxid.		
(9.12)	Im Methan ist der Kohlenstoff vollständig oxidiert.		

Multiple Choice

(10) Wann spricht man von einer kolloidalen Lösung?

- A Wenn man mit dem Auge zwei Phasen sehen kann.
- B Wenn sich bei einer trüben Lösung ein Bodensatz bildet.
- C Wenn eine Lösung Makromoleküle mit einer Größe von 3–200 nm enthält.
- D Wenn eine Lösung ein schwer lösliches Arzneimittel enthält.
- E Wenn ein Stoff im Dispersionsmittel dispergiert wird.

Medizin und Alltag

(11) Kreuzen Sie an, ob die genannten Körperflüssigkeiten homogen oder heterogen sind.

		homogen	heterogen
(11.1)	Glaskörper im Auge		
(11.2)	Speichel		
(11.3)	Magensaft		
(11.4)	Harn		
(11.5)	Sperma		
(11.6)	Blut		
(11.7)	Schweiß		

5 Heterogene Gleichgewichte

Ouvertüre

(1) Ein heterogenes Gleichgewicht liegt vor, wenn sich ein Stoff auf ______ (1.1) oder mehr ______ (1.2) verteilt und sich an der ______ (1.3) unter definierten äußeren ______ (1.4) nach einiger ______ (1.5) nichts mehr ______ (1.6). Verteilungsprozesse sind keine ______ (1.7) Reaktionen, vielmehr sorgen sie im menschlichen Körper für den ______ (1.8). Heterogene Gleichgewichte sind die Basis für ______ (1.9), die in der ______ (1.10) Chemie eine Rolle spielen.

Trainieren und Zuordnen

(2) Kreuzen Sie an, welche der folgenden Feststellungen richtig oder falsch sind.

forte

		Richtig	Falsch
(2.1)	Bezogen auf die Polarität von Lösungsmittel und zu lösendem Stoff gilt: Gleiches löst sich in Gleichem.		
(2.2)	Polare Stoffe sind hydrophob.		
(2.3)	Die Löslichkeit eines Stoffs hängt u.a. von der Temperatur ab.		
(2.4)	Bedeckt man einen großen Kochsalzkristall mit wenig Wasser, so entsteht nach einiger Zeit eine gesättigte Lösung.		
(2.5)	Wasser ist ein polares Lösungsmittel.		
(2.6)	Diethylether und Wasser sind in jedem Verhältnis mischbar.		
(2.7)	Lipide sind hydrophob.		
(2.8)	Das Nernst-Verteilungsgesetz beschreibt die Verteilung eines Stoffs zwischen zwei nicht miteinander mischbaren flüssigen Phasen.		
(2.9)	Die Löslichkeit eines Gases in einer Flüssigkeit nimmt mit steigendem Druck ab.		
(2.10)	Das Henry-Dalton-Gesetz beschreibt die Verteilung eines Gases zwischen der Gasphase und einer Flüssigkeit.		
(2.11)	Der Partialdruck eines Gases in einem Gasgemisch hängt von der Molmasse des Gases ab.		
(2.12)	In der Atemluft entspricht der Partialdruck von O_2 dem von CO_2.		
(2.13)	Durch Hämoglobin wird im Blut mehr O_2 aufgenommen als seiner physikalischen Löslichkeit entspricht.		
(2.14)	Adsorptionsvorgänge sind temperaturabhängig.		

Multiple Choice

(3) Gegeben ist eine Substanz A mit einem Verteilungskoeffizienten $K = 0{,}25$ zwischen Ether und Wasser.

Nach dem Nernst-Verteilungsgesetz gilt: $K = \dfrac{c(A)\ (\text{Oberphase})}{c(A)\ (\text{Unterphase})}$

100 mL einer wässrigen Lösung von A werden mit 100 mL Ether zweimal extrahiert. Wie viel Prozent der ursprünglichen Menge von A befinden sich noch in der wässrigen Phase?

A 20%
B 36%
C 40%
D 64%
E 80%

https://else4.de/637

Lückentext

(4) Unter einfacher Diffusion versteht man den ____________ausgleich (4.1) eines Stoffs aufgrund der _______bewegung (4.2) der Teilchen. Die Diffusionsfähigkeit und die Diffusions_______________ (4.3) eines Teilchens ist u.a. abhängig von seiner __________ (4.4), der _____________ (4.5) und von der Viskosität des Lösungsmittels. Ob Diffusion durch eine Membran überhaupt möglich ist, hängt von deren ________________ (4.6) ab. Eine Membran mit einer Porengröße um 10 nm wird als _______________ (4.7) bezeichnet. Kleine Moleküle oder ________ (4.8) ebenso wie das Lösungsmittel Wasser selbst können hindurch______________ (4.9), große Moleküle wie z.B. Proteine oder _________ (4.10) werden zurückgehalten. Diese Eigenschaften werden in der Medizin für ein Verfahren genutzt, das ________ (4.11) heißt.

Befinden sich auf beiden Seiten einer ______________ (4.12) Membran nur große Moleküle in unterschiedlicher Konzentration und können nur die Moleküle des _________________ (4.13) durch die Membran wandern, so spricht man von __________ (4.14). Diffusion erfolgt hierbei in Richtung der _______________ (4.15) Lösung. Ist das System im ____________ (4.16), beobachtet man einen ______anstieg (4.17). Der nach Erreichen des Diffusionsgleichgewichts auftretende Druck wird _______________ (4.18) Druck genannt.

Multiple Choice

(5) Welche Aussage zum osmotischen Druck trifft **nicht** zu?

- A Er ist von der Größe und dem Ladungszustand der Teilchen abhängig.
- B Er ist von der Teilchenzahl in der Lösung abhängig.
- C Eine wässrige Lösung mit 1 mol/L NaCl ist gegenüber 1 mol/L Glucose hypertonisch.
- D Eine physiologische Kochsalzlösung (0,9 g NaCl in 100 g Wasser) ist gegenüber Erythrozyten isotonisch.
- E Meerwasser ist gegenüber den Körperflüssigkeiten hypertonisch und damit als Trinkwasser nicht geeignet.

Medizin und Alltag

(6) Erläutern Sie, warum man einen Flüssigkeitsverlust beim Menschen nicht mit destilliertem Wasser ausgleichen darf.

Multiple Choice

(7) Die Entstehung und der Erhalt des Lebens sind ohne biologische Membranen nicht denkbar.
Welche Antwort trifft **nicht** zu?

- A Jede Zellmembran besteht aus einer Lipid-Doppelschicht, die von Proteinmolekülen durchzogen ist.
- B Für den Transport von Ionen durch eine Zellmembran stehen Ionenkanäle zur Verfügung.
- C An der Plasmamembran gesunder Nervenzellen entsteht ein Ruhepotenzial.
- D Der aktive Transport von Ionen durch eine Zellmembran läuft entlang eines Konzentrationsgradienten.
- E Für den Transport kleiner Metaboliten durch eine Zellmembran stehen Transportmoleküle (Carrier) zur Verfügung.

Trainieren und Zuordnen

(8) Verschiedene Arten der Chromatographie werden durch ein vorgesetztes Wort näher charakterisiert (z.B. *Säulen*-Chromatographie). Entscheiden Sie, ob die nachfolgenden Worte einen Bezug zur Chromatographie haben oder nicht.

		Ja	Nein
(8.1)	Dünnschicht-		
(8.2)	Laser-		
(8.3)	Redox-		
(8.4)	Siede-		
(8.5)	Gas-		
(8.6)	Gel-		
(8.7)	Ionenaustausch-		
(8.8)	Osmo-		
(8.9)	Affinitäts-		
(8.10)	Hochdruckflüssigkeits-		
(8.11)	Dispersions-		

Trainieren und Zuordnen

(9) Um zwei Stoffe zu trennen, werden in der analytischen Chemie Unterschiede in den physikalischen Eigenschaften der Stoffe ausgenutzt. Welche Unterschiede sind für die nachfolgenden Trennverfahren verantwortlich?

(9.1) **Kristallisation:** ______________________________

(9.2) **Extraktion:** ______________________________

(9.3) **Destillation:** ______________________________

(9.4) **Chromatographie:** ______________________________

Multiple Choice

(10) Sie wollen zwei Substanzen durch Hochdruckflüssigkeits-Chromatographie trennen. Welche Angabe spielt für den Trennvorgang **keine** Rolle?

- A Druck
- B Temperatur
- C Zusammensetzung des Elutionsmittels
- D Volumen des erhaltenen Eluats
- E Art des Trägermaterials

Multiple Choice

(11) Gesucht werden Angaben mit einem Bezug zu chromatographischen Trennverfahren. Welcher Begriff gehört **nicht** zum Thema?

- A Wanderungsgeschwindigkeit im elektrischen Feld
- B Wechselspannung
- C R_f-Wert
- D Kieselgel
- E Retentionszeit

Medizin und Alltag

(12) Der Mensch besteht zu etwa 60% aus Wasser. Dies entspricht etwa 42 L H_2O bei einem Körpergewicht von 70 kg.
Wie hoch ist die Konzentration eines wasserlöslichen Medikaments mit der molaren Masse 210 g/mol, wenn eine Tablette mit 210 mg des Medikaments eingenommen wird und sich dieses gleichmäßig im gesamten Körperwasser verteilt?

- A 210 nmol/L
- B 23,8 µmol/L
- C 42 mmol/L
- D 23,8 mol/L
- E 2,1 mmol/L

6 Chemische Reaktionen

Ouvertüre

(1) Chemische Reaktionen lassen sich durch __________gleichungen (1.1) beschreiben. Diese werden in der Form aufgeschrieben, dass links des Reaktionspfeils die Ausgangsstoffe (= ________, 1.2) und rechts davon die ________ (1.3) stehen. Generell gilt, dass sich die Atome der Elemente im Verhältnis ________ (1.4) Zahlen miteinander vereinigen. Vor den einzelnen Verbindungen stehende ____________ (1.5) (Koeffizienten) haben die Funktion von Multiplikatoren, d.h., sämtliche Atome, aus denen die jeweilige Verbindung aufgebaut ist, werden entsprechend vervielfältigt [2 H_2O bedeutet z.B., dass _____ (1.6) Moleküle Wasser und damit _____ (1.7) H-Atome und _____ (1.8) O-Atome vorliegen]. Die Koeffizienten müssen so gewählt werden, dass die Gesamtmasse der Edukte ________ (1.9) der Gesamtmasse der Produkte ist (Gesetz von der Erhaltung der Masse). Gleichzeitig muss bei

F

Beteiligung von ________ (1.10) die Summe der Ladungen auf beiden Seiten des Reaktionspfeils ________ (1.11) sein (Gesetz von der Erhaltung der Ladung).

Chemische Gleichungen (= Reaktionsgleichungen) liefern qualitative Informationen über die beteiligten Stoffe, erlauben daneben aber auch ________ (1.12) Aussagen. Man kann sehen, in welchem Verhältnis die einzelnen Stoffe miteinander reagieren, und daraus berechnen, welche ________ (1.13) (Einheit mol), Atom- oder Molekülmassen und bei Gasen auch welche ________ (1.14) an der Reaktion beteiligt sind. Die chemische Gleichung bildet also die Grundlage für ________ (1.15) Berechnungen.

Trainieren und Zuordnen

Hinweis: Zur Vorbereitung auf diese Aufgabe empfiehlt es sich, vorher ➤ Anhang A „Reaktionsgleichungen und Rechnen" zu bearbeiten (s. Seite 153). Dort finden Sie allgemeine Hinweise zum Aufstellen chemischer Gleichungen.

(2) Vervollständigen Sie folgende Reaktionsgleichungen durch Angabe der Molekülzahlen *a* bis *d* und benennen Sie die Verbindungen.
Allgemeine Form der Reaktionsgleichungen: $a\,A + b\,B \rightarrow c\,C + d\,D$.

	Reaktion	Molekülzahlen	Verbindungsnamen
(2.1)	$a\,H_2 + b\,N_2 \rightarrow c\,NH_3$	$a = 3$, $b = 1$ $c = 2$	A ________ B ________ C ________
(2.2)	$a\,Fe + b\,O_2 \rightarrow c\,Fe_2O_3$	a = ____, b = ____ c = ____	A ________ B ________ C ________
(2.3)	$a\,H_2SO_4 + b\,NaOH \rightleftarrows c\,Na_2SO_4 + d\,H_2O$	a = ____, b = ____ c = ____, d = ____	A ________ B ________ C ________ D ________
(2.4)	$a\,Zn + b\,HCl \rightarrow c\,ZnCl_2 + d\,H_2$	a = ____, b = ____ c = ____, d = ____	A ________ B ________ C ________ D ________
(2.5)	$a\,P_2O_5 + b\,H_2O \rightarrow c\,H_3PO_4$	a = ____, b = ____ c = ____	A ________ B ________ C ________
(2.6)	$a\,CO_2 + b\,H_2O \rightarrow c\,C_6H_{12}O_6 + d\,O_2$	a = ____, b = ____ c = ____, d = ____	A ________ B ________ C ________ D ________
(2.7)	$a\,H_3PO_4 + b\,OH^{\ominus} \rightleftarrows c\,H_2O + d\,PO_4^{3\ominus}$	a = ____, b = ____ c = ____, d = ____	A ________ B ________ C ________ D ________

	Reaktion	Molekülzahlen	Verbindungsnamen
(2.8)	$a\ Fe^{3\oplus} + b\ I^{\ominus} \rightleftarrows c\ I_2 + d\ Fe^{2\oplus}$	a = ____, b = ____ c = ____, d = ____	A ____ B ____ C ____ D ____

Trainieren und Zuordnen

(3) Vervollständigen Sie folgende Tabelle mit den gebräuchlichen stöchiometrischen Größen.

		Symbol/Definition	Einheit	Umrechnungen
(3.1)	Volumen			0,3 L = ______ mL
(3.2)	Masse			2800 mg = ________ g
(3.3)	Molmasse			0,03 g/mol = ________ mg/mmol
(3.4)	Stoffmenge			$3 \cdot 10^{-4}$ mol = ________ mmol
(3.5)	Stoffmengenkonzentration			$4{,}5 \cdot 10^{-3}$ mol/L = ________ mmol/L
(3.6)	Dichte			9,2 g/mL = __________ kg/L
(3.7)	Teilchenzahl			–

Rechnen mit Extrablatt

Hinweis: Zur Vorbereitung auf diese Aufgabe empfiehlt es sich, vorher ➢ Anhang A „Reaktionsgleichungen und Rechnen" zu bearbeiten. Dort finden Sie allgemeine Hinweise zum Lösen stöchiometrischer Aufgaben, die anhand von Rechenbeispielen erläutert werden.

(4) (4.1) Wie viel g Salzsäure (HCl) enthalten drei Liter einer 0,5 M Lösung (relative Atommassen: H = 1, Cl = 35,5)?

https://else4.de/p8p

A 36,50 g B 54,75 g C 109,5 g D 360,5 g E 547,5 g

(4.2) Wie viel g Magnesium müssen Sie nach folgender Gleichung einsetzen, um 0,8 g MgO zu erhalten (relative Atommassen: Mg = 24, O = 16)? Gleichung: $2\ Mg + O_2 \rightarrow 2\ MgO$

A 0,12 g B 0,24 g C 0,48 g D 0,96 g E 1,0 g

(4.3) Durch Infusion sollen 3 mmol $Mg^{2\oplus}$-Ionen zugeführt werden. Dazu lösen Sie $MgCl_2$ in Wasser. Wie viel g $MgCl_2$ benötigen Sie (relative Atommassen: Mg = 24, Cl = 35,5)?

A 0,095 g B 0,178 g C 0,285 g D 1,78 g E 2,85 g

(4.4) Wie viel g Wasser können bei der Knallgasreaktion durch Umsetzung von 8 g Sauerstoff mit Wasserstoff maximal gewonnen werden (relative Atommassen: H = 1, O = 16)?

A 4,2 g B 4,5 g C 8,5 g D 9 g E 18 g

(4.5) Welches Volumen nehmen 0,5 mol Ethanol (C_2H_6O; relative Atommassen: C = 12, H = 1, O = 16; Dichte: 0,79 g/mL) ein?

A 18 mL B 29 mL C 36 mL D 58 mL E 87 mL

F

(4.6) a) Wie viel Liter Wasserstoff benötigen Sie, um 3,4 g Ammoniak herzustellen (relative Atommassen: H = 1, N = 14)? (Rechenhilfe: Gehen Sie davon aus, dass 1 mol Wasserstoff ein Volumen von 22,4 L einnimmt.) b) Wie viel Gramm sind dies?

Ergebnis: a) ______________, b) ______________

(4.7) Für eine Infusion wollen Sie eine physiologische (= isotonische, 0,9%ige [w/w]) Natriumchloridlösung herstellen. Wie viel Gramm Natriumchlorid müssen Sie abwiegen, um 500 g Lösung herzustellen? **Ergebnis:** ______________

Trainieren und Zuordnen

(5) Formulieren Sie für folgende Gleichgewichtsreaktionen das Massenwirkungsgesetz.

(5.1) $CH_3I + Cl^{\ominus} \rightleftarrows CH_3Cl + I^{\ominus}$ $K =$ ______________

(5.2) $HCl + NH_3 \rightleftarrows Cl^{\ominus} + NH_4^{\oplus}$ $K =$ ______________

(5.3) $NH_3 + H_2O \rightleftarrows NH_4^{\oplus} + OH^{\ominus}$ $K =$ ______________

(5.4) $a\,A + b\,B \rightleftarrows c\,C + d\,D$ $K =$ ______________

(5.5) Essigsäure + Ethanol ⇄ Essigsäureethylester + Wasser $K =$ ______________

forte

Trainieren und Zuordnen

(6) Entscheiden Sie, ob die gegebene Feststellung richtig oder falsch ist.

		Richtig	Falsch
(6.1)	Die Enthalpie (H) eines Stoffs ist nicht von der Temperatur abhängig.		
(6.2)	ΔH ist eine Maß für die Reaktionswärme (Reaktionsenthalpie).		
(6.3)	Eine Reaktion, bei der Wärme frei wird, bezeichnet man als exotherm ($\Delta H < 0$).		
(6.4)	In der Thermodynamik sind die Enthalpie (H) und die Entropie (S) Zustandsfunktionen.		
(6.5)	Die Entropie (S) ist ein Maß für die „Unordnung" eines Systems.		
(6.6)	Die Entropie (S) nimmt mit zunehmender Ordnung ab.		
(6.7)	Gas hat unter hohem Druck eine größere Entropie (S) als unter Normaldruck.		
(6.8)	Ein Kochsalzkristall hat eine kleinere Entropie als dieselbe Menge Kochsalz in Lösung.		
(6.9)	Eine Bilayermembran hat eine größere Entropie (S) als die ungeordneten Phospholipide.		
(6.10)	Gibbs-Energie (ΔG) führt den Enthalpie- (ΔH) und den Entropieanteil (ΔS) einer Reaktion zusammen.		
(6.11)	Gibbs-Energie (ΔG), die Reaktionsenthalpie (ΔH) und die Reaktionsentropie (ΔS) sind über die Gleichung $\Delta G = \Delta S - T\Delta H$ miteinander verknüpft.		
(6.12)	Eine freiwillig ablaufende Reaktion bezeichnet man als endergon ($\Delta G < 0$).		
(6.13)	Gibbs-Energie (ΔG) ist temperaturabhängig.		
(6.14)	Abnahme in der Reaktionsenthalpie ($\Delta H < 0$) und Zunahme in der Reaktionsentropie ($\Delta S > 0$) begünstigen eine Reaktion.		
(6.15)	Im Gleichgewichtszustand ist die Geschwindigkeit der Hin- und Rückreaktion gleich groß.		
(6.16)	Bei einer Reaktion im Gleichgewicht gilt $\Delta G \neq 0$.		
(6.17)	ΔG^0 ist für eine Reaktion, die sich im Gleichgewicht befindet, eine konstante Größe, sofern Standardbedingungen eingehalten werden.		
(6.18)	ΔG^0 kann nicht mit Hilfe der Gleichgewichtskonstanten (K) bestimmt werden.		
(6.19)	Durch Kopplung einer endergonen Teilreaktion mit einer stark exergonen Teilreaktion bleibt die Gesamtreaktion endergon.		
(6.20)	Fließgleichgewichte sind typisch für geschlossene Systeme.		
(6.21)	Ein Fließgleichgewicht kann nur durch Zufuhr von Energie aufrechterhalten werden.		
(6.22)	Wenn alle biochemischen Reaktionen im Körper den Gleichgewichtszustand erreicht haben, ist der Mensch tot.		

Rechnen

(7) Gesucht ist die Reaktionsenthalpie $\Delta H_{C \rightarrow CO}$ der Umsetzung von Kohlenstoff (Graphit) mit Sauerstoff zu Kohlenmonoxid (Reaktion B). Diese ist experimentell nicht direkt messbar, da immer ein Gemisch aus CO und CO_2 entsteht. Hingegen ist die Reaktionsenthalpie $\Delta H_{C \rightarrow CO_2}$ der Umsetzung von Kohlenstoff mit überschüssigem Sauerstoff zu CO_2 (Reaktion A) bekannt. Auch die Reaktionsenthalpie $\Delta H_{CO \rightarrow CO_2}$ der Verbrennung von CO zu CO_2 (Reaktion C) ist gegeben.

(7.1) Berechnen Sie mit Hilfe des Satzes von Heß die gesuchte Reaktionsenthalpie für Reaktion B.
(7.2) Welche Auswirkung haben eine Erhöhung des Drucks und eine Erhöhung der Temperatur auf die Lage des Gleichgewichts von Reaktion C?

A: $C + O_2 \rightleftarrows CO_2$ $\Delta H = -393{,}8$ kJ/mol
B: $C + \frac{1}{2}\, O_2 \rightleftarrows CO$ $\Delta H =$???
C: $CO + \frac{1}{2}\, O_2 \rightleftarrows CO_2$ $\Delta H = -283{,}2$ kJ/mol

(7.1) ____

____

(7.2) ____

____

____

____

Rechnen mit Extrablatt

(8) (8.1) Formulieren Sie die Reaktionsgleichung für die Ammoniaksynthese aus den Elementen.
(8.2) Berechnen Sie mit Hilfe der Gibbs-Helmholtz-Gleichung Gibbs-Energie (ΔG^0) für diese Reaktion (Reaktionsenthalpie $\Delta H^0 = -92{,}28$ kJ/mol, Reaktionsentropie $\Delta S^0 = -198{,}9$ J mol^{-1} K^{-1}) unter Standardbedingungen.
(8.3) Handelt es sich unter Standardbedingungen bei 25 °C (= 298,15 K) um eine freiwillig ablaufende Reaktion?
(8.4) Wie lautet das Massenwirkungsgesetz für diese Reaktion?
(8.5) Berechnen Sie mit Hilfe von ΔG^0 außerdem die Gleichgewichtskonstante K. Auf welcher Seite liegt das Gleichgewicht? (allgemeine Gaskonstante $R = 8{,}31$ J mol^{-1} K^{-1}).

Lückentext

(9) Wird in einer Gleichgewichtsreaktion ein Stoff gebildet, der in einer darauffolgenden Gleichgewichtsreaktion weiter umgesetzt wird, so spricht man von miteinander ____________ (9.1) Reaktionen. Auf beide Teilreaktionen lässt sich das ____________________ (9.2) (MWG) anwenden, hieraus ergibt sich K_{ges} als ________ (9.3) der Gleichgewichtskonstanten der Teilreaktionen. Wird in einer Teilreaktion wenig „Zwischenprodukt" gebildet und wird dieses in einer ______reaktion (9.4) verbraucht, führt dies gemäß dem Prinzip _________________ (9.5) zu einer Verschiebung des thermodynamisch ungünstigeren Gleichgewichts. Durch die Kopplung einer endergonen Teilreaktion mit einer stark exergonen wird also auch die Gesamtreaktion ________ (9.6). Solche gekoppelten Reaktionen findet man häufig im _____________ (9.7).

In Lebewesen kommen _____________ (9.8) Systeme, bei denen kein ______ (9.9) und ________ (9.10) -austausch mit der Umgebung stattfindet, praktisch nicht vor. D.h., ein Gleichgewicht im thermodynamischen Sinn kann sich gar nicht erst einstellen, da sich das MWG nicht anwenden lässt. Erfolgen zwei miteinander gekoppelte Teilreaktionen jedoch gleich schnell, liegt das Zwischenprodukt in konstanter ______________ (9.11) vor (= steady state, stationärer Zustand), denn das „Zwischenprodukt" fließt praktisch durch das System. Man spricht auch von einem ___________________ (9.12).

F

Netzdenken

(10) Lösen Sie das Kreuzworträtsel. Beginnen Sie das gesuchte Wort im Kästchen mit der Zahl. (ä = ae)

1 Die mit *R* abgekürzte Konstante heißt allgemeine ______________.
2 Einheit der absoluten Temperatur
3 Einheit der Stoffmenge *n*
4 Das Symbol *K* im Massenwirkungsgesetz steht für die ______________-Konstante.
5 Eine umkehrbare Reaktion ist ______________.
6 Wofür steht die Abkürzung ppm?
7 Thermodynamische Größe, die mit *S* abgekürzt wird.
8 Eine freiwillig ablaufende Reaktion ist ______________.
9 Die Zelle ist ein ___________ System.
10 ΔG ist ein Maß für die ______________ einer Reaktion.
11 Stehen in der Reaktionsgleichung links vom Pfeil.
12 Eine Reaktion, bei der Wärme zugeführt werden muss, ist ______________.
13 Die Stoffmengenkonzentration wird auch ______________ genannt.
14 Das Massenwirkungsgesetz lässt sich nur auf ______________-Reaktionen anwenden.
15 Thermodynamische Größe, die mit *H* abgekürzt wird.
16 Im Gleichgewicht sind die Geschwindigkeiten für die Hin- und die Rückreaktion ___________.
17 Eine wichtige Gleichung zur Berechnung von ΔG heißt ________-________-Gleichung.
18 Eine Energieform.
19 Die Entropie ist ein Maß für die ______________ eines Systems.
20 Stöchiometrische Größe, die mit *n* abgekürzt wird.

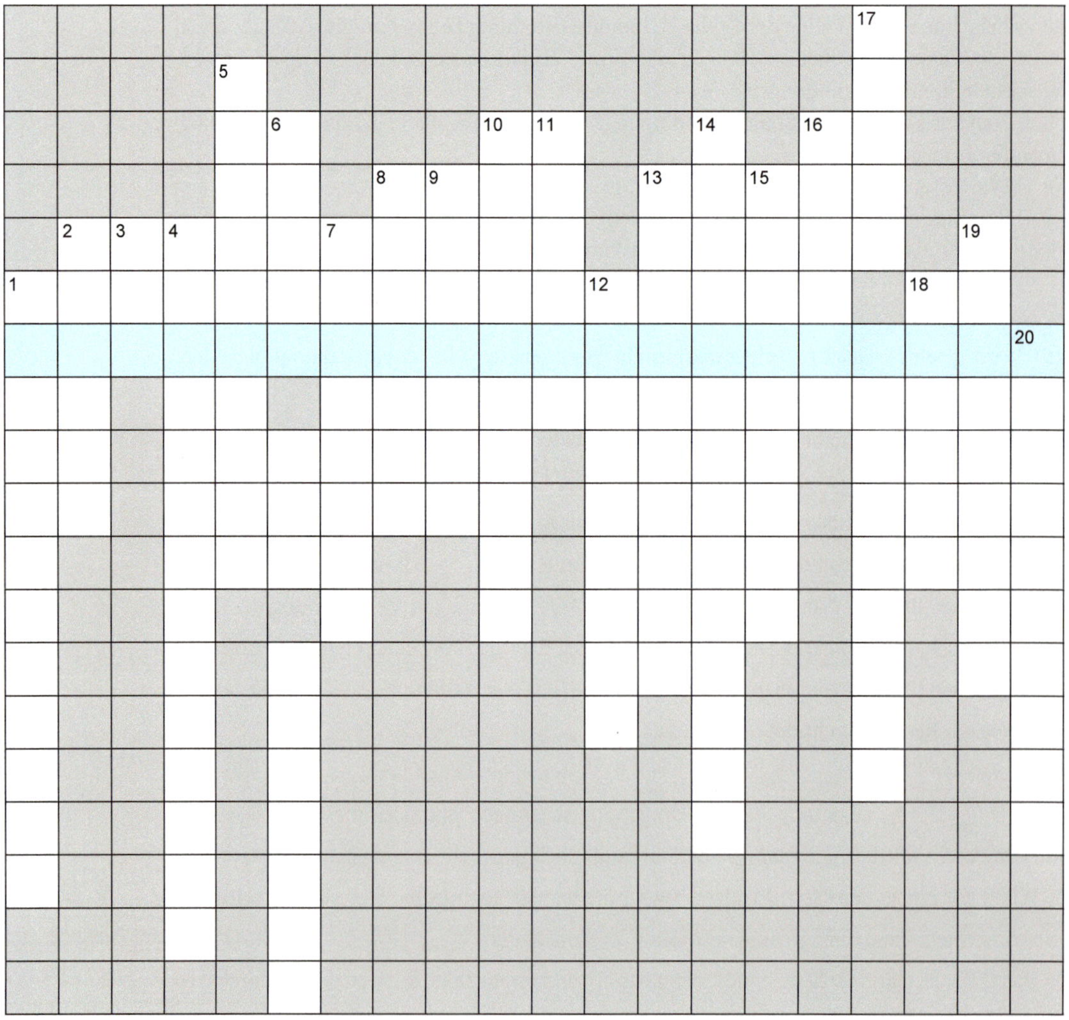

Lösungssatz: ______________ ______________ ______________ ______________

Multiple Choice

(11) Eine chemische Reaktion befindet sich im Gleichgewicht.
Welche Angabe trifft **nicht** zu?

- A Alle Komponenten haben aufgehört zu reagieren.
- B Hin- und Rückreaktion haben die gleiche Geschwindigkeit.
- C Im Gleichgewicht ist $\Delta G = 0$.
- D Die Konzentration der Reaktionspartner ist konstant.
- E Die Gleichgewichtskonstante ergibt sich aus der Anwendung des Massenwirkungsgesetzes.

Multiple Choice

(12) Welche Antwort trifft zu?
Wenn bei einer Reaktion unter Normdruck für die Reaktionsenthalpie $\Delta H = 130$ kJ mol^{-1} und für die Entropie $\Delta S = 0{,}13$ kJ mol^{-1} K^{-1} gilt, so verläuft sie

- A bei T = 300 K exergon.
- B bei T = 1100 K endergon.
- C bei T = 1500 K exergon.
- D unabhängig von der Temperatur stets endergon.
- E unabhängig von der Temperatur stets exergon.

Multiple Choice

(13) Zum Massenwirkungsgesetz (MWG) werden folgende Angaben gemacht:

1. Die Gleichgewichtskonstante K ist temperatur- und druckabhängig.
2. Das MWG gilt streng nur für konzentrierte Lösungen.
3. Bei einer Gasreaktion verwendet man statt der Konzentration den Partialdruck.
4. Eine Gleichgewichtskonstante $K > 1$ zeigt an, dass die Edukte im Gleichgewicht überwiegen.
5. Die Gleichgewichtskonstante K hat die Dimension g/L.

Welche Angaben sind **richtig**?

- A Nur 1
- B Nur 1 und 3
- C Nur 4 und 5
- D Nur 2, 3 und 5
- E Nur 1, 3 und 4

Multiple Choice

(14) Die Knallgasreaktion ist die Basis für die Atmungskette im Stoffwechsel.
Welche Aussage trifft **nicht** zu?

- A Wasserstoff und Sauerstoff reagieren im Verhältnis 2:1 zu Wasser.
- B Die Reaktion ist exotherm.
- C Die Reaktion ist exergon.
- D Die Reaktionsentropie ΔS^0 nimmt zu.
- E Die Gibbs-Energie ΔG^0 der Reaktion ist negativ.

Medizin und Alltag

(15) Betrachten Sie die Körpertemperatur des Menschen.
Welche Aussage trifft **nicht** zu?

- A Sie ist in allen Körperbereichen gleich.
- B Sie unterliegt einem Tagesrhythmus.
- C Fieber trägt bei Infektionskrankheiten zur Zerstörung der Erreger bei.
- D Krebskranke haben häufig eine verminderte Tendenz, Fieber auszulösen.
- E Die Kerntemperatur (rektal) liegt bei 37,4 °C.

7 Salzlösungen

Ouvertüre

(1) Verbindungen, die in festem Zustand aus Ionen aufgebaut sind, heißen ________ (1.1). Sie dissoziieren beim Lösen in Wasser. Hierbei werden die positiv geladenen ____________ (1.2) und die negativ geladenen __________ (1.3) durch das Wasser aus dem ______________ (1.4) herausgelöst und voneinander getrennt. Für das Aufbrechen des ______________ (1.5) wird Energie benötigt, die ________________ (1.6) (ΔH_{Gitter}). Die gelösten ________ (1.7) liegen im Wasser nicht ______ (1.8) vor, sondern werden von Wassermolekülen eingehüllt, es entsteht die so genannte ______________ (1.9). Dieser Vorgang heißt __________________ (1.10) (allgemein: Solvatation). Ionen mit kleinem Radius bauen eine ___________ (1.11) Hydrathülle auf als größere Ionen mit gleicher Ladung ($Li^{\oplus} < Na^{\oplus}$, aber $Li^{\oplus}_{aq} > Na^{\oplus}_{aq}$). Das Wasser in der _____________ (1.12) der Ionen wird über _____________-Wechselwirkungen (1.13) gebunden. Bei diesem Prozess der _____________ (1.14) von Ionen wird Energie _____ (1.15), die ___________________________ (1.16) (ΔH_{Hyd}).

Abhängig von der Energie ________ (1.17) beobachtet man beim Lösen eines Salzes in Wasser verschiedene _______________effekte (1.18). Ist die aufzuwendende _______________ (1.19) kleiner als die freiwerdende _______________________ (1.20), so erwärmt sich die Lösung, der Vorgang ist ____________ (1.21). Im umgekehrten Fall tritt eine Abkühlung ein, der Vorgang ist _____________ (1.22). Die Summe aus den Energieanteilen nennt man _______________________ (1.23) (ΔH_L).

Rechnen mit Extrablatt

(2) (2.1) Wie hoch ist die Lösungsenthalpie (ΔH_L) von $MgCl_2$, wenn die Gitterenergie des Salzes 2525 kJ/mol beträgt und bei der Hydratation der Ionen 1618 kJ/mol ($Mg^{2\oplus}$) bzw. 376 kJ/mol ($Cl^{\ominus}$) frei werden? Kommt es beim Lösungsprozess zur Erwärmung oder Abkühlung?

Ergebnis: ΔH_L = ________ kJ/mol, Erwärmung/Abkühlung

(2.2) Durch Infusion sollen 5 mmol $Mg^{2\oplus}$-Ionen zugeführt werden. Dazu lösen Sie $MgCl_2$ in Wasser. Wie viel Gramm $MgCl_2$ benötigen Sie, um die oben gestellte Anforderung zu erfüllen (relative Atommassen: Mg = 24,3, Cl = 35,5)?

Ergebnis: ________ g

Trainieren und Zuordnen

forte

(3) Entscheiden Sie, ob die nachfolgenden Aussagen richtig oder falsch sind.

		Richtig	Falsch
(3.1)	Salze haben wegen ihrer hohen Gitterenergie hohe Schmelzpunkte.		
(3.2)	Ein Salz löst sich nur dann in Wasser, wenn die Hydratationsenthalpie größer ist als die Gitterenergie.		
(3.3)	Salze bilden Ionengitter, in denen die Valenzelektronen frei beweglich sind.		
(3.4)	Schmelzen und wässrige Lösungen von Salzen leiten den elektrischen Strom.		
(3.5)	Salze sind starke Elektrolyte, d.h., der gelöste Anteil in Wasser ist vollständig dissoziiert.		
(3.6)	Schwer lösliche Salze sind schwache Elektrolyte.		
(3.7)	Salze bilden sich bevorzugt aus Elementen mit deutlich unterschiedlicher Elektronegativität.		
(3.8)	Die Energie, die bei der Bildung von Ionenkristallen aus den Ionen frei wird, nennt man Gitterenergie.		
(3.9)	Zweiwertige Kationen können nur mit zweiwertigen Anionen Salze bilden.		
(3.10)	Alle Salze sind gut wasserlöslich.		
(3.11)	Salze können sich in Wasser sowohl exotherm als auch endotherm lösen.		
(3.12)	Der Elektrolythaushalt beim Menschen wird über die Leber reguliert.		

F

Trainieren und Zuordnen

(4) Wasserfreies $CaCl_2$ löst sich in Wasser unter Erwärmung. $CaCl_2 \times 6\ H_2O$ löst sich in Wasser unter Abkühlung. Wie kommt es zu dem Unterschied?

____

____

____

Trainieren und Zuordnen

(5) Suchen Sie aus der Liste mit Angaben/Begriffen (mit einem Code-Buchstaben gekennzeichnet) die Angabe heraus, die in den Text passt. Die im Text hinter der 5 stehende Ziffer markiert den Platz des Buchstabens im Lösungswort.

Quantitativ lässt sich die Löslichkeit eines Salzes durch das ______ (5.1) beschreiben, das sich aus dem ______-gesetz (5.2) ableiten lässt. Der Wert für Lp errechnet sich aus dem Produkt der ______ (5.3) der gelösten Ionen. Bei vorgegebener Temperatur ist Lp für ein Salz ______ (5.4). Je kleiner der Wert von Lp ist, desto ______ (5.5) ist die ______ (5.6).

Ein Salz fällt aus seiner Lösung aus, sobald das Produkt der Konzentrationen der gelösten Ionen ______ (5.7) als Lp ist. Die Lösung ist in dem Fall ______ (5.8), es bildet sich ein Niederschlag. Dies wird in der Analytik genutzt, denn der auftretende Niederschlag kann zur ______ (5.9) Bestimmung einer Ionensorte oder auch zur Bestimmung der Menge einer Ionensorte in der ______ (5.10) Analyse dienen. Das ______ (5.11) zwischen gelösten Ionen und Bodenkörper ist dynamisch und ______ (5.12).

D konstant	**A** Gleichgewicht	**L** quantitativen
H qualitativen	**I** Massenwirkungs	**E** Konzentrationen
E geringer	**S** größer	**N** Löslichkeitsprodukt
C gesättigt	**R** Löslichkeit	**G** heterogen

Lösungswort:

1	2	3	4	5	6	7	8	9	10	11	12

Trainieren und Zuordnen

(6) Ergänzen Sie in folgender Tabelle für jedes Salz die Formel, das jeweilige Löslichkeitsprodukt und dessen Einheit.

	Salz	Formel	Löslichkeitsprodukt	Einheit Lp
(6.1)	Silberchlorid		Lp =	
(6.2)	Bariumchlorid		Lp =	
(6.3)	Silbersulfid		Lp =	
(6.4)	Calciumphosphat		Lp =	

Rechnen mit Extrablatt

(7) (7.1) Es liegen zwei Lösungen vor, von denen die eine 0,1 mol/L $Cu^{2\oplus}$-Ionen, die andere 0,1 mol $Pb^{2\oplus}$-Ionen enthält. Welches Metallsulfid fällt aus, wenn man zu je 0,5 L der Lösungen jeweils 0,5 L H_2S-Wasser gibt, das 10^{-23} mol/L $S^{2\ominus}$-Ionen enthält?

$Lp(PbS) = 10^{-28}\ mol^2/L^2$, $Lp(CuS) = 10^{-30}\ mol^2/L^2$

Ergebnis: ______

https://else4.de/x3m

(7.2) Wie viel Mol und wie viel mg Chlorid-Ionen befinden sich in 10 L einer gesättigten AgCl-Lösung?

Lp(AgCl) = $2 \cdot 10^{-10}$ mol^2/L^2; relative Atommassen: Ag = 108, Cl = 35,5

Ergebnis: __________ mol, __________ mg

(7.3) Wie viel mg $BaSO_4$ (M = 233 g/mol) lösen sich in 10 mL Wasser und wie viele $Ba^{2\oplus}$-Ionen sind in der Lösung enthalten?

Lp($BaSO_4$) = 10^{-10} mol^2/L^2, Avogadro-Konstante: $6{,}02 \cdot 10^{23}$ mol^{-1}

Ergebnis: __________ mg; __________ $Ba^{2\oplus}$-Ionen

(7.4) Welche Konzentration $Ca^{2\oplus}$-Ionen liegt in einer gesättigten CaF_2-Lösung vor?

Lp(CaF_2) = $4 \cdot 10^{-11}$ mol^3/L^3

Ergebnis: __________ mol/L

Multiple Choice

(8) Mit Hilfe welcher Größe kann man ein schwer lösliches Salz von einem leicht löslichen unterscheiden?

- A Ladung der Ionen
- B Dissoziationsgrad
- C Gitterenergie
- D Lösungsenthalpie in kJ/mol
- E Keine der genannten Größen ermöglicht eine Unterscheidung.

Multiple Choice

(9) Wie ist das Löslichkeitsprodukt definiert, wenn eine gesättigte wässrige Lösung eines Salzes mit Bodenkörper im Gleichgewicht steht?

Welche Antwort trifft zu?

- A Die Löslichkeit des Salzes in mol/L
- B Das Gewicht des tatsächlich gelösten Salzes in Gramm
- C Das Produkt aus der Menge des gelösten Salzes und des Wassers
- D Das Produkt der Konzentrationen von gelöstem und ungelöstem Salzanteil
- E Keine der vorstehenden Angaben trifft zu.

Lückentext

(10) Die Reaktion von in Wasser gelösten Salzen durch Anlegen von Gleichstrom heißt ____________ (10.1). Die Leitfähigkeit der Lösung wird nicht durch Elektronenwanderung, sondern durch die Wanderung von ________ (10.2) erreicht. Stoffe, die den Strom auf diese Weise leiten, heißen ___________ (10.3). Bei diesem Prozess wandern die Anionen zur ______ (10.4) (Pluspol) und geben dort ____________ (10.5) ab, sie werden __________ (10.6). Die Kationen wandern zur __________ (10.7) (Minuspol), sie nehmen dort ____________ (10.8) auf und werden reduziert.

Merke: **Oxidation** gehört zur **Anode** (beide Worte fangen mit einem Vokal an und enthalten ein „a“).
Reduktion gehört zur **Kathode** (beide Worte beginnen mit einem Konsonanten und enthalten ein „k“).

Netzdenken

(11) Lösen Sie das Kreuzworträtsel. Beginnen Sie das gesuchte Wort im Kästchen mit der Zahl. (ö = oe)

1 Wie sind Kationen geladen?
2 Trivialname für NaCl
3 Welches Metall entsteht bei der Elektrolyse von $AgNO_3$?
4 Freisetzung der Ionen eines Salzes in Wasser
5 In Wasser gelöste Ionen sind es
6 Wodurch leiten Elektrolytlösungen den elektrischen Strom?
7 Ein anderes Wort für „Bodensatz“ einer gesättigten Lösung
8 Zerlegung von Salzen durch Gleichstrom
9 Salz als Nachweisreagenz für Chlorid-Ionen
10 Energiegröße, die beim Lösen eines Salzes in Wasser eine Rolle spielt
11 Wird als Röntgenkontrastmittel verwendet
12 Komplexes Salz, das am Aufbau des menschlichen Skeletts beteiligt ist
13 Zellflüssigkeit
14 Die zweiwertigen Ionen von welchem Metall kommen im Innern der Zellen häufiger vor als $Ca^{2\oplus}$?

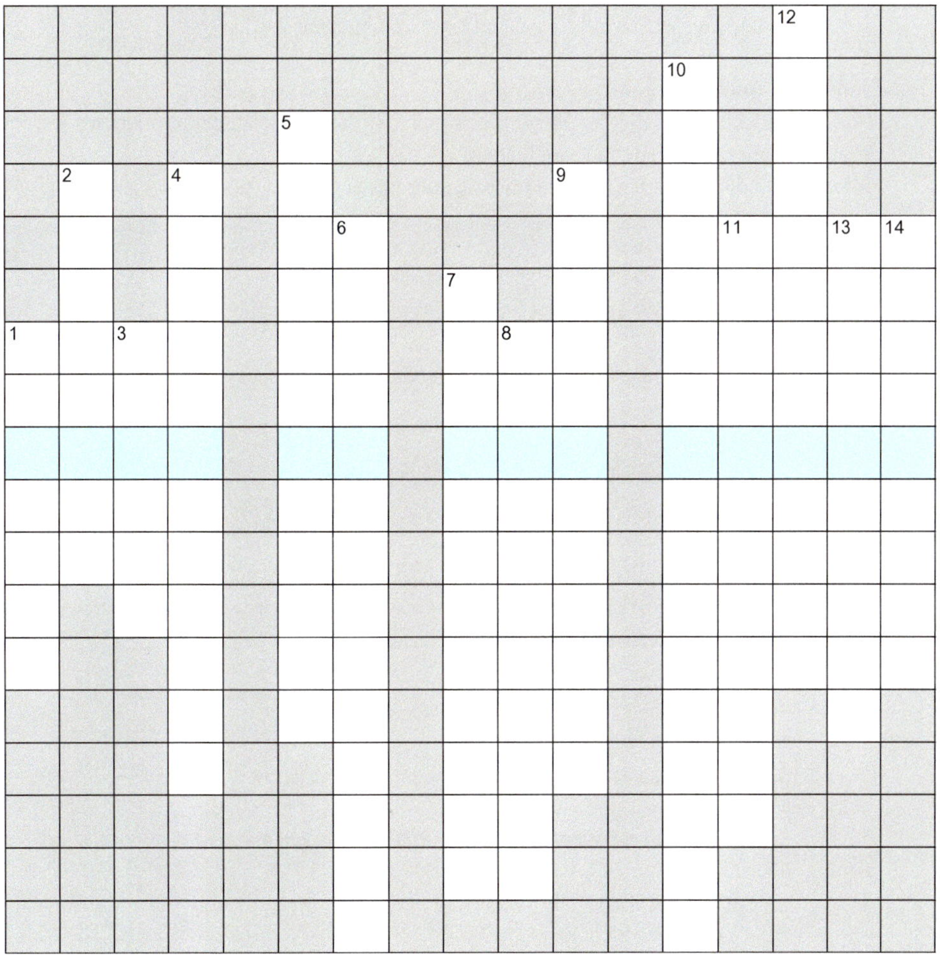

Lösungssatz: ____

Multiple Choice

(12) 0,9 g eines Salzes sollen in 100 mL Wasser gelöst werden. Trotz längerem Umschütteln bleibt die Lösung trübe und es setzt sich ein Niederschlag ab.
Was liegt vor?

- A Eine gesättigte Lösung
- B Eine 0,9 %ige Lösung
- C Ein homogenes System
- D Eine isotonische Salzlösung
- E Ein System mit negativer Lösungsenthalpie

Medizin und Alltag

(13) Barium-Ionen ($Ba^{2\oplus}$) sind ein starkes Gift. 2–4 g einer löslichen Bariumverbindung sind für den Menschen tödlich. Trotzdem verwendet man $BaSO_4$ bei Röntgenaufnahmen als Kontrastmittel im Magen-Darm-Trakt.
Dies ist ungefährlich, **weil**

- A die Röntgenstrahlen $Ba^{2\oplus}$ in $Ca^{2\oplus}$ umwandeln.
- B das Löslichkeitsprodukt von $BaSO_4$ sehr klein ist.
- C das Löslichkeitsprodukt von $BaSO_4$ variabel ist.
- D die Magenflüssigkeit sauer ist und das Löslichkeitsprodukt vom pH-Wert abhängt.
- E $BaSO_4$ von der Darmflora besonders rasch abgebaut wird.

forte

Trainieren und Zuordnen

(14) Salze (Elektrolyte), die der Mensch benötigt, werden gelöst aufgenommen, im Körper verteilt und am Ende wieder ausgeschieden.
Prüfen Sie, ob die folgenden Angaben richtig oder falsch sind!

		Richtig	Falsch
(14.1)	Die vom Körper aufgenommenen Ionen verändern ihre Ladung.		
(14.2)	Die verschiedenen Ionen sind im Körper jeweils gleichmäßig verteilt.		
(14.3)	Die Anteile der Ionen im Blutplasma entsprechen in etwa denen im Meerwasser.		
(14.4)	$K^{\oplus}$ gibt in den Zellen den Ton an.		
(14.5)	Bei der Nervenreizleitung spielen nur $Na^{\oplus}$-Ionen eine Rolle.		
(14.6)	Im Interzellularraum ist die Konzentration von $Ca^{2\oplus}$ größer als die von $Mg^{2\oplus}$.		
(14.7)	Der Elektrolythaushalt geht mit dem Wasserhaushalt des Körpers Hand in Hand.		
(14.8)	Die in Körperflüssigkeiten gelösten Ionen sind hydratisiert.		
(14.9)	Die Hydrathülle von Proteinen wird durch Salze beeinflusst.		
(14.10)	Der Transport von Ionen durch die Zellmembran erfolgt immer entlang dem Konzentrationsgradienten.		
(14.11)	Der Transport von Ionen gegen einen Konzentrationsgradienten erfordert Energie.		
(14.12)	Es gibt für bestimmte Ionen (z.B. $Na^{\oplus}$ oder $K^{\oplus}$) selektive Ionenkanäle.		
(14.13)	$Ca^{2\oplus}$ ist im Hydroxylapatit der Knochen enthalten.		
(14.14)	$F^{\ominus}$-Ionen sind im Zahnschmelz eingelagert.		
(14.15)	Ein Mangel an $Li^{\oplus}$-Ionen führt zu neurologischen Störungen.		

F

8 Säuren und Basen

Ouvertüre

(1) Nach Brönsted sind Säuren Protonen__________ (1.1) und Basen Protonen__________ (1.2). Damit eine Verbindung als Säure reagieren kann, muss sie ein __________ (1.3) Proton besitzen. Eine Base muss über ein ______ (1.4) Elektronenpaar verfügen. Eine Reaktion zwischen Säure und Base, bei der es zur Übertragung von ________ (1.5) kommt, bezeichnet man auch als __________ (1.6). Dabei stellt sich ein __________ (1.7) ein, an dem zwei __________ (1.8) Säure-Base-Paare beteiligt sind. Findet eine Protolysereaktion in wässriger Lösung statt, so ist ______ (1.9) der jeweilige Reaktionspartner. Beim Lösen der Säure in Wasser dissoziiert diese zunächst in ein ______ (1.10) und ein ________ (1.11). Protonen kommen jedoch nicht frei als $H^{\oplus}$-Ionen vor, sie bilden mit Wasser ________-Ionen (1.12, $H_3O^{\oplus}$), die ihrerseits durch mehrere Wassermoleküle __________ (1.13) sind ($H_3O^{\oplus}_{aq}$).
Ein Maß für die Tendenz einer Säure, ihr Proton abzugeben, ist die __________ (1.14) (pK_s-Wert). Starke Säuren haben ______ (1.15) pK_s-Werte, schwache Säuren haben ________ (1.16) pK_s-Werte. Kann eine Säure mehrere Protonen abgeben, so ist sie __________ (1.17), Schwefelsäure z.B. ist __________ (1.18), __________ (1.19) ist dreiprotonig.
Eine Verbindung, die in Abhängigkeit vom Reaktionspartner sauer oder ______ (1.20) reagieren kann, bezeichnet man als ________ (1.21). Reagieren eine Säure und eine Base miteinander, so heben sie sich in ihren Wirkungen gegenseitig auf und bilden ein _____ (1.22) und _____ (1.23). Diesen Prozess bezeichnet man als __________ (1.24). Dabei reagieren die bei der Dissoziation von Säure und Base gebildeten ________- (1.25) und ________-Ionen (1.26) zu undissoziiertem _______ (1.27). (Gleichung: __________, 1.28).

Trainieren und Zuordnen mit Extrablatt

(2) Vervollständigen Sie folgende Tabelle konjugierter Säure-Base-Paare (Beachten Sie: konjugierte Säure-Base-Paare beziehen sich immer nur auf eine Dissoziationsstufe).

	Name der Säure	Summenformel Säure	Summenformel Base	Name der Base
(2.1)	Chlorwasserstoff; (in Wasser: Salzsäure)			
(2.2)		CH_3–COOH		
(2.3)		H_2SO_4		
(2.4)				Dihydrogenphosphat
(2.5)			$HCO_3^{\ominus}$	
(2.6)	Hydrogencarbonat			
(2.7)		$NH_4^{\oplus}$		

Trainieren und Zuordnen mit Extrablatt

(3) Bei welchen Verbindungen handelt es sich um Ampholyte? Zeichnen Sie die Strukturformeln nur der Ampholyte auf einem Extrablatt und markieren Sie die aciden Protonen bzw. die basischen Gruppen.

		Ja	Nein
(3.1)	R–CH(NH_2)–COOH		
(3.2)	H_2SO_4		
(3.3)	H_3C–$COO^{\ominus}$		

F

		Ja	Nein
(3.4)	H_2O		
(3.5)	$HPO_4^{2\ominus}$		
(3.6)	$HCO_3^{\ominus}$		
(3.7)	HOOC–COOH		

https://else4.de/ve3

Trainieren und Zuordnen

(4) Formulieren Sie das Säure-Base-Gleichgewicht für die Reaktion von Ammoniak in Wasser. Kennzeichnen Sie die jeweils konjugierten Säure-Base-Paare. Wie berechnet man den K_b-Wert von Ammoniak?

Trainieren und Zuordnen

(5) Gegeben sind Schwefelsäure, Wasser, Essigsäure und Oxalsäure. Formulieren Sie die Strukturformeln der Säuren und ordnen Sie die Säuren nach abnehmender Säurestärke! Betrachten Sie bei mehrprotonigen Säuren nur die erste Dissoziationsstufe!
Folgende pK_s-Werte stehen zur Verfügung: 15,7; –3; 4,8; 1,3.

pK_s	______ < (5.1)	______ < (5.2)	______ < (5.3)	______ (5.4)
Strukturformel				

forte

Trainieren und Zuordnen

(6) Entscheiden Sie, ob die gegebenen Feststellungen richtig oder falsch sind.

		Richtig	Falsch
(6.1)	Der pH-Wert ist als negativer dekadischer Logarithmus der Hydronium-Ionenkonzentration definiert, $pH = -\log[H_3O^{\oplus}]$.		
(6.2)	Der pOH-Wert ($pOH = -\log[OH^{\ominus}]$) von Wasser beträgt 14.		
(6.3)	Für eine neutrale Lösung gilt: pH = 0.		
(6.4)	Unter Autoprotolyse des Wassers versteht man die Reaktion des amphoteren Wassers mit sich selbst.		
(6.5)	Das Ionenprodukt des Wassers beträgt $K_W = [H_3O^{\oplus}] + [OH^{\ominus}] = 10^{-7}$ mol/L.		
(6.6)	Der pH-Wert der wässrigen Lösung von starken Säuren (HA) beträgt $pH = -\log[HA]$.		
(6.7)	Der pH-Wert der wässrigen Lösung von schwachen Säuren (HA) beträgt $pH = \frac{1}{2}(pK_s - \log[HA])$.		
(6.8)	Der pH-Wert einer Säure kann auch bei hoher Konzentration der Säure nicht negativ werden.		
(6.9)	pH = 0 gibt keinen Sinn.		
(6.10)	Für eine schwache Säure und ihre konjugierte Base gilt $pK_s + pK_b = 14$.		
(6.11)	Für eine 10^{-9} M Salzsäure gilt pH = 9.		
(6.12)	Die pH-Bestimmung mit Hilfe von Indikatoren ist im Vergleich zur Bestimmung mit einer Glaselektrode sehr viel genauer.		

Rechnen mit Extrablatt

(7) (7.1) Sie verdünnen eine Salzsäurelösung um das 100-Fache und messen dann einen pH-Wert von 4. Welchen pH-Wert hatte die Lösung vor dem Verdünnen?

- A pH = 2
- B pH = 3
- C pH = 4
- D pH = 5
- E pH = 6

(7.2) Für die Neutralisation von 20 mL Magensaft verbraucht man 60 mL 0,1 M NaOH. Wie groß ist etwa die Molarität der im Magensaft enthaltenen Salzsäure?

A 0,1 M
B 0,2 M
C 0,3 M
D 0,4 M
E 0,6 M

(7.3) Sie wollen 4,9 g Schwefelsäure mit NaOH vollständig neutralisieren. Wie viel mL 0,1 M NaOH benötigen Sie bis zum Äquivalenzpunkt (relative Atommassen: H = 1, O = 16, S = 32)?

A 50 mL
B 100 mL
C 250 mL
D 500 mL
E 1000 mL

(7.4) Eine Salzsäurelösung hat einen pH-Wert von 1,3. Welche Konzentration (mol/L) hat die HCl-Lösung?

Ergebnis: ______________________

(7.5) Es sollen 20 g NaOH neutralisiert werden (relative Atommassen: H = 1, Na = 23, Cl = 35,5, S = 32, O = 16). Man braucht dazu:

A 26,5 g HCl
B 1 Liter 1 M HCl
C 24,5 g H_2SO_4
D 0,5 Liter 1 M H_2SO_4
E 2 Liter 0,1 M HCl

(7.6) Wie viel Gramm der Säure enthalten 10 mL 0,1 M H_3PO_4 (relative Atommassen: H = 1, O = 16, P = 31)?

Ergebnis: ______________________

(7.7) Wie viel mL 0,1 M NaOH benötigen Sie, um 196 mg H_3PO_4 bis zur 2. Stufe zu neutralisieren? Formulieren Sie die Neutralisationsgleichung!

Ergebnis: ______________________

Gleichung: ____

(7.8) Von den Belegzellen (Parietalzellen) des Magens wird HCl gebildet und in den Magensaft abgegeben. Pro Tag entstehen ca. 2,5 L Magensaft. Für die nachfolgende Berechnung soll die Salzsäure im Magensaft einen pH-Wert von 1 haben.
Wie viel Gramm HCl (M_m = 36,5 g/mol) werden unter den genannten Annahmen pro Tag gebildet?

A 0,365 g
B 0,73 g
C 1,46 g
D 9,13 g
E 36,5 g

Netzdenken

(8) Lösen Sie das Kreuzworträtsel. Beginnen Sie das gesuchte Wort im Kästchen mit der Zahl. (ä = ae)

waagrecht

1 fällt bei der Titration einer starken Säure mit einer starken Base mit dem Äquivalenzpunkt zusammen
3 Begriff, wenn Wasser mit sich selbst reagiert
4 1000 mL sind ein ...
5 Phosphorsäure ist eine ...-protonige Säure.
6 protonierte Form von NH_3
7 Verbindung, die sauer oder basisch reagieren kann
8 Eine wässrige Lösung von Natriumacetat reagiert so.
9 Krankheitsbild der Übersäuerung
11 Endpunkt einer Titration
14 Messinstrument zur Bestimmung des pH-Werts
16 Trivialname von H_3CCOOH
19 Anion der Milchsäure
20 humoristischer Aspekt der Acidität

senkrecht

1 Reaktion einer Säure mit einer Base
2 Begriff für die Titration einer Säure mit einer Base
10 Der pK_s-Wert ist ein Maß dafür.
12 Eine NaCl-Lösung reagiert so.
13 Protonenakzeptor nach Brönsted
15 Farbige Verbindung, mit deren Hilfe man den pH-Wert bestimmen kann
17 Verbindung, die im festen Zustand aus Ionen aufgebaut ist
18 Sammelbezeichnung für Fett

Trainieren und Zuordnen

(9) Benennen Sie folgende Salze und geben Sie an, ob eine wässrige Lösung dieser Salze neutral, sauer oder basisch reagiert.

(9.1) CH_3COONa	(9.2) $NaHSO_4$	(9.3) $NaCl$	(9.4) Na_2CO_3
Natriumacetat			
		neutral	
(9.5) K_2HPO_4	**(9.6) NH_4Cl**	**(9.7) $NaHCO_3$**	**(9.8) HCOOK**

Lückentext

(10) Eine Pufferlösung ist eine wässrige Lösung, die durch Mischung z.B. einer ________ (10.1) Säure und ihrer korrespondierenden Base entsteht. Der pH-Wert einer Pufferlösung bleibt bei Zugabe geringer Mengen starker Säure oder Base nahezu ________ (10.2). Der pH-Wert lässt sich mit Hilfe der ______________________-Gleichung (10.3) berechnen: $pH = pK_s + \log[Base]/[Säure]$. Demnach sind der __________ (10.4) der Säure und das Konzentrationsverhältnis [Base]/[Säure] für den pH-Wert bestimmend. Je weniger dieses Konzentrationsverhältnis von ___ (10.5) abweicht und je stärker ____________ (10.6) die Lösung ist, umso größer ist die ________________ (10.7). Der Einsatzbereich von Pufferlösungen liegt bei pH = ______ (10.8). Am __________ (10.9) ist der pH-Wert der Pufferlösung gleich dem pK_s-Wert der Säure (des Protonendonators).

Trainieren und Zuordnen mit Extrablatt

(11) (11.1) 10 mL einer 0,1 M Essigsäurelösung werden mit 0,1 M NaOH titriert. Skizzieren Sie die Titrationskurve und kennzeichnen Sie Neutral- und Äquivalenzpunkt und den Pufferbereich. Berechnen Sie den Anfangs-pH-Wert der Säurelösung und geben Sie an, wie viel mL NaOH bis zum Äquivalenzpunkt zugegeben wurden ($pK_s = 4,8$).

Ergebnis: Anfangs-pH: __________, Zugabe NaOH: __________

(11.2) Skizzieren Sie die Titrationskurve der Titration von 10 mL 0,1 M HCl mit 0,1 M NaOH. Kennzeichnen Sie Neutral- und Äquivalenzpunkt und berechnen Sie den Anfangs-pH-Wert.

Ergebnis: Anfangs-pH: __________

Rechnen mit Extrablatt

(12) (12.1) Sie stellen einen Liter eines Acetatpuffers aus 0,1 mol Essigsäure ($pK_s = 4,8$) und 0,1 mol Natriumacetat her (relative Atommassen: C = 12, H = 1, O = 16, Na = 23).

a) Wie viel Gramm setzen Sie jeweils ein? Welchen pII-Wert hat die Pufferlösung?
b) Wie ändert sich der pH-Wert, wenn Sie je nur 0,01 mol der Puffersubstanzen einsetzen? Ist die Pufferkapazität von b) größer oder kleiner als die von a)?
c) Welchen pH-Wert erreichen Sie mit 0,1 mol Essigsäure und 0,2 mol Natriumacetat?
d) Welchen pH-Wert erreichen Sie mit 0,4 mol Essigsäure und 0,2 mol Natriumacetat?

https://else4.de/3hy

(12.2) Es wird ein Liter einer Pufferlösung aus 13,25 g NH_4Cl (relative Atommasse = 53) und 25 mmol NH_3 (relative Atommasse = 17) hergestellt. Welchen pH-Wert hat die Pufferlösung? ($pK_s = 9{,}2$)

Ergebnis: ____________

(12.3) Sie wollen die Aktivität eines Enzyms bestimmen. Hierzu müssen Sie im neutralen bis schwach alkalischen pH-Bereich arbeiten und verwenden daher für Ihre Versuche einen Phosphatpuffer. Wie viel g NaH_2PO_4 und Na_2HPO_4 müssen Sie einwiegen, um einen Liter eines 1 M Puffers mit pH = 7,2 zu erhalten ($pK_{s1} = 2{,}0$, $pK_{s2} = 7{,}2$; relative Atommassen: Na = 23, H = 1, P = 31, O = 16)?

Ergebnis: ____________ NaH_2PO_4; ____________ Na_2HPO_4

Trainieren und Zuordnen

(13) Was beobachten Sie, wenn Sie Calciumcarbonat mit Schwefelsäure versetzen?

(13.1) Beobachtung: ____

(13.2) Geben Sie die Reaktionsgleichungen an, die die Beobachtung erklären:

____

(13.3) Welche Merkregel gilt bei dieser Reaktion?

____

Multiple Choice

(14) Welche der sich gegenüberstehenden Verbindungen bzw. Ionen sind in wässriger Lösung ein konjugiertes Säure-Base-Paar?
Welche Angabe trifft **nicht** zu?

- A $CF_3COOH/CF_3COO^{\ominus}$
- B $H_2S/SH^{\ominus}$
- C $(CH_3)_3NH^{\oplus}/(CH_3)_3N$
- D CO_2/Na_2CO_3
- E $H_3PO_4/H_2PO_4^{\ominus}$

forte

Trainieren und Zuordnen

(15) Prüfen Sie, ob die folgenden Angaben richtig oder falsch sind!

		Richtig	Falsch
(15.1)	Ein Puffersystem entsteht z.B., wenn man eine schwache Säure und ihre konjugierte Base mischt.		
(15.2)	Die Pufferkapazität ist von der Konzentration der konjugierten Base abhängig.		
(15.3)	Je niedriger der pK_s-Wert der schwachen Säure eines Puffersystems, desto höher ist die Pufferkapazität.		
(15.4)	Das pH-Optimum eines Puffersystems liegt beim pK_s-Wert der schwachen Säure.		
(15.5)	Auf der Titrationskurve einer einprotonigen, schwachen Säure fallen Äquivalenzpunkt und pH-Optimum des Pufferbereichs zusammen.		
(15.6)	Mischt man Essigsäure und NaOH im Verhältnis 2:1, so entsteht ein Puffersystem.		
(15.7)	Aus $NaHSO_4/Na_2SO_4$ lässt sich ein Puffersystem herstellen.		
(15.8)	Mischt man die Salze NaH_2PO_4/Na_2HPO_4 im Verhältnis 1:1, so entsteht ein Puffersystem.		
(15.9)	Verdünnt man ein 0,1 molare Pufferlösung um den Faktor 10, so verändert sich der pH-Wert um eine Einheit.		
(15.10)	Der Kohlensäure-Puffer im Blut ist ein offenes Puffersystem.		

Multiple Choice

(16) 10 mL 0,1 M Essigsäure werden mit 0,1 M Natronlauge titriert.
Welche Aussage trifft zu?

- A Die Änderung des pH-Werts der Lösung ist gering.
- B Der Äquivalenzpunkt liegt bei pH = 7.
- C Der Äquivalenzpunkt ist bei Zugabe von 10 mL Natronlauge erreicht.
- D Der Äquivalenzpunkt liegt im pH-Bereich 2–4.
- E Nach Zugabe von 10 mL der Natronlauge hat die Lösung Puffereigenschaften.

Multiple Choice

(17) Die Abbildung zeigt die Titrationskurve einer 0,1 M Phosphorsäure mit 0,1 M NaOH.

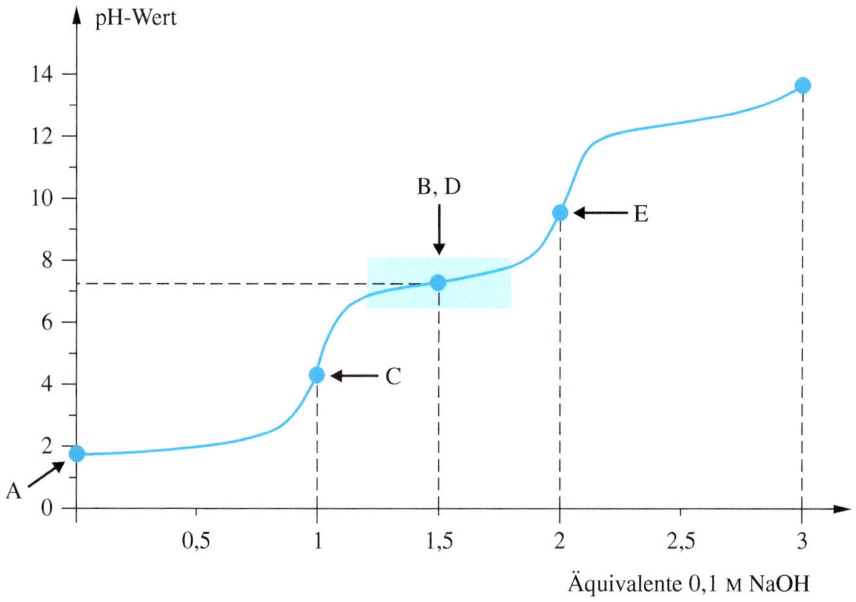

Welche Angabe zu den markierten Punkten A bis E trifft **nicht** zu?

- A pH-Wert einer 0,1 M H_3PO_4
- B $pH = pK_{s1}$
- C Äquivalenzpunkt der ersten Stufe
- D $[H_2PO_4^{\ominus}] = [HPO_4^{2\ominus}]$
- E Neutralisation des zweiten Protons ist abgeschlossen

Medizin und Alltag

(18) Wo treten im menschlichen Organismus die höchsten Säurekonzentrationen auf?

- A in der Niere
- B in der Leber
- C im Darm
- D im Magen
- E in der Lunge

Medizin und Alltag

(19) Welche drei Puffersysteme sind daran beteiligt, den pH-Wert des menschlichen Bluts konstant zu halten (19.1 bis 19.3)? Welchen pH-Wert hat das Blut (19.4)? Wie nennt man die Krankheitsbilder (19.7 und 19.8), wenn der pH-Wert des Bluts die natürlichen Grenzwerte (19.5, 19.6) über- bzw. unterschreitet? Vervollständigen Sie das Schema.

______ (19.1) Puffer		______ (19.2) Puffer		______ (19.3) Puffer
______ (19.8)	pH < ____ (19.6) ⟵	(19.4) pH-Wert des Bluts ______ ± 0,03	pH > ____ (19.2) ⟶	______ (19.7)

9 Oxidation und Reduktion

Ouvertüre

(1) Redoxreaktionen laufen ab, wenn im Prozess ______ (1.1) von einem Reaktionspartner auf einen anderen ______ (1.2) werden. Die Abgabe von ______ (1.3) nennt man ______ (1.4), die Aufnahme ______ (1.5). Dabei ist die ______ (1.6) der abgegebenen ______ (1.7) immer ______ (1.8) der ______ (1.9) der aufgenommenen ______ (1.10). Eine Substanz, die Elektronen abgibt, wird ______ (1.11), eine Substanz, die Elektronen aufnimmt, wird ______ (1.12). Bei einer Redoxreaktion ist der Partner, der Elektronen aufnimmt, d.h. als Elektronen______ (1.13) wirkt, das ______ (1.14) und wird im Prozess selbst ______ (1.15). Entsprechend ist der Elektronendonator das ______ (1.16) und wird im Prozess ______ (1.17). Redoxreaktionen sind ______ (1.18), sie laufen jedoch nur in einer Richtung ______ (1.19), d.h. exergon, ab. Ein Beispiel dafür ist die Verbrennung von Wasserstoff (H_2) mit Luftsauerstoff (O_2) zu ______ (1.20). Man spricht hier von der ______-Reaktion (1.21). Will man umgekehrt aus Wasser die Elemente Wasserstoff und Sauerstoff wieder freisetzen, muss man ______ (1.22) aufwenden, der Prozess ist endergon.

Trainieren und Zuordnen

(2) a) Magnesium verbrennt mit Luftsauerstoff unter blendender Lichtentwicklung zu Magnesium(II)-oxid gemäß folgender Reaktionsgleichung: $2\,Mg + O_2 \rightarrow 2\,MgO$.
Nachfolgend sind die Redox-Teilreaktionen in verschiedenen Schreibweisen vorgegeben. Ergänzen Sie diese so, dass die Abgabe bzw. Aufnahme von Elektronen sichtbar wird.

(2.1) Oxidation: $2\,Mg \rightarrow$ ____ + ____

(2.2) Reduktion: $O_2 +$ ____ $\rightarrow$ ____

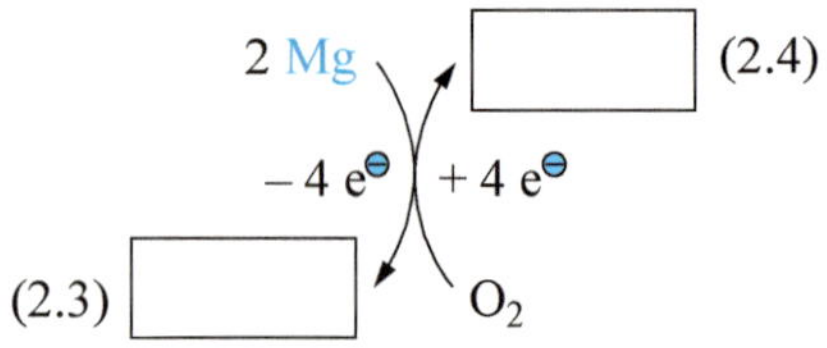

(2.5) Reduktionsmittel:
(2.6) Oxidationsmittel:

b) Bauen Sie ein analoges Schema für die Redoxreaktion $2\ Na + Cl_2 \rightarrow 2\ NaCl$ auf.

(2.7) Oxidation:
(2.8) Reduktion:

(2.10) Reduktionsmittel:
(2.11) Oxidationsmittel:

(2.9)

c) Bauen Sie jetzt ein analoges Schema für die Knallgas-Reaktion auf.

(2.12)

Medizin und Alltag

(3) Chlor (Cl_2) und Ozon (O_3) werden als Desinfektionsmittel in Schwimmbädern verwendet. Welche der folgenden Aussagen trifft **nicht** zu?

- A Chlor und Ozon sind starke Oxidationsmittel.
- B Chlor und Ozon sind Reizgase für die Atemwege und in höherer Konzentration giftig.
- C Chlor in Wasser gelöst setzt im Gleichgewicht u.a. HCl frei.
- D Chlor und Ozon setzen in Wasser aktiven Sauerstoff frei.
- E Ozon setzt beim Zerfall O_2 frei, das keimtötend wirkt.

Trainieren und Zuordnen

(4) Stellen Sie für folgende Redoxreaktionen die Reaktionsgleichungen auf und ergänzen Sie die Spalten der Tabelle.

(4.1) Zink reagiert mit Salzsäure.
(4.2) Chlor reagiert mit Kaliumiodid.
(4.3) Schwefel verbrennt an der Luft zu Schwefeldioxid.
(4.4) Natrium reagiert mit Wasser.

		Oxidationsmittel	Reduktionsmittel	oxidiertes Produkt
	Reaktionsgleichung	(jeweils mit Angabe der Oxidationsstufe)		
(4.1)				
(4.2)				
(4.3)				
(4.4)				

Trainieren und Zuordnen

(5) Geben Sie die Namen der nachfolgenden Verbindungen an und die Oxidationsstufen für ihre Bausteine.

		Name	Oxidationsstufen (Oxidationszahlen)			
(5.1)	CH_4		C:	H:		
(5.2)	CO_2		C:	O:		
(5.3)	NH_3		N:	H:		
(5.4)	H_2O		H:	O:		
(5.5)	N_2O		N:	O:		
(5.6)	$FeCl_3$		Fe:	Cl:		

F

		Name	Oxidationsstufen (Oxidationszahlen)			
(5.7)	$CuSO_4$		Cu:	S:	O:	
(5.8)	KNO_3		K:	N:	O:	
(5.9)	Fe_2O_3		Fe:	O:		
(5.10)	Na_2SO_4		Na:	S:	O:	
(5.11)	K_2HPO_4		K:	H:	P:	O:
(5.12)	$KMnO_4$		K:	Mn:	O:	

forte

Trainieren und Zuordnen

(6) Entscheiden Sie, ob folgende Aussagen richtig oder falsch sind.

		Richtig	Falsch
(6.1)	Wenn ein Partner oxidiert wird, muss ein anderer reduziert werden.		
(6.2)	Sauerstoff ist das stärkste denkbare Oxidationsmittel.		
(6.3)	$O^{2\ominus}$ ist die oxidierte Form von O_2.		
(6.4)	Natrium ist ein starkes Reduktionsmittel.		
(6.5)	Ein Elektronenakzeptor ist ein Oxidationsmittel.		
(6.6)	Das oxidierte Produkt hat eine positivere Oxidationsstufe als das Edukt.		
(6.7)	Das reduzierte Produkt hat gegenüber dem Edukt Elektronen verloren.		
(6.8)	Beim Verbrennen von Methan zu Kohlendioxid wird der Kohlenstoff oxidiert.		
(6.9)	Im Wasserstoffperoxid (H_2O_2) hat der Sauerstoff die Oxidationsstufe – 2.		
(6.10)	Das Hydrid-Ion ist die reduzierte Form des Wasserstoffs.		
(6.11)	Metalle unterscheiden sich in der Fähigkeit, Elektronen aufzunehmen (Akzeptorstärke).		
(6.12)	Nichtmetalle können nur reduziert werden.		

Multiple Choice

(7) Welche Aussage zu nachfolgender Redoxreaktion trifft **nicht** zu?

$$x\,Fe^{2\oplus} + y\,Cl_2 \rightarrow z\,Fe^{3\oplus} + t\,Cl^{\ominus}$$

A Der Wert von *x* ist gleich *z*.
B Der Wert von *y* ist gleich 2 *x*.
C Die Werte von *z* und *t* sind gleich.
D Chlor wird zu Chlorid reduziert.
E $Fe^{2\oplus}$ wirkt als Reduktionsmittel.

Multiple Choice

(8) Welche der folgenden Reaktionen sind Redoxreaktionen?

1 $Cl_2 + Br^{\ominus} \rightleftarrows 2\,Cl^{\ominus} + Br_2$
2 $NH_3 + H_2O \rightleftarrows NH_4^{\oplus} + OH^{\ominus}$
3 $2\,Na + 2\,H_2O \rightarrow 2\,NaOH + H_2\uparrow$
4 $NaOH + HCl \rightleftarrows NaCl + H_2O$
5 $ZnS + 2\,HCl \rightarrow ZnCl_2 + H_2S\uparrow$

Welche Antwort trifft zu?

A Nur 1, 2 und 3
B Nur 1 und 3
C Nur 1 und 5
D Nur 3 und 5
E Alle Reaktionen sind Redoxreaktionen.

F

Trainieren und Zuordnen

(9) Gegeben sind die Redoxpotenziale folgender Redoxsysteme:

$Zn^{2\oplus}/Zn$ $E^0 = -0{,}76\ V$

$Cu^{2\oplus}/Cu$ $E^0 = +0{,}35\ V$

$Ag^{\oplus}/Ag$ $E^0 = +0{,}81\ V$

Nachfolgend werden verschiedene Komponenten zusammengegeben. Sie sollen entscheiden, ob eine Redoxreaktion freiwillig abläuft. Wenn ja, schreiben Sie die Reaktionsgleichung in die Tabelle. Wenn nein, geben Sie eine kurze Begründung. Berechnen Sie in jedem Fall die Potenzialdifferenz.

(9.1) Ein Zinkblech taucht in eine $CuSO_4$-Lösung.
(9.2) Ein Zinkblech taucht in eine $AgNO_3$-Lösung.
(9.3) Ein Kupferblech taucht in eine $ZnSO_4$-Lösung.
(9.4) Ein Silberblech taucht in eine $CuSO_4$-Lösung.
(9.5) Lösungen von $CuSO_4$ und $AgNO_3$ werden zusammengegeben.
(9.6) Ein Kupferblech taucht in eine $AgNO_3$-Lösung.

	Reaktion?	Reaktionsgleichung	Begründung (ΔE)
(9.1)	ja/nein		
(9.2)	ja/nein		
(9.3)	ja/nein		
(9.4)	ja/nein		
(9.5)	ja/nein		
(9.6)	ja/nein		

Multiple Choice

(10) Ein Metall Me reagiert mit einer 1 M $CuSO_4$-Lösung, wobei sich Kupfer an Me abscheidet. Me reagiert jedoch nicht mit einer $ZnCl_2$-Lösung.
Ordnen Sie die Metalle Me, Cu und Zn nach ihrem Redoxpotenzial, links steht das mit dem negativsten Wert, rechts das mit dem positivsten Wert in der Spannungsreihe.
Welche Antwort trifft zu?

A Me/Cu/Zn
B Zn/Cu/Me
C Zn/Me/Cu
D Cu/Me/Zn
E Me/Zn/Cu

Multiple Choice

(11) In welchem Molekül hat Stickstoff die Oxidationsstufe (Oxidationszahl) +1?

A NH_3
B N_2H_4
C NO
D HNO_2
E N_2O

Multiple Choice

(12) Das Redoxpotenzial des Wasserstoffs

$$2\,H_3O^{\oplus} + 2\,e^{\ominus} \rightleftarrows H_2 + 2\,H_2O$$

dient als Bezugspotenzial für andere Redoxpaare. Die sog. Normalwasserstoff-Elektrode hat per Definition das Normalpotenzial $E^0 = 0{,}00$ V, wenn welche der folgenden Bedingungen **insgesamt** erfüllt sind?

Welche Antwort trifft zu?

- A Ein Eisenblech taucht in eine Säurelösung mit pH = 1, über der sich eine H_2-Atmosphäre befindet.
- B In eine Säurelösung mit pH = 0 wird Wasserstoff eingeleitet.
- C Ein Platinblech befindet sich in einer mit Wasserdampf gesättigten H_2-Atmosphäre von 1013 hPa.
- D Ein Platinblech taucht bei 25 °C in eine Säurelösung mit pH = 0.
- E Ein Platinblech taucht bei 25 °C in eine Säurelösung mit pH = 0 und wird mit einem Druck von 1,013 bar von Wasserstoffgas umspült.

Multiple Choice

(13) Die Nernst-Gleichung lautet: $E = E^0 + \frac{0{,}06}{z} \lg\frac{[Ox]}{[Red]}$

Wie groß ist das Potenzial E (in Volt) einer Normalwasserstoffelektrode, wenn die Säurelösung nicht pH = 0 hat, sondern einen davon abweichenden pH-Wert?
Welche Antwort trifft zu?

- A $E = -0{,}06 \cdot \lg[H_3O^{\oplus}]$
- B $E = -0{,}06 \cdot \text{pH}$
- C $E = -0{,}03 \cdot \text{pH}$
- D $0{,}06 \cdot \lg[H_3O^{\oplus}]^2$
- E Keine Antwort trifft zu.

Multiple Choice

(14) Welche Aussage zur Spannungsreihe trifft **nicht** zu?

- A Um Halbzellen nach ihrem Elektrodenpotenzial zu ordnen, misst man unter definierten Bedingungen die Potenzialdifferenz gegenüber der Normalwasserstoff-Elektrode und bestimmt das Vorzeichen.
- B Je negativer das Redoxpotenzial ist, desto größer ist die Reduktionskraft des Elektronendonators.
- C Ein positives Redoxpotenzial ist für ein unedles Metall typisch.
- D Die Spannungsreihe liefert Informationen, wann ein Redoxprozess in wässriger Lösung freiwillig abläuft.
- E Nicht nur Metalle, auch Nichtmetalle tauchen in der Spannungsreihe auf.

Rechnen mit Extrablatt

(15) In der Atmungskette entsteht Wasser formal nach folgender Gleichung:

$$4\,H^{\oplus} + 4\,e^{\ominus} + O_2 \rightarrow 2\,H_2O$$

Wie viel Gramm Wasserstoff müssen umgesetzt werden, um 81 g H_2O zu erhalten?

- A 1 g
- B 4 g
- C 8,1 g
- D 9 g
- E 10 g

Netzdenken

(16) Lösen Sie das Kreuzworträtsel. Beginnen Sie das gesuchte Wort im Kästchen mit der Zahl.

1 Eine Mischung aus H_2- und O_2-Gas heißt so.
2 Potenzialdifferenz zwischen der Normalwasserstoff-Elektrode und einer standardisierten Halbzelle
3 Bezeichnung für die Konstruktion einer Glaselektrode zur pH-Messung in einem Bauelement
4 Aufnahme von Elektronen
5 Liste für die chemischen Elemente und redoxaktiven Verbindungen nach zunehmendem Normalpotenzial
6 Poröse Trennwand zwischen zwei Halbzellen
7 Chemiker, nach dem eine Redoxgleichung benannt wird
8 Leitende, meist metallische Festkörper, an denen der Übergang von Elektronen in oder aus einem Elektrolyten erfolgt
9 In einem Element zur Stromerzeugung sind zwei davon nebeneinander angeordnet.
10 Abgabe von Elektronen
11 Teilchen, die bei Protolysereaktionen übertragen werden
12 Teilchen, die bei Redoxreaktionen übertragen werden

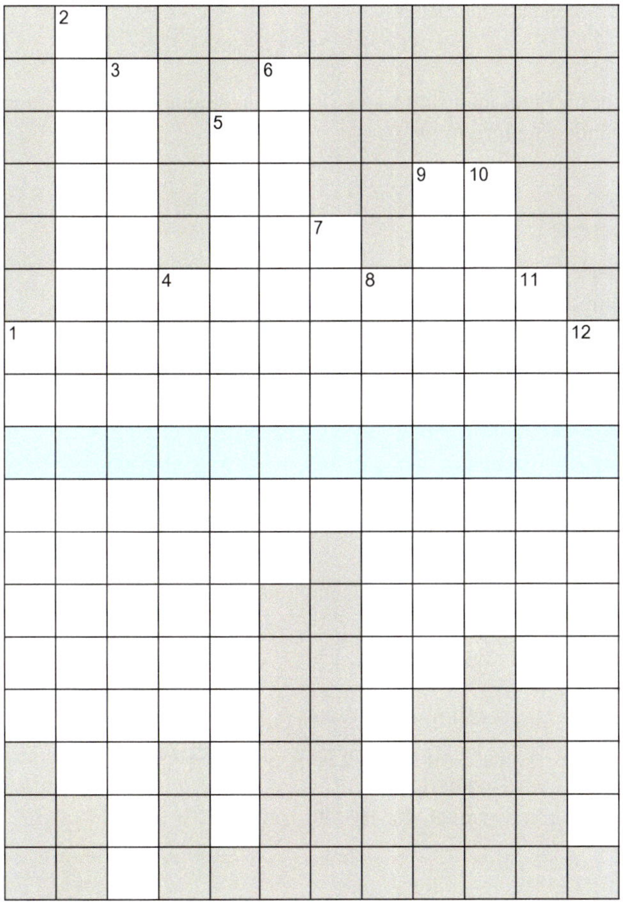

Lösungswort: ____________________

Rechnen mit Extrablatt

(17) (17.1) Berechnen Sie das Potenzial einer Wasserstoffelektrode bei 25 °C in einer H_2-Atmosphäre mit 1,013 bar. Die Platinelektrode taucht in eine Lösung mit pH = 7. (Nernst-Gleichung ➤ Aufgabe 13)

Ergebnis: *E* (bei pH=7) = ______

(17.2) Das Potenzial von Redoxpaaren, bei denen die Bildung der oxidierten Form mit der Freisetzung von Protonen einhergeht, die in Wasser $H_3O^{\oplus}$-Ionen bilden, ist vom pH-Wert der Lösung abhängig. Dies gilt sehr häufig für Redoxsysteme mit organischen Verbindungen, aber z.B. auch für die Sauerstoff-Halbzelle. Es gilt:

$$O_2 + 4\,H_3O^{\oplus} + 4\,e^{\ominus} \rightleftarrows 2\,H_2O + 4\,H_2O \qquad E^0 = +1{,}23\text{ V}$$

Wenden Sie auf diese Halbzelle die Nernst-Gleichung an und zeigen Sie durch Umformung ($[O_2] = 1$ bei 1,013 bar Druck, $[H_2O] = 1$), wie das Potenzial vom pH-Wert abhängt. Welches Potenzial hat die Sauerstoff-Halbzelle bei pH = 7?

Ergebnis: *E* (bei pH=7) = ______

(17.3) Gibbs-Energie ΔG (in kJ/mol) hängt mit der Potenzialdifferenz zweier Redoxpaare wie folgt zusammen: $\Delta G^0 = -z \cdot F \cdot \Delta E^0$. ($F = 96{,}5$ kJ V^{-1} mol^{-1})
Berechnen Sie, wie viel Energie bei der Knallgas-Reaktion unter Standardbedingungen frei wird, wenn von H_2 zwei Elektronen zu ½ O_2 fließen.

Ergebnis: ΔG^0 = ______, Reaktionsgleichung: ______

Würde sich das Ergebnis ändern, wenn man statt unter Standardbedingungen die Reaktion bei pH = 7 durchführt? Begründen Sie Ihre Antwort.

Antwort: ______

Multiple Choice

(18) Welche Aussage zur Glaselektrode trifft **nicht** zu?

- A Sie dient zur Bestimmung des pH-Werts einer Lösung.
- B Sie ist als Einstabmesskette aufgebaut.
- C Das Potenzial einer Glasmembran ist pH-abhängig und wird gegenüber einer Bezugselektrode bestimmt.
- D Als Bezugselektrode dient die Normalwasserstoff-Elektrode.
- E Die pH-Messung mit der Glaselektrode ist sehr viel genauer als mit Indikator-Stäbchen.

Multiple Choice

(19) Was versteht man bei der Elektrolyse einer Salzlösung unter dem Prozess der „anodischen Oxidation"?
Welche Antwort trifft zu?

- A Die Anode wird oxidiert.
- B Anionen können an der Anode Elektronen abgeben und werden oxidiert.
- C Kationen können an der Anode Elektronen abgeben und werden oxidiert.
- D Das Metall der Elektrode wird oxidiert.
- E An der Anode wird Sauerstoff erzeugt, der Metalle oxidiert.

Trainieren

(20) Wenn im Schwimmbad Chlorgas zur Desinfektion eingeleitet wird, stellt sich folgendes Gleichgewicht ein, das weit auf der linken Seite liegt:

$$Cl_2 + H_2O \rightleftarrows HCl + HClO$$

(20.1) Wie heißen die Produkte und welche Oxidationsstufe hat das Chlor in den verschiedenen Verbindungen?

______

F

(20.2) Was ist bei dieser Redoxreaktion Oxidations- bzw. Reduktionsmittel? Worin weicht diese Reaktion von allem, was Sie bisher kennengelernt haben, ab?

____

(20.3) Wie nennt man den bei dieser Redoxreaktion ablaufenden Prozess?

____

Medizin und Alltag

(21) Stickstoffmonoxid spielt im menschlichen Körper eine Rolle.
Welche Antwort trifft **nicht** zu?

- A NO hat die Valenzstrichformel $\cdot\overline{N}{=}O\rangle$
- B NO entsteht aus Arginin mit Hilfe der NO-Synthase.
- C NO ist ein Narkosemittel.
- D NO-bildende Medikamente (z.B. Nitroglycerin) steigern die Durchblutung des Herzmuskels.
- E NO kann die Zellmembran durchdringen.

10 Metallkomplexe

Ouvertüre

(1) Metallkomplexe enthalten vorwiegend ______ (1.1) von Übergangs-__________ (1.2) (= Nebengruppenelementen) als _________ (1.3) und eine bestimmte Anzahl von Molekülen oder Anionen als _________ (1.4). Die für Metallkomplexe typische chemische Bindung nennt man _______________ (1.5) Bindung oder Komplexbindung. Die Bindung entsteht, wenn die __________lücken (1.6) des Zentral-Ions mit _______ (1.7) Elektronenpaaren der Liganden aufgefüllt werden. Dementsprechend bezeichnet man das Zentral-Ion auch als _________ (1.8) oder Lewis-_______ (1.9) und die Liganden als __________ (1.10) oder Lewis-______ (1.11). Beide Bindungselektronen einer Komplexbindung stammen somit vom __________ (1.12). Wie viele koordinative Bindungen ein bestimmtes Zentral-Ion ausbilden kann, bestimmt u.a. dessen _________________ (1.13). Die Zahl der Liganden-Bindungsplätze am Zentral-Ion bezeichnet man als __________________ (1.14). Hier sind die am häufigsten vorkommenden Zahlen 2, __ und __ (1.15). Die Gesamtladung eines Metallkomplexes ergibt sich aus der Summe der __________ (1.16) von Zentral-Ion und Liganden. Ein Metallkomplex kann somit positiv, ________ (1.17) oder _______ (1.18) sein.

Liganden, die über mehrere Atome mit freien _____________ (1.19), d.h. über zwei oder mehr _______-Atome (1.20) verfügen und mehr als eine koordinative Bindung ausbilden, heißen _________ (1.21), die entstehenden Metallkomplexe dann ______-Komplexe (1.22). Der Ligand ist dann mehrzähnig. Unter Einbeziehung des Zentral-Ions entstehen dabei _____________ (1.23). Ethylendiamin (Abkürzung: en) und das Anion der Aminosäure Glycin (= _________, 1.24) sind _____-zähnige (1.25) Chelatoren, Ethylendiamintetraacetat ($EDTA^{4\ominus}$) findet als _____-zähniger (1.26) auch in der Medizin („EDTA-Monovette“ zur Blutentnahme) Anwendung. Die Komplexbildung verändert die Eigenschaften des Zentral-Ions z.B. die _______ (1.27), die ____________ (1.28) oder das _______________ (1.29).

Trainieren und Zuordnen

(2) Am Aufbau der Komplexverbindungen

(2.1) Diamminsilber(I)-chlorid ($[Ag(NH_3)_2]Cl$)
(2.2) Tetramminkupfer(II)-sulfat ($[Cu(NH_3)_4]SO_4$)
(2.3) Kalium-hexacyanidoferrat(II) ($K_4[Fe(CN)_6]$)
sind verschiedene Arten der chemischen Bindung beteiligt. Zeichnen Sie die Strukturformeln der Komplexverbindungen und geben Sie an, wo zwischen den Bausteinen oder innerhalb einzelner Bausteine die Ionenbindung (**a**), die koordinative Bindung (**b**) oder die Atombindung (**c**) wirksam ist.

(2.1)	(2.2)	(2.3)
a)	a)	a)
b)	b)	b)
c)	c)	c)

Trainieren und Zuordnen

(3) Vervollständigen Sie in der Tabelle die fehlenden Angaben.

		Oxidationsstufe des Zentral-Ions	Ladung des Komplex-Ions	Koordinationszahl des Zentral-Ions	Zähnigkeit der Liganden
(3.1)	$[Cu(NH_3)_4]SO_4$				
(3.2)	$K_2[PtCl_6]$				
(3.3)	$[Ni(en)_3]SO_4$				
(3.4)	$K_2[Zn(OH)_4]$				
(3.5)	$K_2[Ca(EDTA)]$				
(3.6)	$[Pt(NH_3)_2Cl_2]$				
(3.7)	$[Ag(NH_3)_2]Cl$				

https://else4.de/qm7

Trainieren und Zuordnen

(4) Formulieren Sie die Reaktionsgleichungen und benennen Sie die Produkte.

(4.1) AgCl reagiert mit Ammoniak:

(4.2) $CoCl_2$ wird in Wasser gelöst:

(4.3) Zu Kupfer(II)-sulfat-Lösung wird HCl getropft:

(4.4) Ammoniakalische Cobalt(II)-sulfat-Lösung wird an der Luft geschüttelt:

Trainieren und Zuordnen

(5) Entscheiden Sie, welche der nachfolgenden Feststellungen richtig oder falsch sind.

		Richtig	Falsch
(5.1)	Ammoniak kann in Metallkomplexen als Ligand auftreten, da sich am Stickstoffatom ein freies Elektronenpaar befindet.		
(5.2)	Bei Aquakomplexen ist das Zentral-Ion mit einer definierten Zahl an Wassermolekülen umgeben.		
(5.3)	Bei hydratisierten Metall-Ionen ist die Zahl der Wassermoleküle in der Hydrathülle genau festgelegt.		
(5.4)	Zentral-Ion und Ligand stellen jeweils ein Elektron für die koordinative Bindung zur Verfügung.		
(5.5)	Die Koordinationszahl hängt u.a. von der Ladung des Zentral-Ions ab.		
(5.6)	Es gibt auch ungeladene Metallkomplexe.		
(5.7)	Molekularer Sauerstoff kann in Metallkomplexen Ligand sein.		
(5.8)	Chelatkomplexe sind stabiler als vergleichbare Metallkomplexe mit einzähnigen Liganden.		
(5.9)	Im Metallkomplex $[Ca(EDTA)]^{2\ominus}$ hat das Zentral-Ion die Koordinationszahl 1.		
(5.10)	Die Gesamtladung eines Metallkomplexes ist immer positiv.		
(5.11)	Ligandenaustausch findet immer dann statt, wenn der zugegebene Ligand einen stabileren Metallkomplex bildet.		
(5.12)	Je größer der Wert der Bildungskonstanten K_f ist, desto mehr Komplexverbindung liegt im Gleichgewicht vor.		
(5.13)	Ein inerter Komplex muss nicht unbedingt thermodynamisch stabil sein.		
(5.14)	Die Farbe eines Metallkomplexes entspricht derjenigen der Liganden.		

Trainieren mit Extrablatt

(6) (6.1) Was bedeuten die eckigen Klammern jeweils?

a) $[Ag^{\oplus}] \cdot [Cl^{\ominus}] = Lp$ b) $[Ag(NH_3)_2]Cl$

Antwort: ______________________________

(6.2) Sie lösen Kupfer(II)-chlorid in Wasser und versetzen die Lösung mit Ammoniak im Überschuss. Formulieren Sie die Reaktionsgleichungen für die ablaufenden Reaktionen.

____

____

(6.3) Geben Sie für den Kupfer/Ammoniak-Komplex aus 6.2 die Gleichgewichtskonstante K_f für seine Bildung an.

$K_f =$ ______________________________

(6.4) Was passiert, wenn Sie die Lösung mit Salzsäure stark ansäuern?

____

____

Multiple Choice

(7) $Cu^{2\oplus}$-Ionen und Glycinat ($H_2N–CH_2–COO^{\ominus}$) bilden einen Chelatkomplex. Welche Aussage trifft zu?

A Glycinat ist ein vierzähniger Chelator.
B Das N-Atom vom Glycinat ist Donator, eines der O-Atome Akzeptor.
C $Cu^{2\oplus}$ verfügt über freie Elektronenpaare.
D Die Koordinationszahl von $Cu^{2\oplus}$ im Chelatkomplex ist 2.
E Der Chelatkomplex hat die Gesamtladung Null.

Trainieren mit Extrablatt

(8) (8.1) Zeichnen Sie den Chelatkomplex, der aus $Cu^{2\oplus}$-Ionen und Glycinat ($H_2NCH_2COO^{\ominus}$) entsteht.

(8.2) Wie viel Gramm des Chelatkomplexes können maximal aus 1 g $CuCO_3$ erhalten werden? Wie groß ist die Ausbeute, wenn nur 500 mg entstehen (relative Atommassen: H = 1, C = 12, N = 14, O = 16, Cu = 63,5)?

Ergebnis: ____

Lückentext

(9) Die Bildung und der Zerfall von Metallkomplexen sind ______________-Reaktionen (9.1). Für sie gilt das ______________-gesetz (9.2). Je größer der Wert der Bildungskonstante K_f ist, desto __________ (9.3) ist der Metallkomplex. Chelatkomplexe sind __________ (9.4) als vergleichbare Metallkomplexe mit ______________ (9.5) Liganden. Bei der Bildung von Chelatkomplexen durch Ligandenaustausch von einzähnigen Liganden nimmt die Zahl freier Teilchen in der Lösung ___ (9.6) und damit wächst der Grad der Unordnung, d.h. die ________ (9.7). Diese ________-Zunahme (9.8) verursacht einen Energiegewinn, der die Komplexbildung ___________ (9.9).

Netzdenken

(10) Lösen Sie das Kreuzworträtsel. Beginnen Sie das gesuchte Wort in dem Kästchen mit der Zahl. (ä = ae)

1 In der Krebstherapie als Cytostatikum eingesetzter Metallkomplex
2 Für die Photosynthese essenzieller $Mg^{2\oplus}$-Komplex
3 Ligand mit zwei oder mehr Donatoratomen
4 Metall, das als Ion im Vitamin B_{12} vorkommt
5 Eigenschaft eines Metall-Ions, die sich durch Komplexbildung ändern kann
6 Es steht im Zentrum eines Metallkomplexes.
7 Metall, dessen Ionen mit Ammoniak blaue Komplexe bilden
8 Eigenschaftswort, das die Komplexbindung kennzeichnet
9 Angabe für einen Metallkomplex, die sich aus der Summe der Ladungen der Bausteine ergibt
10 Thermodynamische Größe, die den Chelat-Effekt verursacht
11 Name eines Chemikers für ein Säure-Base-Konzept (nicht Brönsted)
12 Der Chelator Ethylendiamin ist es.
13 Elektrochemische Eigenschaft eines Metall-Ions, die sich durch Komplexierung ändern kann

Lösungswort: ______________________________

Multiple Choice

(11) Welche der angegebenen Verbindungen enthalten das $Cl^{\ominus}$-Ion als Ligand eines Metallkomplexes?

1 $[Ag(NH_3)_2]Cl$
2 $[Cu(NH_3)_4]Cl_2$
3 $[Pt(NH_3)_2Cl_2]$
4 $[Cu(H_2O)_2Cl_2]$
5 $CaCl_2 \cdot 6\,H_2O$

Welche Aussage trifft zu?

A Nur 1 und 2
B Nur 1, 3 und 4
C Nur 3 und 4
D Nur 4 und 5
E Alle Verbindungen

Multiple Choice

(12) Zur quantitativen Bestimmung kann man $Ca^{2\oplus}$-Ionen in Gegenwart eines Indikators mit 0,1 M EDTA-Lösung titrieren. Dazu versetzt man die zu titrierende Lösung vorher mit einem NH_3/NH_4Cl-Puffer (pH ≈ 9,2).

Welche Antwort trifft zu?

A Die Stabilität des Calcium/EDTA-Komplexes ist pH-abhängig.
B Die Komplexbildungskonstante wird kleiner.
C NH_3 beteiligt sich an der Komplexbildung.
D Der Indikator ist nur in einer Pufferlösung farbig.
E Die Geschwindigkeit der Komplexbildung steigt an.

Medizin und Alltag

(13) Warum ist Kohlenmonoxid (CO) giftig?

A Weil es leicht zu Kohlendioxid oxidiert wird, das den Blutpuffer dereguliert.
B Weil es statt Sauerstoff an das $Fe^{2\oplus}$ im Hämoglobin bindet und den O_2-Transport stört.
C Weil es ein guter Ligand für alle Metallkomplexe im Körper ist und den Stoffwechsel insgesamt lahmlegt.
D Weil es mit Kohlensäure ein separates Puffersystem aufbaut, das Zellfunktionen beeinträchtigt.
E Weil es wie $CN^{\ominus}$ bevorzugt an $Fe^{3\oplus}$-Ionen der Cytochrome bindet.

Medizin und Alltag

(14) Die Ionen von welchem Spurenelement können in einem Metallkomplex **nicht** als Zentral-Ion auftauchen (14.1)?

A Eisen
B Iod
C Mangan
D Kupfer
E Molybdän

Bei einem Mangel an Vitamin B_{12} kann es zu einer perniziösen Anämie kommen. Das Ion von welchem Element ist essenzieller Baustein von Vitamin B_{12} (14.2)?

A Mangan
B Zink
C Cobalt
D Eisen
E Magnesium

11 Organische Chemie. Einführung und Kohlenwasserstoffe

Ouvertüre

(1) Die vier Grundelemente der Organischen Chemie und der ______ (1.1) sind ______ (1.2), ______ (1.3), ______ (1.4) und ______ (1.5) mit den Elementsymbolen __, __, __ und __ (1.6). Mit Abstand folgen Elemente wie ______ (S) (1.7) und ______ (P) (1.8).

Der Kohlenstoff ist ______ begabt (1.9), was man allein schon an den verschiedenen ______ (1.10) wie z.B. ______ (1.11), Graphit, Fullerenen oder Nanoröhren sehen kann. Außerdem steht er im Zentrum der ______ (1.12) Chemie mit mehreren Millionen verschiedenen ______-Verbindungen (1.13). Die Stoffumwandlungen organischer Moleküle begründen die „Chemie des ______" (1.14). Ein anderes Merkmal des Kohlenstoffs ist seine Fähigkeit, mit ______ (1.15) umzugehen, erkennbar bei den Kohlenhydraten mit der Summenformel $C_n(H_2O)_n$.

Der Wasserstoff ist ein ______ (1.16) Element, es gibt ihn in freier Form nicht auf der ______ (1.17). Er ist ein Träger der ______ (1.18), was bei der Verbrennung direkt (Knallgas) oder bei der Verbrennung von Kohlenwasserstoffen (Erdgas, Erdöl) sichtbar wird.

Der Sauerstoff hingegen ist ein typisches Element der ______ (1.19), er ist erst in einer späten Phase der Erdentwicklung nach „Erfindung" der ______ (1.20) entstanden. Ohne ihn hätte sich das ______ (1.21) Leben nicht entwickeln können.

Der Stickstoff ist das ______-Element (1.22). Durch seine Beweglichkeit in der ______ (1.23) trägt er zur Klimaregulation bei, ebenso zur Kommunikation bei der ______ (1.24). Indirekt verleiht Stickstoff den höheren Lebewesen ihre ______ (1.25) Beweglichkeit (gebunden im Eiweiß der Muskeln), aber auch die ______ (1.26) Beweglichkeit (Neurotransmitter, biogene Amine) mit weitgehendem Einfluss auf das Nerven-Sinnes-System (Psychopharmaka, Nervengifte, Alkaloide).

Trainieren und Zuordnen

(2) Prüfen Sie die nachfolgenden Angaben zu den vier Grundelementen der Organischen Chemie.

		Richtig	Falsch
(2.1)	Wasserstoff ist einbindig.		
(2.2)	Kohlenstoff kann nur Einfach- und Doppelbindungen ausbilden.		
(2.3)	Stickstoff kann Einfach-, Doppel- und Dreifachbindungen ausbilden.		
(2.4)	Kohlenstoff ist elektronegativer als Stickstoff.		
(2.5)	Sauerstoff ist elektronegativer als Wasserstoff.		
(2.6)	Die C–H-Bindung ist polarisiert.		
(2.7)	Ketone enthalten doppelt gebundenen Sauerstoff.		
(2.8)	Blausäure enthält dreifach gebundenen Stickstoff.		
(2.9)	Sauerstoff bildet leicht Radikale.		
(2.10)	Dreibindiger Stickstoff besitzt ein freies Elektronenpaar.		
(2.11)	Zweibindiger Sauerstoff besitzt nur ein freies Elektronenpaar.		
(2.12)	Sauerstoff und Stickstoff in organischen Molekülen bezeichnet man als Heteroatome.		
(2.13)	Sauerstoff und Stickstoff können an π-Bindungen beteiligt sein.		
(2.14)	Kohlenstoff bildet nur σ-Bindungen aus.		

Multiple Choice

(3) Welche Aussage zu den Elementen Schwefel bzw. Phosphor trifft **nicht** zu?

A Schwefel und Sauerstoff stehen in derselben Hauptgruppe.
B Schwefel ist elektronegativer als Sauerstoff.
C Schwefel ist im Coenzym A enthalten.
D Phosphor ist im ATP enthalten.
E Phosphor ist in der DNA enthalten.

Trainieren und Zuordnen

(4) Prüfen Sie, ob die folgenden Angaben zu funktionellen Gruppen in organischen Verbindungen richtig oder falsch sind!

		Richtig	Falsch
(4.1)	Funktionelle Gruppen bestimmen das Reaktionsverhalten.		
(4.2)	Eine funktionelle Gruppe steht immer am Ende einer Kohlenstoffkette.		
(4.3)	Viele funktionelle Gruppen enthalten Heteroatome.		
(4.4)	Physikalische Eigenschaften werden durch funktionelle Gruppen beeinflusst.		
(4.5)	Funktionelle Gruppen definieren eine homologe Reihe.		
(4.6)	Verbindungen mit gleichen funktionellen Gruppen werden zu Stoffklassen (z.B. Alkohole, Amine, Carbonsäuren) zusammengefasst.		
(4.7)	Die kovalenten Bindungen funktioneller Gruppen sind häufig polarisiert.		
(4.8)	Im Stoffwechsel sind die funktionellen Gruppen der Angriffsort für Enzyme.		

Multiple Choice

(5) Welche der folgenden Verbindungsklassen enthalten **keine** funktionelle Gruppen?

A Alkohole, Ether
B Alkane, Cycloalkane
C Aldehyde, Ketone
D Carbonsäuren, Ester
E Amine, Amide

Merke: „Der Unterschied zwischen einem Zauberer und einem Medizinmann ist der: der Zauberer täuscht Dich mit einem raffinierten Trick. Der Medizinmann täuscht Dich nicht – er kann einfach etwas, von dem Du keine Ahnung hast. Das, was er kann, hat er vielleicht durch eigene Versuche über die Jahre gelernt, oder er war auf der Schule für Medizinmänner.“

(E. Unger)

Multiple Choice

(6) Welche Aussage zu Partnern bei organisch-chemischen Reaktionen trifft **nicht** zu?

A Radikale sind Teilchen mit mindestens einem ungepaarten Elektron.
B Ein Kation mit einer Elektronenlücke ist ein Elektrophil.
C Das O-Atom in einer Carbonylgruppe ist elektrophil.
D Ammoniak kann als Nucleophil reagieren.
E Das O-Atom des Wassers ist nucleophil.

Lückentext

(7) Gesättigte Kohlenwasserstoffe bestehen aus den Elementen Kohlenstoff (Symbol: __) (7.1) und ____________ (7.2) (Symbol: H). Kohlenstoff ist _____-bindig (7.3). Die

____-hybridisierten (7.4) Kohlenstoffatome, deren Orbitale in die Ecken eines ________ (7.5) weisen, bilden Ketten oder verzweigte Ketten mit Kohlenstoff-Kohlenstoff- (____)- und ______________________ (C–H)-Einfachbindungen (7.6), die man auch ___- (Sigma) Bindungen (7.7) nennt. Die Ketten gesättigter Kohlenwasserstoffe ordnen sich nicht ________ (7.8) im Raum, sondern nehmen eine ________-Konformation (7.9) ein. Gesättigte Kohlenwasserstoffe bezeichnet man als ______ (7.10) (allgemeine Summenformel: ________) (7.11), sie sind chemisch relativ reaktionsträge mit Ausnahme der Reaktion mit Luftsauerstoff (___) (7.12), der so genannten ________ (7.13). Z.B werden Erdgas (= _______) (7.14) oder das herkömmliche Campinggas (= _______ oder ________) (7.15) durch ________ (7.16) (= Oxidation) zur Wärmegewinnung genutzt. Produkte der Reaktion sind __________ (___) und _______ (___) (7.17).

C=C-Doppelbindungen, die sich aus einer __- und __-Bindung (7.18) zusammensetzen, sind nicht _____ (7.19) drehbar, sodass substituierte Verbindungen als ________-Isomere (7.20) (oder: E/Z-Konfigurationsisomere) vorliegen. Die räumliche Molekülstruktur im Bereich der Doppelbindung ist ______ (7.21). Ungesättigte Kohlenwasserstoffe (Olefine) bezeichnet man als ________ (7.22) (allgemeine Summenformel: ______) (7.23). Für diese Substanzklasse ist die ________-Reaktion (7.24) z.B. mit ________ (7.25) (Hydrierung) oder mit Wasser (____________) (7.26) typisch.

Aromatische Verbindungen begegnen uns täglich als ______- (7.27), Geschmacks- oder Farbstoffe. Alle Aromaten sind _______ (7.28) und haben $4n+2$ _______ (7.29), die ________ (7.30) sind. Die Molekülform ist ______ (7.31). Der einfachste Aromat ist das ________ (7.32). Die typische Reaktion am Aromaten ist die __________ (7.33) Substitution.

Trainieren und Zuordnen

(8) Tragen Sie in die Tabelle die Bindigkeiten und die typischen Bindungsarten ein.

Element	C	N	O	H	F, Cl, Br, I
Zahl der Bindungen (Bindigkeit)	**4**	(8.1)	**2**	(8.2)	(8.3)
Bindungsart A	$-\overset{\vert}{\underset{\vert}{C}}-$	$\diagdown$ |N— $\diagup$	(8.4)	(8.5)	(8.6)
Bindungsart B	(8.7)	$-\overline{N}=$	(8.8)		
Bindungsart C	(8.9)				
Bindungsart D	(8.10)	(8.11)			

Lückentext

(9) Offenkettige Kohlenwasserstoffe mit Doppelbindungen sind ________ (9.1), man nennt sie _____ oder ______ (9.2). Die offenkettigen Alkane hingegen sind _______ (9.3). Neben den offenkettigen Alkanen und Alkenen gibt es auch ________ (9.4) Kohlenwasserstoffe. Die

F

allgemeine Summenformel C_nH_{2n} z.B. gilt für ____________ (9.5), C_6H_{12} z.B. für __________ (9.6), zugleich aber auch für das Alken ______ (9.7). Cyclohexen hingegen hat die Summenformel _______ (9.8). Benzol ist ein Aromat und hat die Summenformel _______ (9.9). Moleküle mit Dreifachbindungen bilden die Stoffklasse der ______ (9.10), zu nennen ist das Acetylen (Formel/Name: ________ / ______) (9.11).

Summenformel C_6H_{12}		Summenformel C_6H_6	
Strukturformel einer offenkettigen Verbindung	Strukturformel einer cyclischen Verbindung	Strukturformel einer offenkettigen Verbindung	Strukturformel einer cyclischen Verbindung
(9.12)	(9.13)	(9.14)	(9.15)

Trainieren und Zuordnen

(10) Spezielle Gruppen, die den Charakter einer organischen Verbindung prägen, bezeichnet man als ___________ (10.1) Gruppe. Sie geben einer ________________ (10.2) (= Substanzfamilie) den Namen und sind für deren chemische ____________ (10.3) verantwortlich. Die Vertreter einer homologen Reihe unterscheiden sich von einer zur nächsten Verbindung durch eine ________________ (10.4) Gruppe, wie z.B. ____ (10.5). Ergänzen Sie Strukturformeln, Namen, Verbindungsklasse, allgemeine Summenformel und funktionelle Gruppe in folgenden Reihen:

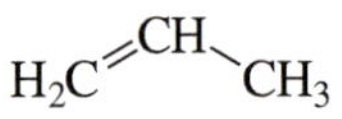

Propen

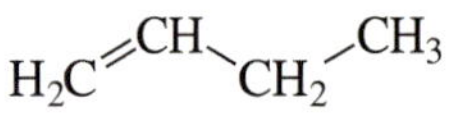

1-Buten

.... (10.6)
1-Penten

____________________________ (10.7)
Verbindungsklasse/allg. Summenformel
____________________________ (10.8)
funktionelle Gruppe

.... (10.9)
____

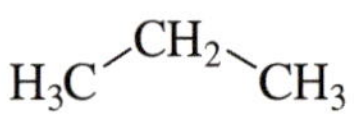

Propan

.... (10.10)
n-Butan

____________________________ (10.11)
Verbindungsklasse/allg. Summenformel
____________________________ (10.12)
funktionelle Gruppe

.... (10.13)
____

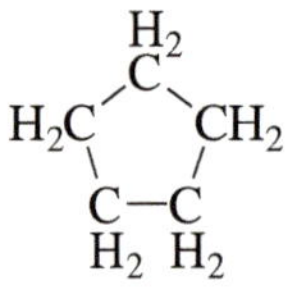

Cyclopentan

.... (10.14)
____

____________________________ (10.15)
Verbindungsklasse/allg. Summenformel
____________________________ (10.16)
funktionelle Gruppe

.... (10.17)
____

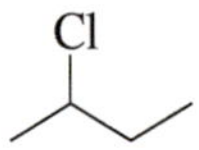

____
(10.18)

.... (10.19)
2-Chlorpentan

____________________________ (10.20)
Verbindungsklasse/allg. Summenformel
____________________________ (10.21)
funktionelle Gruppe

Trainieren und Zuordnen

(11) Formulieren Sie die Reaktionsgleichung für die Verbrennung (Reaktion mit O_2) von A) Erdgas, B) Cyclohexan, C) Ethanol und D) Wasserstoff (H_2). Benennen Sie die Produkte! E) Bewerten Sie die Verbrennungen von A) bis D) unter ökologischen Gesichtspunkten.

A ______________________________ (11.1)

B ______________________________ (11.2)

C ______________________________ (11.3)

D ______________________________ (11.4)

E ______________________________

____

______________________________ (11.5)

Trainieren und Zuordnen

(12) Zeichnen Sie unterschiedliche Konstitutionsisomere. Bezeichnen Sie die jeweils gezeichnete Verbindung mit ihrem systematischen Namen.

https://else4.de/hnr

Summenformel	C_5H_{12} (12.1)	C_5H_{10} (12.2)	C_4H_9Br (12.3)
Isomer A Name	 *n*-Pentan	 1-Penten	 1-Brombutan
Isomer B Name			
Isomer C Name			

Trainieren und Zuordnen

(13) Geben Sie die Konstitutionsformeln der genannten Verbindungen sowie Formel und Name für jeweils ein Konstitutionsisomer an!

(13.1) Cyclohexan (in der Sesselkonformation!):

____

(13.2) Ethanol:

____

(13.3) Dihydroxybenzol (*para*- und *ortho*-Isomer):

____

F

Trainieren und Zuordnen

(14) Formulieren Sie die Reaktionsgleichungen für folgende Umsetzungen mit 1-Buten und benennen Sie die Produkte:

Verbrennung:

Summenformel (14.1)

Bromierung:

Strukturformel (14.2)

Hydrierung (mit Palladium als Katalysator):

Strukturformel (14.3)

Addition von Wasser (säurekatalysiert):

Strukturformel (14.4)

Multiple Choice

(15)

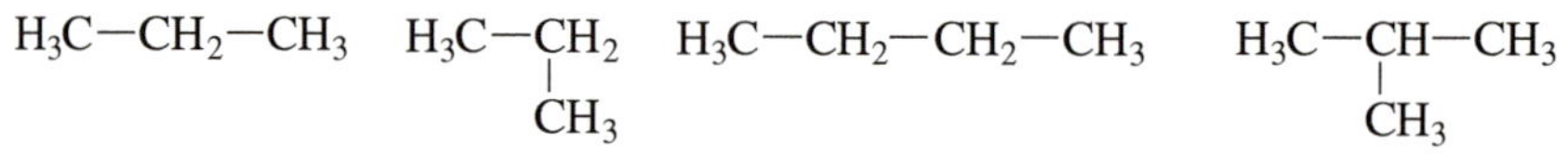

1 **2** **3** **4**

Welche Aussage trifft **nicht** zu?

- A **1** und **3** sind Verbindungen einer homologen Reihe.
- B **3** und **4** haben die Summenformel C_4H_{10}.
- C Bei **1** und **2** handelt es sich um Konstitutionsisomere.
- D **1** bis **4** gehören zur Stoffklasse der Alkane.
- E Alle C-Atome bei **1** bis **4** sind sp^3-hybridisiert und tetraedrisch.

Multiple Choice

(16) Vergleichen Sie folgende Verbindungen:

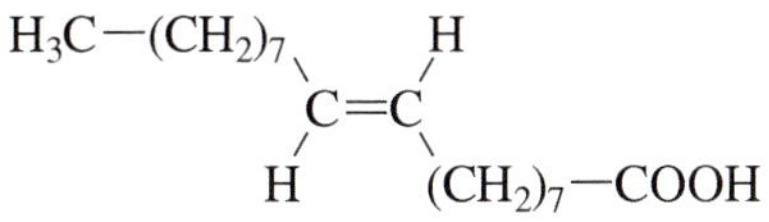

1

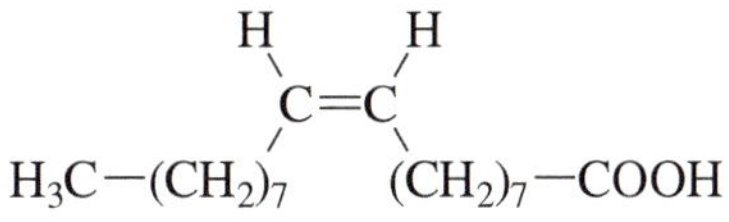

2

Welche Aussage trifft **nicht** zu?

A **2** ist die natürlich vorkommende Ölsäure.
B **1** und **2** sind *cis*/*trans*-Isomere.
C **1** und **2** enthalten konjugierte Doppelbindungen.
D **1** ist energieärmer als **2**.
E Beide Verbindungen addieren leicht elementares Brom.

Trainieren und Zuordnen

(17) Prüfen Sie, ob die folgenden Angaben zum Benzol und Cyclohexen richtig oder falsch sind!

		Richtig	Falsch
(17.1)	Beide Verbindungen sind Kohlenwasserstoffe.		
(17.2)	Beide Verbindungen gehören zu den Aromaten.		
(17.3)	Cyclohexen ist ein Konstitutionsisomer des Benzols.		
(17.4)	Im Benzol liegen Kohlenstoff- und Wasserstoffatome in einer Ebene.		
(17.5)	Cyclohexen hat die Summenformel C_6H_{12}.		
(17.6)	Cyclohexen enthält eine π-Bindung.		
(17.7)	Im Benzol sind die Doppelbindungen konjugiert.		
(17.8)	Bei beiden Verbindungen sind die Abstände zwischen den C-Atomen gleich lang.		
(17.9)	Beide Verbindungen addieren Brom.		

Multiple Choice

(18) Aromatische Verbindungen begegnen uns im Alltag z.B. im Schmerzmittel Aspirin (**1**) oder als Vanillin (**2**), dem Aroma der Vanilleschote.

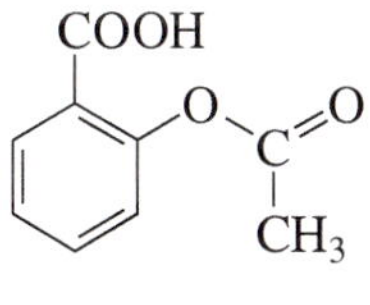

1

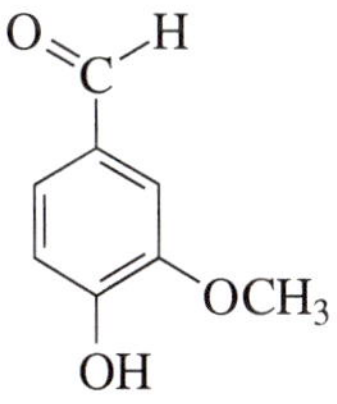

2

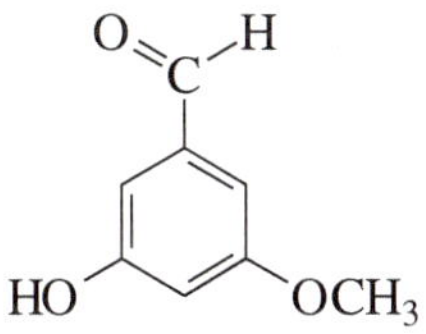

3

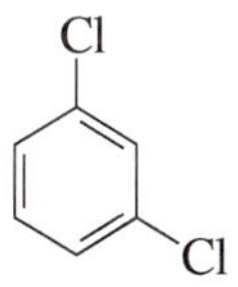

4

Welche Aussage trifft **nicht** zu?

A **1** ist ein *ortho*-substituierter Aromat.
B **2** und **3** sind Konstitutionsisomere.
C Die Verbindungen **1**, **2** und **3** enthalten eine Aldehydgruppe.
D Die Substituenten stehen in **3** und **4** alle *meta*-ständig.
E Bei **4** handelt es sich um 1,3-Dichlorbenzol (*m*-Dichlorbenzol).

Multiple Choice

(19) Die Reaktion $C_6H_6 + Br_2 \rightarrow C_6H_5Br + HBr$ bezeichnet man als

A Substitutions-Reaktion
B Eliminierungs-Reaktion
C Additions-Reaktion
D Säure-Base-Reaktion
E Redoxreaktion

Medizin und Alltag

(20) Sie sind in der Vergiftungszentrale zum Dienst erschienen, als ein besorgter Großvater anruft, dessen kleiner Enkelsohn gerade aus einem Fläschchen mit nach Orangen duftender Möbelpolitur getrunken hat. Dem Enkel geht es gut, aber sein Atem riecht nach Möbelpolitur. Sie raten ihm, den Enkel warm zu halten, sofort in die Notaufnahme zu fahren und auf keinen Fall einen Brechreiz auszulösen, obwohl das eine häufige Erste-Hilfe-Maßnahme bei Verdacht auf Vergiftungen ist.

Wie kommt es zu diesem Ratschlag und welche Maßnahmen sind zu ergreifen? ____________

Medizin und Alltag

(21) Ein jeweils voller Kanister mit Wasser und mit Benzin stehen in der Garage. Den Wasserkanister wollen Sie zur Wochenendfahrt mitnehmen. Wegen einer starken Erkältung können Sie sich auf Ihre Nase nicht verlassen. Wie können Sie die Kanister unterscheiden? Nennen Sie mindestens drei Möglichkeiten!

(21.1)

(21.2)

(21.3)

Trainieren und Zuordnen

forte

(22) Prüfen Sie, ob die folgenden Angaben zu Reaktionen und Reaktionspartnern richtig oder falsch sind!

		Richtig	Falsch
(22.1)	Die Verbrennung eines Alkans mit Sauerstoff verläuft radikalisch.		
(22.2)	Radikale enthalten ungepaarte Valenzelektronen.		
(22.3)	Das Iod-Atom ist als Radikal reaktiver als das Chlor-Atom.		
(22.4)	Tertiäre Kohlenstoff-Radikale sind stabiler als primäre.		
(22.5)	Die Addition von Wasser an eine C=C-Doppelbindung heißt Hydrierung.		
(22.6)	Bei der Addition an eine C=C-Doppelbindung greift als erstes ein Nucleophil an.		
(22.7)	Ein Nucleophil verfügt über ein freies Elektronenpaar.		
(22.8)	Die Umkehrreaktion einer Addition ist die Umlagerung.		
(22.9)	Ein Elektrophil hat eine Elektronenlücke.		
(22.10)	Bei der elektrophilen Substitution am Aromaten reagiert der Aromat als Elektrophil.		

12 Kinetik chemischer Reaktionen

Ouvertüre

(1) Ein Katalysator ist ein Stoff, der die Einstellung des Gleichgewichts __________ (1.1), indem er die Aktivierungsenergie __________ (1.2). Ein Katalysator wird bei der Reaktion nicht __________ (1.3). Er ändert nur die __________ (1.4) der Reaktion. **Nicht** verändert werden durch einen Katalysator die ______ (1.5) des Gleichgewichts und die ______ (1.6) an Produkten. Das ΔG (Gibbs-Energie) der Reaktion bleibt __________ (1.7). Ein Enzym ist ein Katalysator __________ (1.8) Ursprungs, der __________ (1.9) Reaktionen beschleunigt. Chemisch gesehen sind Enzyme in der Regel __________ (1.10). Eine __________ (1.11) (= Energie verbrauchende) Reaktion kann ein Enzym nicht in eine __________ (1.12) verwandeln.

Die Aktivierungsenergie ist die Energie, die zunächst __________ (1.13) werden muss, damit die Reaktionspartner ausreichend __________ (1.14) sind, um miteinander zu reagieren. Der Übergangszustand einer Reaktion ist ein Zustand mit meist hoher ________ (1.15) und daher ein hoher Punkt im Energiediagramm. In dem Zustand sind die Reaktionspartner äußerst __________ (1.16). Ein Zwischenprodukt hingegen ist deutlich __________ (1.17) (= energieärmer) und kann meist als Stoff aus der Reaktionslösung isoliert werden.

Die Gesetze der **Kinetik** beschreiben die __________ (1.18) von chemischen Reaktionen. Es wird experimentell bestimmt, wie sich die Konzentrationen der ______ (1.19) und __________ (1.20) zeitabhängig ändern. Es gibt z.B. Reaktionen ______ (1.21) und ______ (1.22) Ordnung. Jedes Enzym z.B. ist durch seine __________ (1.23) charakterisiert. Die ____________________ (1.24) (RG) ist von der ____________________ (1.25) ($\Delta G^{\#}$) abhängig.

Multiple Choice

(2) Welche Aussage trifft zu?
Die chemische Kinetik beschreibt bei einer chemischen Reaktion

- A die Energieänderung.
- B die Änderung des Redoxpotenzials.
- C den Reaktionsmechanismus.
- D den zeitlichen Reaktionsverlauf.
- E die molekulare Eigenbewegung der Reaktionspartner.

Trainieren und Zuordnen

forte

(3) Entscheiden Sie, welche der nachfolgenden Feststellungen richtig oder falsch sind.

		Richtig	Falsch
(3.1)	Die Geschwindigkeit einer Reaktion hängt in der Regel von den Konzentrationen der beteiligten Reaktionspartner ab.		
(3.2)	Die Geschwindigkeitskonstante ist unabhängig von der Temperatur.		
(3.3)	Das Geschwindigkeitsgesetz für eine Reaktion lässt sich aus der zugehörigen Reaktionsgleichung ableiten.		
(3.4)	Die Ordnung einer Reaktion ist die Summe der Exponenten im zugehörigen Geschwindigkeitsgesetz.		
(3.5)	Die Arrhenius-Gleichung $k = A \cdot e^{-\frac{E_a}{RT}}$ beschreibt die Abhängigkeit der Geschwindigkeitskonstanten *k* von der Temperatur.		
(3.6)	In einer mehrstufigen Reaktion ist der langsamste Schritt geschwindigkeitsbestimmend.		

F

		Richtig	Falsch
(3.7)	Der Übergangszustand bei einer chemischen Reaktion ist ein isolierbares Zwischenprodukt.		
(3.8)	Der radioaktive Zerfall folgt einem Geschwindigkeitsgesetz zweiter Ordnung.		
(3.9)	Eine unimolekulare Reaktion verläuft in der Regel nach erster Ordnung.		
(3.10)	Die Geschwindigkeit, mit der Ethanol im Körper abgebaut wird, ist von der Ethanolkonzentration unabhängig.		
(3.11)	Katalysatoren erniedrigen die Geschwindigkeit einer Reaktion.		
(3.12)	Ein Katalysator hat bei einer Reaktion keinen Einfluss auf die Lage des Gleichgewichts.		
(3.13)	Ein Katalysator wird bei der Reaktion verbraucht.		
(3.14)	Enzyme sind Biokatalysatoren.		

Trainieren und Zuordnen

(4) Erklären Sie den Unterschied zwischen einer bimolekularen Reaktion und einer Reaktion 2. Ordnung!

Trainieren mit Extrablatt

https://else4.de/8lo

(5) Zeichnen Sie ein Energiediagramm für eine Reaktion, die über ein Zwischenprodukt verläuft und die exergon ist. Markieren Sie in Ihrer Zeichnung die zwei Übergangszustände ÜZ1 und ÜZ2, die Gibbs-Aktivierungsenergien $\Delta G^{\#}_1$ und $\Delta G^{\#}_2$, die Gibbs-Energie ΔG^0 sowie Edukte E, Produkte P und das Zwischenprodukt Z.

Multiple Choice

(6) Vergleichen Sie die beiden Energiediagramme für die Reaktionen A → B (**1**) und A → C (**2**).

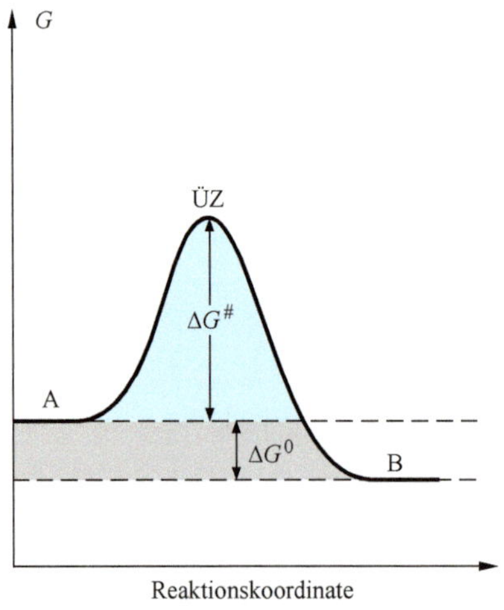

(1)

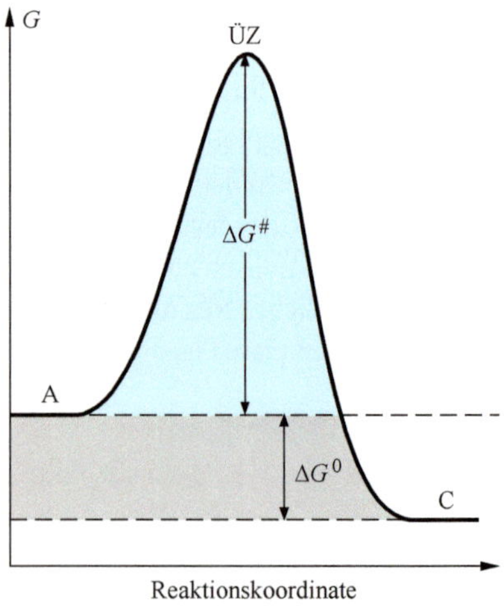

(2)

Welche Aussage trifft **nicht** zu?

- A Reaktion **2** ist stärker exergon als Reaktion **1**.
- B Die Aktivierungsenergie für Reaktion **1** ist niedriger als die für Reaktion **2**.
- C Unter kinetischer Kontrolle wird aus Edukt A eher Produkt B als C gebildet.
- D Unter thermodynamischer Kontrolle wird aus A eher Produkt C gebildet.
- E Bei Raumtemperatur wird aus A bevorzugt das Produkt C gebildet.

Multiple Choice

(7) Für die Reaktion A + B → C wurde ein Geschwindigkeitsgesetz zweiter Ordnung bestimmt.

Welche Aussage trifft **nicht** zu?

A Die Reaktion kann reversibel oder irreversibel sein.
B Verdoppelt man jeweils die Konzentration der Edukte, vervierfacht sich die Geschwindigkeit der Reaktion.
C Die Exponenten im Geschwindigkeitsgesetz müssen experimentell bestimmt werden.
D Das Geschwindigkeitsgesetz kann z.B. $v = k \cdot [A] \cdot [B]$ lauten.
E Das Geschwindigkeitsgesetz folgt aus der Reaktionsgleichung.

Multiple Choice

(8) Welche der folgenden Aussagen über die Geschwindigkeitskonstante *k* treffen zu?

1 Mit Hilfe der Arrhenius-Gleichung kann man die Geschwindigkeitskonstante *k* berechnen.
2 Die Geschwindigkeitskonstante *k* ist der Proportionalitätsfaktor im Geschwindigkeitsgesetz für eine chemische Reaktion.
3 Die Geschwindigkeitskonstante *k* ist abhängig von der Konzentration der in einer Reaktion eingesetzten Edukte.
4 In einer mehrstufigen Reaktion sind die Geschwindigkeitskonstanten der Teilschritte gleich.
5 Die Geschwindigkeitskonstante *k* ist von der Temperatur abhängig.

Antworten:

A nur 1
B nur 1, 2 und 3
C nur 1 und 4
D nur 1, 2 und 5
E nur 1, 2, 4 und 5

Multiple Choice

(9) Welche der folgenden Aussagen über einen Katalysator, der an einer Gleichgewichtsreaktion beteiligt ist, trifft **nicht** zu?

Ein Katalysator beeinflusst

A die Geschwindigkeit, mit der sich das Gleichgewicht einstellt.
B die Gleichgewichtslage.
C die Geschwindigkeit der Hinreaktion.
D die Geschwindigkeit der Rückreaktion.
E die Aktivierungsenergie.

Multiple Choice

(10) Welche Aussage über einen Katalysator, der an einer Gleichgewichtsreaktion beteiligt ist, trifft zu?

A Das Gleichgewicht wird durch den Katalysator zugunsten des Endprodukts verschoben.
B Der Katalysator erhöht die Reaktionsgeschwindigkeit der Hin- und der Rückreaktion.
C Eine endergone Reaktion kann in eine exergone umgewandelt werden.
D Der Katalysator wird bei der Reaktion verbraucht.
E Der Katalysator erhöht die Aktivierungsenergie der Rückreaktion.

Multiple Choice

(11) Der Neurotransmitter Acetylcholin hat eine hohe Affinität zum Enzym Acetylcholinesterase. Wie kommt man zu dieser Aussage?

Welche Antwort trifft zu?

- A Auswaage des isolierten Enzym-Substrat-Komplexes
- B Mathematische Modellierung der Michaelis-Menten-Gleichung
- C Bestimmung der thermodynamischen Parameter der Enzymreaktion
- D Messung der Temperaturabhängigkeit der Enzymreaktion
- E Messung kinetischer Parameter der Enzymreaktion und Bestimmung von K_M

Multiple Choice

(12) Wenn das Substrat eines Enzyms im Überschuss vorliegt, liegt das Enzym praktisch vollständig als Enzym-Substrat-Komplex vor. Dies führt zu einer Kinetik pseudonullter Ordnung. Was bedeutet dies?

Welche Antwort trifft zu?

- A Die Enzymreaktion ist unabhängig vom pH-Wert der Lösung.
- B Die Geschwindigkeit der Enzymreaktion ist unabhängig von der Substratkonzentration.
- C Die Enzymkinetik gleicht dem radioaktiven Zerfall.
- D Die Reaktionsgeschwindigkeit der Enzymreaktion tendiert gegen Null.
- E Der Enzym-Substrat-Komplex zeigt keinerlei Tendenz zur Dissoziation.

13 Verbindungen mit einfachen funktionellen Gruppen

Ouvertüre

(1) Für die Stoffgruppe der Alkanole (= ________) (1.1) ist die OH-Gruppe (______________) (1.2) typisch. Der kleinste Vertreter der homologen Reihe $C_nH_{2n+1}OH$, das __________ (1.3), ist ein starkes _____ (1.4), weil seine metabolischen Oxidationsprodukte den Sehnerv irreversibel __________ (1.5). Ist der Kohlenwasserstoffrest, der direkt an der OH-Gruppe hängt, aromatisch, so spricht man von einem ______ (1.6), das man als Strukturelement im weiblichen Sexualhormon __________ (1.7) findet. 2-Propanol (= ____________) (1.8) ist ein typischer __________________ (1.9) und dient in der Medizin als Desinfektionsmittel. In der OH-Gruppe der Alkanole trägt das _________________ (1.10) (= O-Atom) zwei _____ (1.11) Elektronenpaare und ist _______ (1.12) polarisiert. Deshalb bilden Alkanolmoleküle genauso wie Wassermoleküle ______________________-bindungen (1.13) aus. Das H-Atom an der OH-Gruppe ist dabei _______ (1.14) polarisiert. Die Siedepunkte der Alkanole sind wesentlich _____ (1.15) als die der Alkane mit vergleichbarer Molmasse.
Das Lösungsverhalten der Alkanole bestimmen die polarisierte OH-Gruppe [sie ist _____phil, ____phob (1.16)] und die Länge des unpolaren Kohlenwasserstoffrests [er ist ______phil, _____phob) (1.17)]. Cholesterin gehört wegen seines tetracyclischen Grundgerüsts zu den __________ (1.18), es hat ____phile (1.19) Eigenschaften und wird als _______ (1.20) klassifiziert. Zu den organischen Verbindungen mit Stickstoff als Heteroatom gehören die ________ (1.21), die sich vom ___________ (NH_3) (1.22) ableiten, in dem man die H-Ato-

me nacheinander durch organische Reste ersetzt. Das N-Atom trägt ein ________ (1.23) Elektronenpaar und kann ein ______ (1.24) anlagern. Amine bezeichnet man deshalb als ______ (1.25).

Netzdenken

(2) Ersetzt man das O-Atom des Wassers durch andere Heteroatome (blau hinterlegt) sowie eines oder beide H-Atome durch organische Reste (Kasten bzw. Blaumarkierung), so erhält man Verbindungen aus verschiedenen Stoffklassen. Zeichnen Sie die Formeln (mit freien Elektronenpaaren) und benennen Sie die Stoffklasse bzw. den Namen der jeweiligen Verbindung.

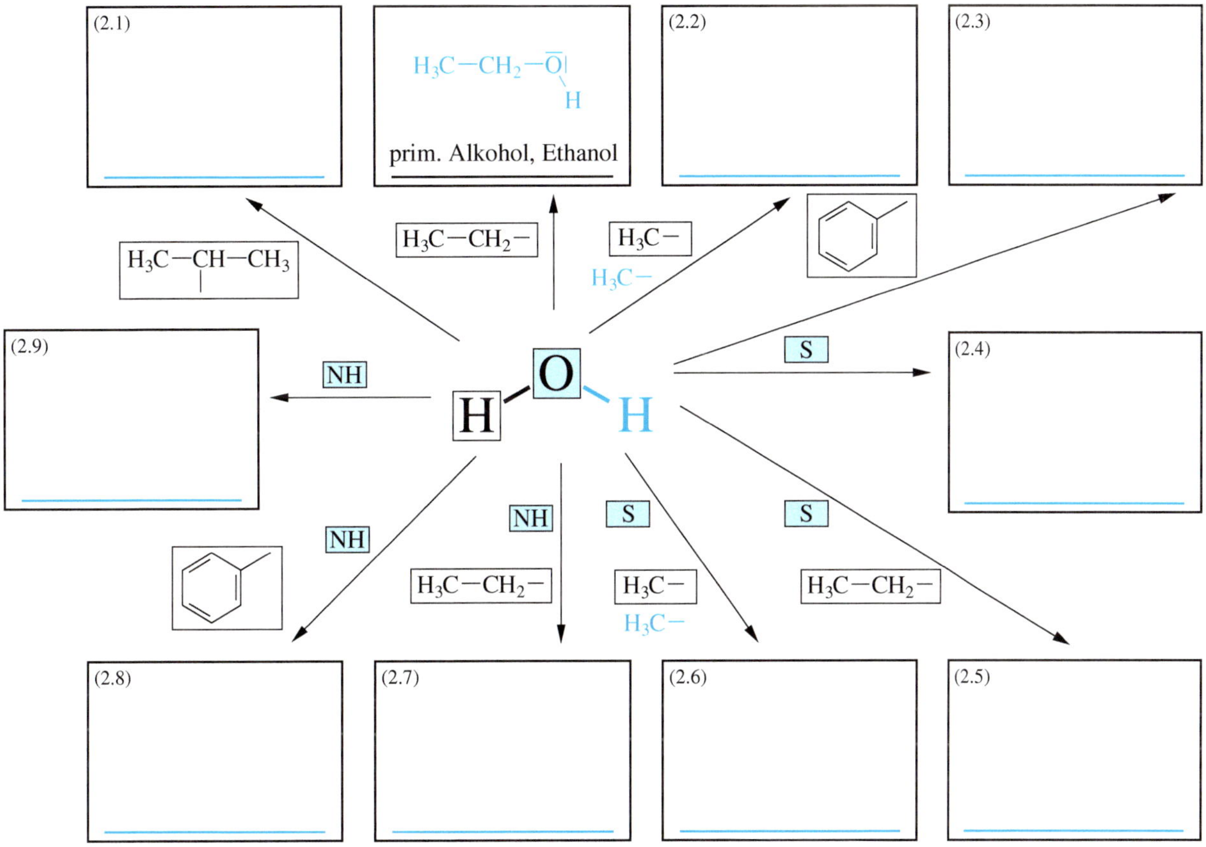

Trainieren und Zuordnen

(3) Zeichnen Sie die fehlenden Strukturformeln der angegebenen Substanzen, und benennen bzw. markieren Sie charakteristische funktionelle Gruppen. Bei angegebenen Strukturen benennen Sie die Verbindung und die markierten funktionellen Gruppen.

Ethanol		Glycerin	2-Butanol	Cyclohexanol
H_3C-CH_2-OH prim. Alkohol	(3.1) 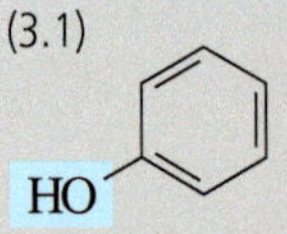 ______	(3.2) sek. Alkohol	(3.3) ______	(3.4) ______
Toluol	**Phenolat**	**Diethylether**	**Diethyldisulfid**	**Benzylalkohol**
(3.5) ______	(3.6) ______	(3.7) ______	(3.8) ______	(3.9) ______
	Diethylamin	**Ammoniak**		
(3.10) 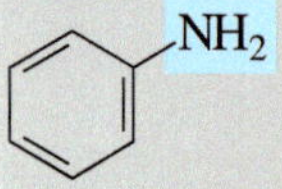 ______	(3.11) ______	(3.12) ______	(3.13) 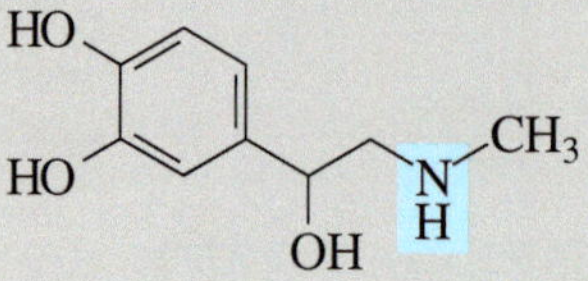 ______	(3.14) $HO-CH_2-CH_2-\overset{\oplus}{N}(CH_3)_3 \quad OH^{\ominus}$ ______

Lückentext

(4) Alkohole können Protonen abgeben, sie sind schwache ______ (4.1). Sie können aber auch Protonen ______ (4.2), dann reagieren sie als ______ (4.3). Sie haben ______ (4.4) Charakter wie das ______ (4.5) (Molmasse 18).

Mesomerie liegt vor, wenn sich ______ (4.6) im Molekül über ______ (4.7) Atome verteilen. Eine einzelne Molekülformel gibt den Zustand nur ______ (4.8) wieder. Ist eine Ladung über mehrere Atome verteilt, sind die Elektronen delokalisiert, das System ist ______ (4.9), also energie-______ (4.10), als wenn die Ladung nur an ______ (4.11) Atom lokalisiert ist. Z.B. ist Phenol stärker ______ (4.12) als die Alkanole, da das ______-Anion (4.13) ______-stabilisiert (4.14) ist und so die Abspaltung des ______ (4.15) aus der OH-Gruppe des Phenols begünstigt wird.

F

Trainieren und Zuordnen

(5) Ordnen Sie den angegebenen Nummern in den Formeln die Begriffe und funktionellen Gruppen der Liste zu (streichen Sie bereits zugeordnete Begriffe). Es ergibt sich ein Lösungswort.

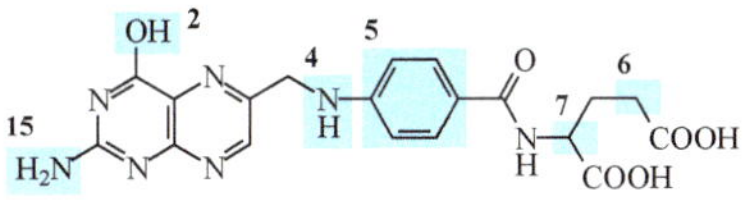

1 ____________________

Name der Verbindung

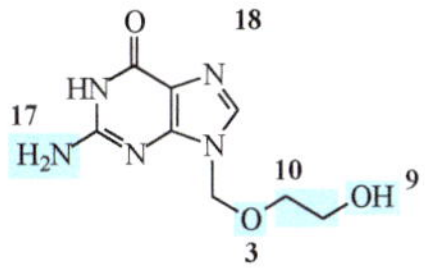

8 ____________________

Name der Verbindung

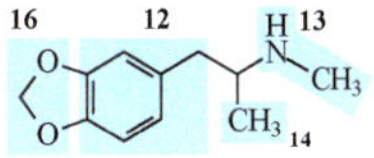

11 ____________________

Name der Verbindung

E = sek. C-Atom
VE = tert. C-Atom
VO = Ethergruppe
RW = Aciclovir, Wirkstoff gegen Herpes-simplex-Virus
AN = Methylgruppe
SI = Folsäure

VO = Benzylgruppe
NN = phenolische OH-Gruppe
TI = prim. Aminogruppe
EN = prim. Hydroxylgruppe
L = sek. Aminogruppe
DU = CH_2-CH_2-Gruppe

N = Methylaminogruppe
L = Phenylring
TI = prim. Aminogruppe
NG = Ecstasy, neurotoxische Designerdroge
KA = Guanin-Derivat
BIO = Methylendioxygruppe

Lösungswort:

1	2	3	4	5	6	7	8	9	10	11	12	13	14	15	16	17	18

Rechnen mit Extrablatt

(6) Wie viel Massenprozent Sauerstoff enthalten die folgenden mehrwertigen Alkohole?

https://else4.de/vc1

(6.1) Frostschutzmittel Glykol, ein __________-wertiger Alkohol: $HO-CH_2-CH_2-OH$

Ergebnis: ______________________________

(6.2) Glycerin, Baustein von Neutralfetten, ein _____-wertiger Alkohol: $\underset{OH}{CH_2}-\underset{OH}{CH}-\underset{OH}{CH_2}$

Ergebnis: ______________________________

(6.3) *myo*-Inosit, ein intrazellulärer Signalstoff, ein _____-wertiger Alkohol:

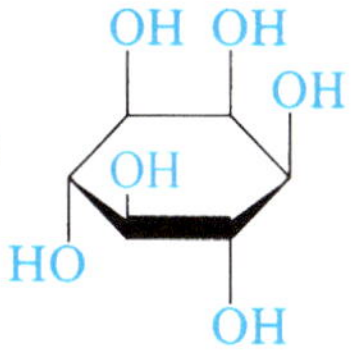

Ergebnis: ______________________________

F

Netzdenken

(7) Lösen Sie das Kreuzworträtsel. Beginnen Sie das gesuchte Wort im Kästchen mit der Zahl. (ä = ae)

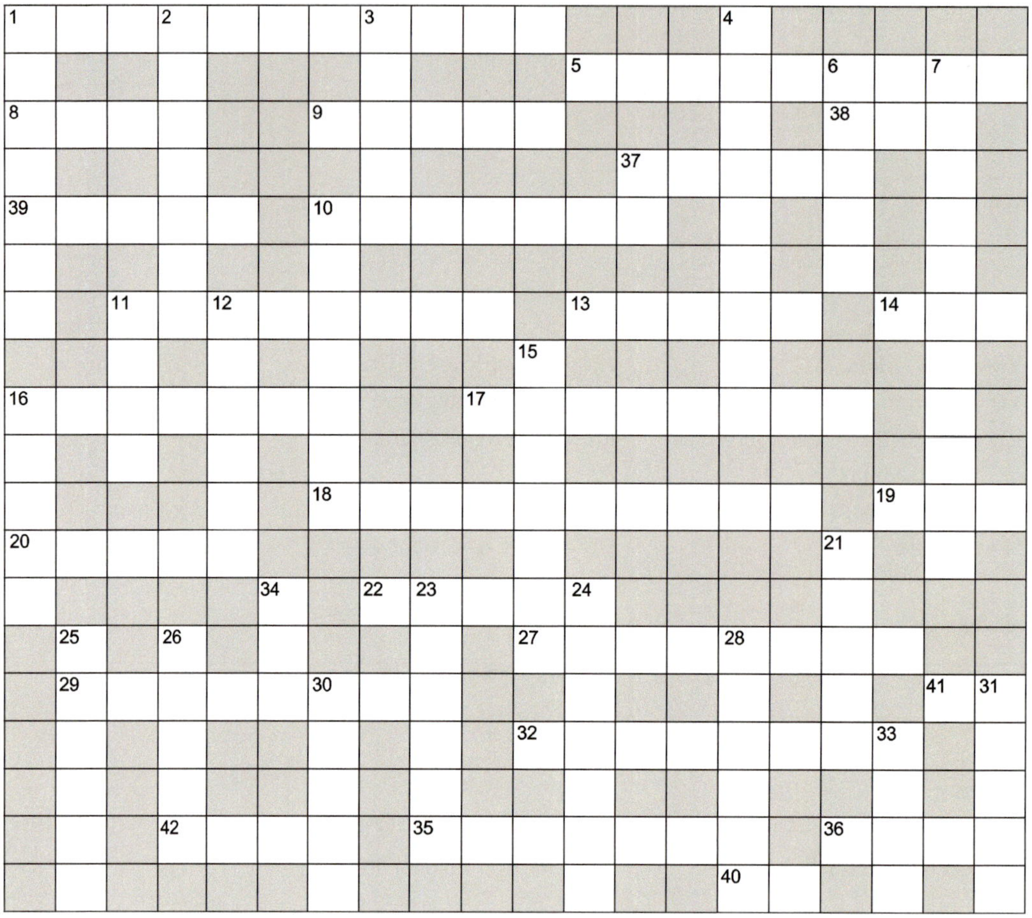

waagrecht

1 typisches Steroid im Blut
5 Blutspiegel dieses Amins steigt bei Aufregung.
8 ugs.: Triacylglycerin
9 Schwefelanalogon eines Alkohols
10 Die OH-Gruppe im Ethanol ist …
11 Eigenschaft, als Säure und Base zu reagieren
13 C_4-Alkan
14 Element mit Ordnungszahl 5
16 Stereoisomere, die nur in einem Stereozentrum verschieden sind
17 dreiwertiger Alkohol
18 greift positiv polarisierte C-Atome von Carbonylgruppen an
19 ist ein Halogen und desinfiziert
20 Alkylrest mit zwei C-Atomen
22 Biokatalysator (meist ein Protein)
27 Chloride, Amide, Ester sind … von Carbonsäuren.
29 Ein Amin mit drei organischen Resten ist …
32 In Aldehyden ist das H-Atom in α-… acide.
35 Kohlenhydrate mit drei C-Atomen
36 Namensendung von Kohlenhydraten
37 physikalische Größe mit Einheit Pa
38 Drei-Buchstaben-Code des Lysins
39 kleinstes Molekül mit Kohlenstoff-Dreifachbindung
40 Elementsymbol Zink
41 Elementsymbol Natrium
42 Edelgas

senkrecht

1 Genussgift im Kaffee
2 Alkalimetall mit kleinster Ordnungszahl
3 Name der Stoffgruppe: R-O-R
4 Die Hydroxygruppe im Cholesterin ist …
6 Kohlenwasserstoff mit Doppelbindung
7 Trivialname von 2-Propanol
10 Eiweiß, Peptid der Molmasse >10 kDa
11 Stickstoffderivat einer Carbonsäure
12 trägt die OH-Gruppe am Aromaten
15 Oxidationsprodukt primärer Alkohole
16 Produkt aus Säure und Alkohol
21 Oxidationsprodukt sekundärer Alkohole
23 …-Gleichung für Redoxpotenziale, die nicht Standardbedingungen entsprechen
24 in Hustendrops oder Zigaretten enthaltenes Terpen aus Pfefferminzöl
25 Kohlenstoffgrundgerüst von Hormonen
26 Metall der Ordnungszahl 33, Hollywood-Film: … und Spitzenhäubchen
28 Elektronen in der äußeren Schale sind …-elektronen.
30 IUPAC-Name für Aromaten
31 Stickstoffanaloga der Alkohole
33 Alle Elemente der 18. Hauptgruppe sind es bei Raumtemperatur.
34 Vorsilbe für „drei"

F

Trainieren und Zuordnen mit Extrablatt

(8) Die genannten Stoffe reagieren in Lösung miteinander. Formulieren Sie die Reaktionsgleichungen und benennen Sie die Reaktionstypen und Produkte.

(8.1) Phenol – reagiert mit NaOH:
(8.2) Ethanol mit Natrium:
(8.3) 2-Propanol mit etwas H_2SO_4 unter Wasserabspaltung:
(8.4) 2-Buten mit Wasser:
(8.5) Propylamin reagiert mit Protonen:
(8.6) CH_3–CH_2–I mit KOH:
(8.7) Milde Oxidation von Ethanthiol:

Trainieren und Zuordnen

forte

(9) Prüfen Sie, ob die folgenden Aussagen richtig oder falsch sind!

		Richtig	Falsch
(9.1)	Die Isopropyl-Gruppe enthält ein tertiäres C-Atom.		
(9.2)	Zweibündiger Sauerstoff kommt in Alkoholen, Ethern und Peroxiden vor.		
(9.3)	Im Phenol ist die OH-Gruppe an ein sp^2-C-Atom gebunden.		
(9.4)	Die Hydroxygruppe der Alkohole und Phenole ist ähnlich basisch wie das Hydroxid-Ion ($OH^{\ominus}$).		
(9.5)	Ameisensäure entsteht bei der Reduktion von Methanol.		
(9.6)	1-Propanol ist ein Konstitutionsisomer von Isopropanol.		
(9.7)	Reagiert Ethanol als Säure, so entstehen $H^{\oplus}$- und Ethanolat$^{\ominus}$-Ionen.		
(9.8)	Kurzkettige Alkohole sind relativ polar und wasserlöslich.		
(9.9)	Im *trans*-1,2-Cyclohexandiol stehen die OH-Gruppen bevorzugt äquatorial.		
(9.10)	Aus 2-Methyl-2-butanol lässt sich säurekatalysiert ein Alken herstellen.		
(9.11)	Bei der Hydrierung der Doppelbindung eines Alkens entsteht ein Alkanol.		
(9.12)	CH_3-CH_2-CH_2-OH und HO-CH_2-CH_2-CH_3 sind Konstitutionsisomere.		

Multiple Choice

(10) Welche Angabe zum Cholesterin trifft **nicht** zu?

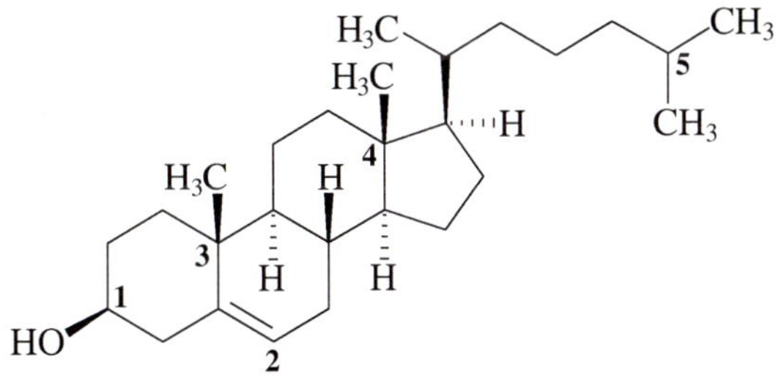

- A Das Molekül enthält eine Alkoholfunktion.
- B Es handelt sich um ein Steroid.
- C Das Molekül entfärbt Brom.
- D Im Cholesterin sind die Ringe B und C *cis*-verknüpft.
- E Die Substanz ist lipophil.

F

Multiple Choice

(11) Welche Aussage zu den numerierten Atomen des oben stehenden Cholesterins trifft **nicht** zu?

- A C-Atom 1 ist sp^2-hybridisiert.
- B C-Atom 2 ist an einer π-Bindung beteiligt.
- C C-Atom 3 ist an vier σ-Bindungen beteiligt.
- D C-Atom 4 ist ein quartäres C-Atom.
- E C-Atom 5 ist sp^3-hybridisiert.

Multiple Choice

(12) Welche der folgenden Verbindungen sind Konstitutionsisomere zu *n*-Propanol?

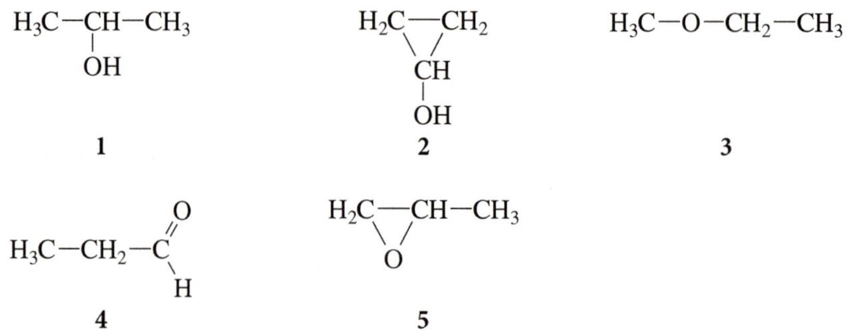

Welche Antwort trifft zu?

- A Nur 1
- B Nur 1 und 3
- C Nur 2 und 3
- D Nur 2, 3 und 4
- E Alle angegebenen Verbindungen

Multiple Choice

(13) Welche Aussage trifft **nicht** zu?

- A Kationen können als Elektrophile reagieren.
- B Die H-Atome des Benzols können durch Elektrophile substituiert werden.
- C Verbindungen mit π-Elektronen können als Nucleophile reagieren.
- D Nucleophile können positiv oder negativ geladen sein.
- E Protonen sind elektrophile Teilchen.

Medizin und Alltag

(14) Häufig liegt dem Parkinson-Syndrom eine Degeneration dopaminerger Neurone und daraus folgend eine Verarmung an Dopamin zugrunde. Welche Aussage zur abgebildeten Strukturformel des Dopamins trifft zu?

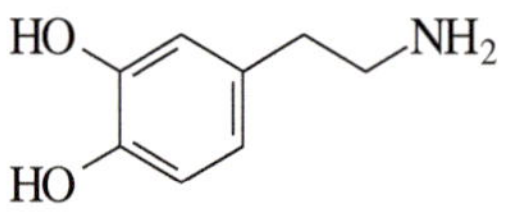

- A Die Verbindung enthält insgesamt sechs C-Atome.
- B Die phenolischen OH-Gruppen sind *para*-ständig.
- C Die Verbindung ist amphoter.
- D Die Verbindung enthält einen Cyclohexylring.
- E Die Verbindung ist ein sekundäres Amin.

Multiple Choice

(15) Welche der folgenden fünf Aussagen über FCKWs trifft **nicht** zu?

A FCKWs sind für den Abbau des Ozons in der Stratosphäre mitverantwortlich.
B FCKWs wurden in Spraydosen als Treibgas verwendet.
C FCKWs finden u.a. als Lösungsmittel und Kältemittel Verwendung.
D FCKWs sind Fluorchlorkohlenwasserstoffe.
E FCKWs sind hydrophile Verbindungen.

Medizin und Alltag

(16) Die letale Dosis für Trinkalkohol (= __________) (16.1) liegt für den Menschen bei etwa 4‰, das entspricht __ mg/mL (16.2) Blut (Rechnen!). Um einen Alkoholspiegel von etwa 0,5‰ im Blut zu erreichen, reichen schon etwa ___ (16.3) Glas Wein (____ L) (16.4), ein ______ (16.5) Liter Bier oder weniger als ___ (16.6) Glas Whisky.

Bei winterlichen Temperaturen ist ein Vollrausch besonders gefährlich, weil die Gefahr einer __________ (16.7) besteht. Ethanol __________ (16.8) die Blutgefäße und erzeugt deshalb ein ______gefühl (16.9), obwohl die ________________ (16.10) eher absinkt. Der ______________ (16.11) erfolgt mit konstanter Geschwindigkeit (ca. 7–10 g pro Stunde), weil die Nachlieferung des Coenzyms _______ (16.12) limitiert ist. Medikamente können den Abbau _______ (16.13) beschleunigen.

Multiple Choice

(17) Welche Aussage zu nachfolgender Abbildung trifft **nicht** zu?

Übergangszustand (ÜZ)

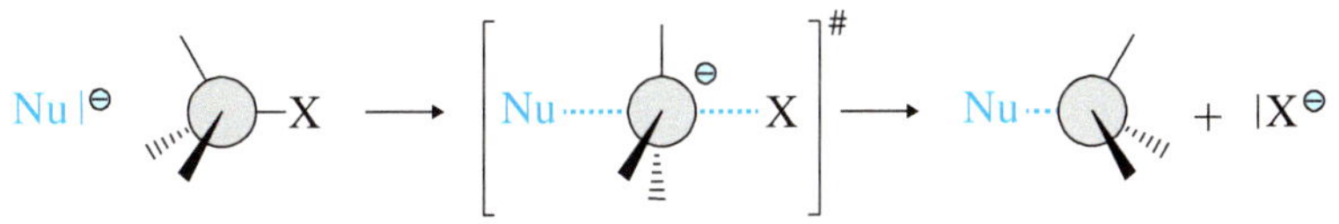

A Die Reaktion ist bimolekular.
B Es ist eine S_N2-Reaktion.
C Der Übergangszustand kann isoliert werden.
D X ist die Abgangsgruppe.
E Der Angriff des Nucleophils führt zu einer Umkehr der Konfiguration am C-Atom.

Multiple Choice

(18) Vergleichen Sie die Reaktionen (**1**) und (**2**) in nachfolgender Abbildung.

(**1**) 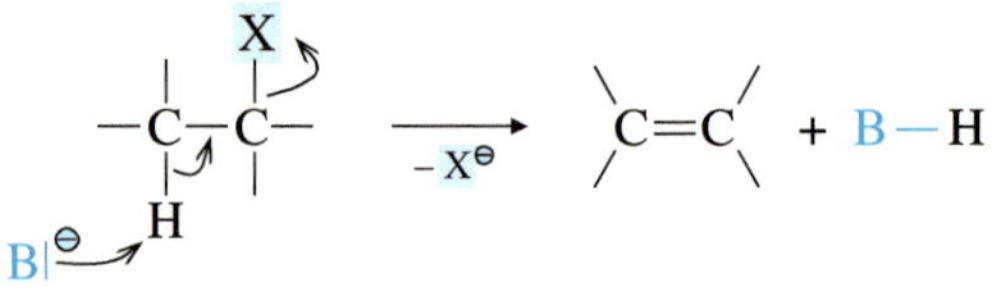

(**2**) 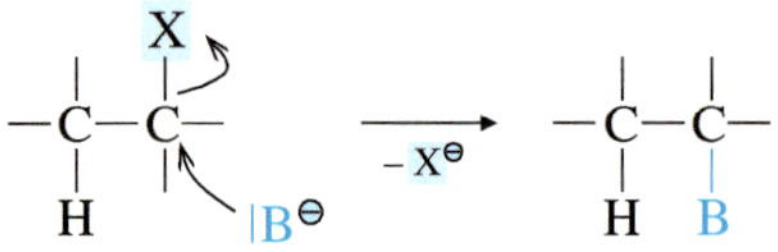

Welche Aussage trifft zu?

- A (**1**) und (**2**) verlaufen unimolekular.
- B Das Anion $B^{\ominus}$ reagiert in (**1**) als Base, in (**2**) als Nucleophil.
- C In Reaktion (**1**) erfolgt eine Substitution.
- D In Reaktion (**2**) erfolgt eine Eliminierung.
- E In Reaktion (**1**) gibt es ein Carbenium-Ion als Zwischenprodukt.

14 Aldehyde und Ketone

Ouvertüre

(1) Viele Aroma- und Duftstoffe, Vitamine, Hormone und Stoffwechselintermediate enthalten __________-gruppen (C=O) (1.1). Eine ____________-gruppe (CHO) (1.2) findet sich im Vanillin oder Pyridoxal. Progesteron oder das Veilchenaroma α-Ionon enthalten eine _______-gruppe ($R_2C{=}O$) (1.3).

Durch Dehydrierung (= ___________) (1.4) von primären Alkoholen entstehen zunächst __________ (1.5), indem _____ (1.6) H-Atome abgeben werden. Aus den Aldehyden entstehen durch weitere Dehydrierung _______________ (1.7), bei diesem Prozess wird zunächst _________ (1.8) addiert, bevor dann wieder zwei ________________ (1.9) abgegeben werden. Durch Oxidation von ____________ (1.10) Alkoholen entstehen _________ (1.11), die unter milden Bedingungen nicht weiter oxidiert werden können.

Das Carbonyl-C-Atom der C=O-Gruppe wird vor allem von _____________ (1.12) angegriffen, es ist ein ______________ (1.13) Zentrum. Entsprechend der Polarisierung der C=O-Gruppe ist das O-Atom ein ______________ (1.14) Zentrum, es kann ein Proton binden. Am C-Atom benachbart zur Carbonylgruppe (= _________) (1.15) zeigen die H-Atome erhöhte ___________ (1.16) (Tendenz zur Protonenabgabe). Deshalb kommt es z.B. zur ____-_____ (1.17) -Tautomerie.

Typische Reaktionen von Aldehyden und Ketonen sind die Addition von _________ (1.18) (zum Hydrat), die Addition von Alkoholen (zum Halb-________ (1.19) oder die Addition von Aminen mit nachfolgender Wasserabspaltung zu den _________ (1.20) (= Schiff-Basen). Eine „Königsreaktion“ zur C–C-Verknüpfung ist die _______-Addition (1.21), wird nachfolgend Wasser abgespalten, spricht man von _______-______________ (1.22).

Trainieren und Zuordnen

(2) Vervollständigen Sie anhand der gegebenen Informationen die Strukturformeln und Namen der Verbindungen der homologen Reihen und geben Sie jeweils die allgemeinen Summenformeln an.

(2.1)

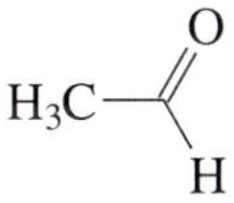

$C_nH_{2n}O$

Methanal

allg. Summenformel

(2.2)

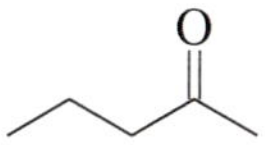

allg. Summenformel

(2.3)

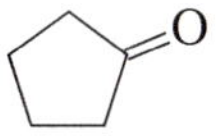

allg. Summenformel

Netzdenken: Lernspinne

Viele organische Verbindungen, insbesondere Aldehyde und Ketone, wirken in der Tier- und Pflanzenwelt als Pheromone oder Geruchsstoffe und dienen damit der Kommunikation. Auch der Mensch reagiert auf solche Stoffe, z.B. hält die Aromatherapie zunehmend Einzug in die medizinische Behandlung.

(3) Ordnen Sie den Strukturformeln die passende Angabe in der unteren Reihe zu, indem Sie die Buchstaben mit dem passenden schwarzen Punkt verbinden (Lineal!). In einigen Fällen gibt es mehr als eine Verbindungslinie. Berührt eine Verbindungslinie eine oder mehrere Buchstabenangaben, so tragen Sie diese in das Lösungsschema ein. Sie erhalten ein Lösungswort.

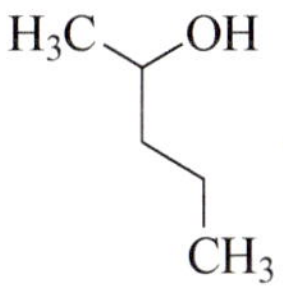

Ⓐ

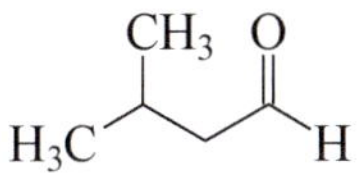

Ⓑ

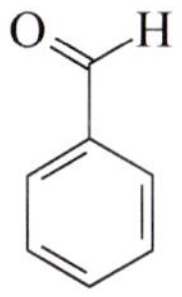

Ⓒ

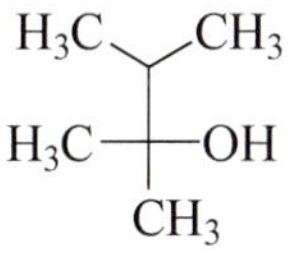

Ⓓ

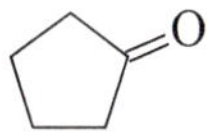

Ⓔ

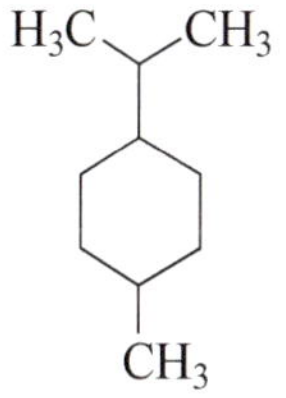

Ⓕ

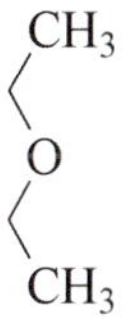

Ⓖ

3F 7M 9F 6G 1H 4T 5S 8L 10E 7O 1D 2A 2U 4U 4T 8F 10R 9E 3S 6T

$C_5H_{10}O$	$C_5H_{12}O$	Aromat	sekundärer Alkohol	tertiärer Alkohol	sp^2-C-Atom	Isopropyl-Gruppe	C_5H_8O	Aldehyd	Keton	Diethylether	Cycloalkan
(3.1)	(3.2)	(3.3)	(3.4)	(3.5)	(3.6)	(3.7)	(3.8)	(3.9)	(3.10)	(3.11)	(3.12)

Lösungswort:

1	2	3	4	5	6	7	8	9	10

(3.13)

Trainieren und Zuordnen

(4) Die funktionellen Gruppen verschiedener Verbindungsklassen enthalten oft Sauerstoff. Zeichnen Sie die Strukturformeln der zugehörigen Verbindungen bzw. Verbindungsklassen mit jeweils drei C-Atomen und benennen Sie die Substanz.

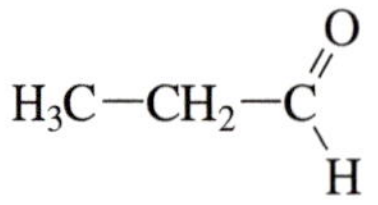	(4.1)	(4.2)	(4.3)
....	....	....	....
Propanal Aldehyd	__________ 1-Alkanol	__________ 2-Alkanol	2-Propen-1-ol __________
(4.4)	(4.5)	(4.6)	(4.7)
....	....	....	....
__________ Ether	__________ Keton	Glycerinaldehyd __________	Dihydroxyaceton __________

Trainieren und Zuordnen

(5) Zeichnen Sie zuerst die Strukturformeln der angegebenen Verbindungen und dann die des entsprechenden Enols (Keto-Enol-Tautomerie).

Acetaldehyd	(5.1)
Aceton	(5.2)
Acetylaceton (= 2,4-Pentandion)	(5.3)
Pyruvat	(5.4)

Trainieren und Zuordnen

(6) Vervollständigen Sie folgendes Reaktionsschema durch Angabe der Strukturformeln, des Namens des Endprodukts und ergänzender Angaben unter den Pfeilen!

__________ (6.1) $\xrightarrow[-2H]{}$ __________ (6.2) $\longrightarrow$ 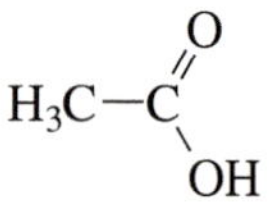

Ethanol — Acetaldehyd + __________ (6.3)

\- __________ (6.4) __________ (6.5)

Um welchen Reaktionstyp handelt es sich? __________ (6.6)

F

Netzdenken: Lernspinne

(7) Reagiert Propionaldehyd in den aufgeführten Reaktionen, so erhält man Verbindungen verschiedener Stoffklassen. Zeichnen Sie die *Strukturformeln* der Produkte und nennen Sie die **Namen** und Stoffklassen der Verbindungen.

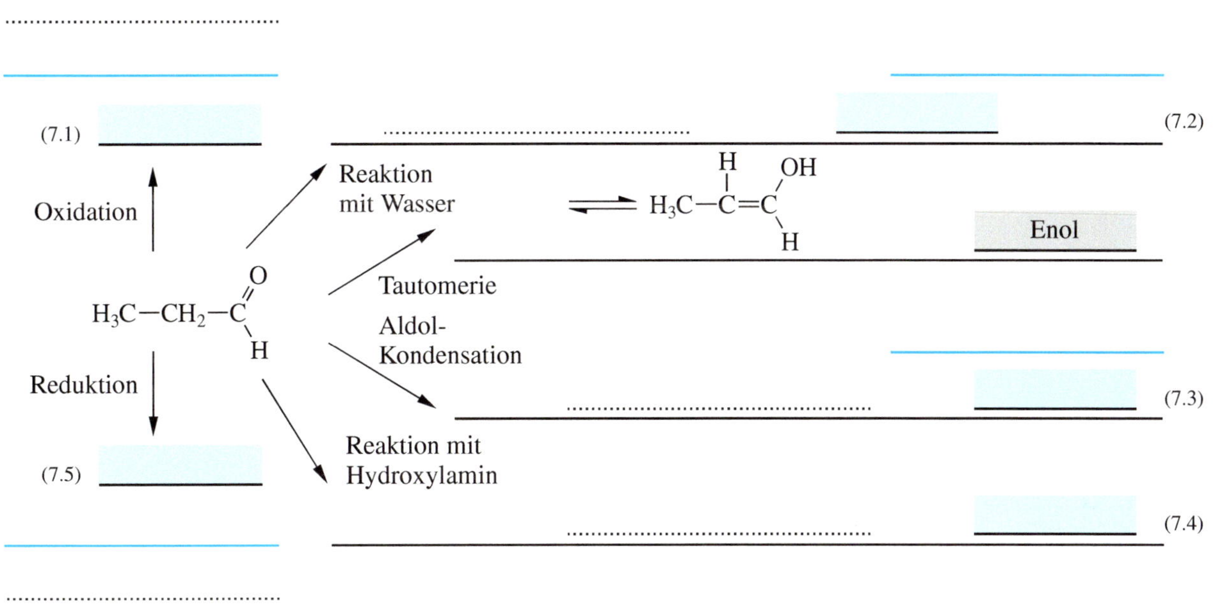

Trainieren und Zuordnen

(8) Formulieren Sie die Reaktionsgleichungen für folgende Reaktionen und benennen Sie die Produkte.

(8.1) 2-Propanol wird oxidiert:

(8.2) Propanon reagiert mit Methanol (erst einfach, dann säurekatalysiert):

(8.3) Propanon reagiert mit Methylamin unter Wasserabspaltung:

(8.4) Acetaldehyd reagiert mit einer starken Base als Katalysator zu einem C_4-Produkt:

Trainieren und Zuordnen

(9) Ordnen Sie den Substanznamen die gebräuchlichen Trivialnamen zu und geben Sie die Strukturformeln an.

Name	Methanal/38%ige wässrige Methanallösung	Ethanal	Propanal	Propanon
Trivialname/ Struktur	(9.1)	(9.2)	(9.3)	(9.4)

Trainieren und Zuordnen

(10) Kreuzen Sie **alle** CH-aciden Verbindungen an:

(10.1) ☐ CH_3OH
(10.2) ☐ $C_6H_5COCH_3$
(10.3) ☐ CH_3CH_2CHO
(10.4) ☐ C_6H_5CHO
(10.5) ☐ $C_6H_5CH_2COC_6H_5$

F

Multiple Choice

(11) Dehydrierung ist ein Begriff, der vielfach in der Organischen Chemie und Biochemie verwendet wird. Man versteht darunter

- A die Reduktion eines organischen Moleküls.
- B die Oxidation eines organischen Moleküls.
- C die Abspaltung von Wasser.
- D die Anlagerung von Wasserstoff.
- E den Abbau der Hydrathülle eines Ions.

Multiple Choice

(12) Welche Aussage trifft zu?
Acetaldehyd kann

- A zu Methanol reduziert werden.
- B zu Essigsäure oxidiert werden.
- C zu Aceton reduziert werden.
- D zu Ethanol oxidiert werden.
- E nicht weiter oxidiert werden.

Multiple Choice

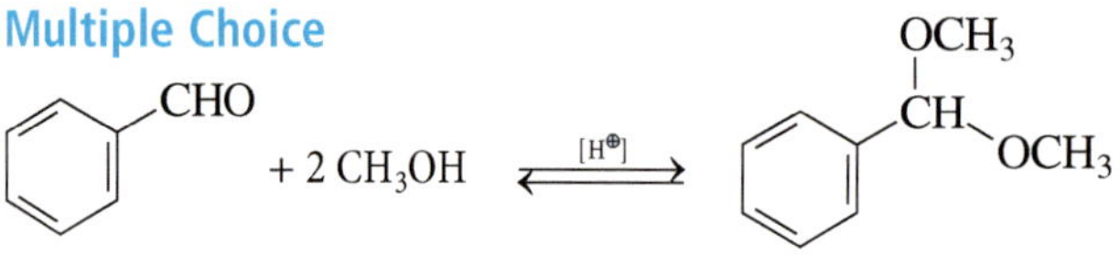

(13) Ist diese Reaktionsgleichung **richtig**?

- A Ja.
- B Nein, der Katalysator wird bei der Reaktion verbraucht.
- C Nein, Acetale werden anders hergestellt.
- D Nein, es entsteht bei der Reaktion außerdem Wasser.
- E Nein, es entstehen zwei Acetalmoleküle.

Multiple Choice

(14) Nachfolgende Verbindung ist durch Aldol-Kondensation entstanden.

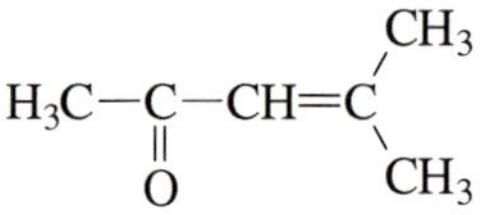

Aus welchen Komponenten ist sie hervorgegangen?

- A Acetaldehyd und Aceton
- B Essigsäure und Formaldehyd
- C 3 Moleküle Acetaldehyd
- D 2 Moleküle Aceton
- E Aceton und Benzaldehyd

forte

Trainieren und Zuordnen

(15) Prüfen Sie, ob die folgenden Angaben zu Aldehyden und Ketonen richtig oder falsch sind!

		Richtig	Falsch
(15.1)	Die C=O-Doppelbindung der Carbonylgruppe ist polarisiert.		
(15.2)	Das C-Atom der Carbonylgruppe ist ein nucleophiles Zentrum.		
(15.3)	Das O-Atom der Carbonylgruppe kann ein Elektrophil anlagern.		
(15.4)	An der Carbonylgruppe eines Ketons ist ein nucleophile Substitution möglich.		
(15.5)	Die Carbonylgruppe kann durch Hydrid-Ionen ($H^{\ominus}$) reduziert werden.		
(15.6)	Aldehyde und Ketone bilden mit Alkoholen Ester.		

		Richtig	Falsch
(15.7)	Bei der Reaktion mit primären Aminen findet erst eine Addition und dann eine Eliminierung von Wasser zum Imin statt.		
(15.8)	Keto-Enol-Tautomere sind möglich, wenn ein H-Atom in α-Position zur Carbonylgruppe vorhanden ist.		
(15.9)	Die Keto-Enol-Tautomerie ist ein irreversibler Vorgang.		
(15.10)	Bei der Aldolkondensation werden C-Atome miteinander verknüpft.		
(15.11)	Pyruvat enthält eine Ketogruppe.		
(15.12)	Pyridoxalphosphat ist das Coenzym von Transaminasen.		
(15.13)	*trans*-Retinal steuert im Auge den Sehprozess.		

Medizin und Alltag

(16) Warfarin ist wie Phenprocoumon (Marcumar®) ein indirektes Antikoagulans, da es als Vitamin-K-Antagonist die Synthese des wirksamen Prothrombins und der Blutgerinnungsfaktoren II, VII, IX und X hemmt.

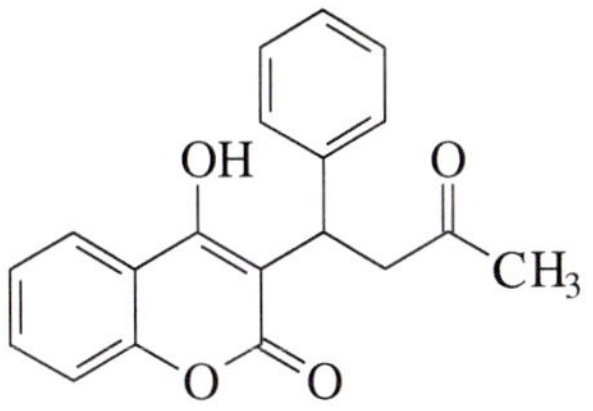

Welche Aussage trifft **nicht** zu?

A Es handelt sich um eine Keto-Verbindung.
B Das bicyclische Chinon ist substituiert.
C Warfarin wird gut bei oraler Einnahme resorbiert und zeigt hohe Plasmaproteinbindung (über 90%).
D Das Arzneimittel weist ein Stereozentrum auf.
E Der Phenylring trägt zum lipophilen Charakter der Verbindung bei.

Medizin und Alltag

(17) Formalin-Lösung wird zur Konservierung von biologischen Präparaten genutzt.
Welche Aussage trifft **nicht** zu?

A Formalin enthält 38% Formaldehyd in Wasser gelöst.
B Formalin tötet Mikroorganismen ab, indem es Proteine denaturiert.
C Formalin ist ein modernes Desinfektionsmittel für die Hände.
D Mit einem MAK-Wert von 0,5 mL/m³ wird Formaldehyd mehr als doppelt so schädlich eingestuft wie Chlorgas (MAK = maximale Arbeitsplatzkonzentration in mg/m³ oder mL/m³).
E Formaldehyd ist bei Raumtemperatur ein Gas.

F

15 Chinone

Ouvertüre

(1) Chemische Verbindungen nennt man Chinone, wenn in einem Sechsring ________ (1.1) C=O-Gruppen durch ________ (1.2) Doppelbindungen verbunden sind. Stehen die C=O-Gruppen nebeneinander, nennt man die Verbindungen _______-Chinone (1.3), stehen sie sich gegenüber, sind es ______-Chinone (1.4).

Beispiele für Chinone sind Vitamin ___ (1.5) als Cofaktor für die Blutgerinnung und das ______________ (1.6) (= Coenzyme Q) als unverzichtbarer ______________-überträger (1.7) in der Atmungskette oder bei der Photosynthese. Diese Aufgabe können die Chinone übernehmen, da ihre Redoxreaktionen sehr rasch verlaufen und generell ______________ (1.8) sind. Die ________-Gleichung (1.9) beschreibt die Abhängigkeit des Redoxpotenzials eines Chinonsystems von den Konzentrationen der beteiligten Reaktionspartner, dazu gehören auch Protonen, d.h., das Redoxpotenzial ist auch vom ____________ (1.10) der Umgebung abhängig.

Rechnen mit Extrablatt

https://else4.de/btf

(2) (2.1) Bei der Oxidation von Hydrochinon ($C_6H_6O_2$) zu Benzochinon ($C_6H_4O_2$) setzen Sie 55,0 g Hydrochinon ein und wiegen nach Ende der Reaktion 32,4 g Benzochinon aus. Wie groß ist die molare Ausbeute an Benzochinon bezogen auf Hydrochinon (Atommassen: C = 12, H = 1, O = 16)?

A 32,4%
B 50%
C 55%
D 60%
E 87,4%

(2.2) Berechnen Sie das Redoxpotenzial einer Chinhydronelektrode bei pH = 5 ($E^0 = +\,0{,}7$ V; Chinon- und Hydrochinonkonzentration sind gleich)!

A – 0,4 V
B + 0,2 V
C + 0,4 V
D + 0,7 V
E + 1,0 V

Trainieren und Zuordnen

(3) Formulieren Sie die Reaktionsgleichung für folgende Reaktionen und benennen Sie die Produkte.

(3.1) 2-Methyl-1,4-benzochinon wird reduziert:

(3.2) Vitamin K-Hydrochinon (KH_2) wird oxidiert:

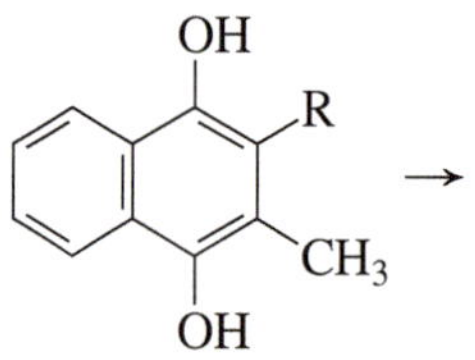

F

Multiple Choice

(4) Welche der folgenden Verbindungen ist ein Chinon?

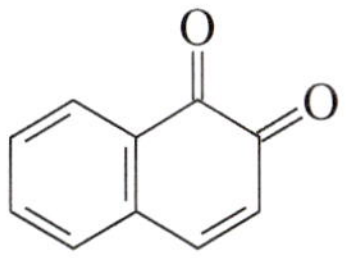

1

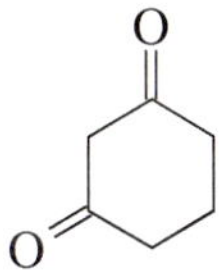

2

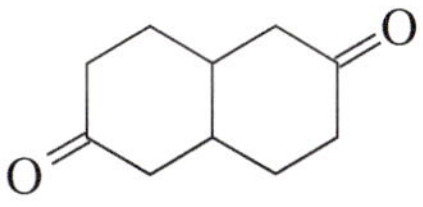

3

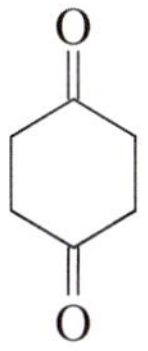

4

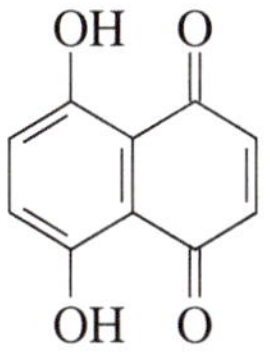

5

Antworten:

A Nur 1 und 3
B Nur 1 und 5
C Nur 2, 3 und 4
D Nur 2 und 5
E Nur 5

Multiple Choice

(5) Das Redoxpotenzial des Systems Chinon/Hydrochinon ist durch die Gleichung

$$E = E^0 + \frac{0{,}06}{n} \times \lg \frac{[\text{Chinon}][H^{\oplus}]^2}{[\text{Hydrochinon}]}$$ gegeben.

Für den Fall, dass [Chinon] = [Hydrochinon] ist, gibt welche der folgenden Gleichungen das Redoxpotenzial E richtig wieder?

A $E = E^0 + 0{,}12\ \text{pH}$
B $E = E^0 - 0{,}06\ \text{pH}$
C $E = E^0 - 0{,}06 \lg [H^{\oplus}]$
D $E = E^0 - 0{,}03 \lg [H^{\oplus}]$
E $E = E^0 + 0{,}03\ \text{pH}$

Multiple Choice

(6) Ein 1:1-Gemisch aus Chinon/Hydrochinon (E^0 = +0,70 Volt) wird mit Zink in Eisessig (Zink: E^0 = –0,76 Volt) versetzt.
Welche Aussage trifft **nicht** zu?

A Chinon geht in Hydrochinon über.
B Chinon ist in diesem System das Oxidationsmittel.
C Vom Zink/Eisessig-System gehen Elektronen auf das Hydrochinon über.
D Das Zink/Eisessig-System ist das Reduktionsmittel.
E Für die ablaufende Reaktion gilt: Chinon + Zn + 2 $H^{\oplus}$ → Hydrochinon + $Zn^{2\oplus}$.

Multiple Choice

(7) Welche Aussage zu folgender Reaktion trifft zu?

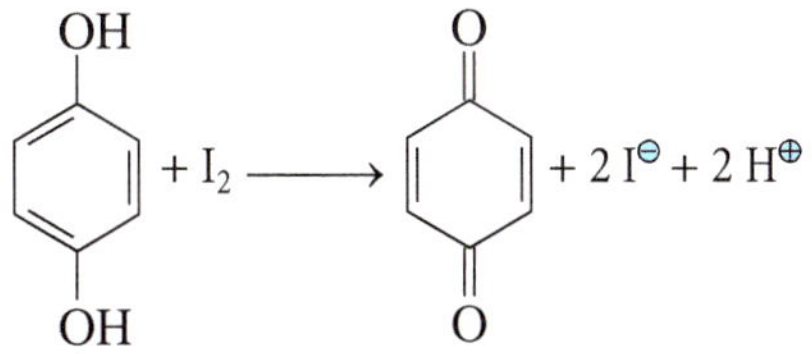

1 Iod ist das Reduktionsmittel.
2 Iod nimmt zwei Elektronen auf.
3 Hydrochinon gibt zwei Protonen und zwei Elektronen ab.
4 Hydrochinon wird zu *p*-Benzochinon reduziert.
5 Das Redoxpotenzial Hydrochinon/Chinon hängt vom pH-Wert ab.

Antworten:

A Nur 1 und 4
B Nur 1, 2 und 3
C Nur 1, 3 und 5
D Nur 2, 3 und 5
E Nur 4

Multiple Choice

(8) Die Abbildung zeigt den Elektronenfluss in der Atmungskette.

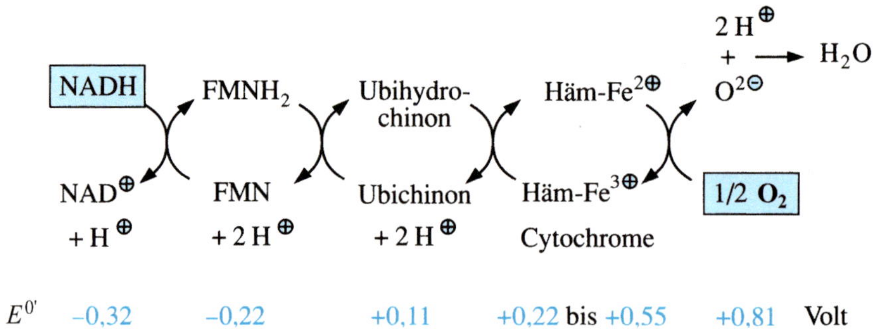

Welche Aussage trifft **nicht** zu?

A Ubichinon ist ein Elektronenakzeptor.
B Es werden letztendlich Elektronen vom NADH auf Sauerstoff (O_2) übertragen.
C Die Gesamtgleichung der Atmungskette lautet:
$2\ NADH + 2\ H^{\oplus} + O_2 \rightarrow 2\ NAD^{\oplus} + 2\ H_2O$.
D Beim Übergang Häm-$Fe^{2\oplus} \rightarrow$ Häm-$Fe^{3\oplus}$ wird ein Elektron abgegeben.
E Die Elektronen durchlaufen eine Potenzialdifferenz $\Delta E^{0'} = 0{,}48$ Volt.

16 Carbonsäuren und Carbonsäurederivate

Ouvertüre

(1) Eskimos haben ein erstaunlich geringes Herzinfarktrisiko, obwohl sie sich kaum von Obst und Gemüse ernähren, sondern viel Fisch essen. Die im Fischöl enthaltenen Omega-3-____________ (1.1) sind für diesen positiven Effekt verantwortlich. Für organische Säuren (Carbonsäuren) ist die __________-gruppe (1.2) (= COOH-Gruppe) charakteristisch. Diese funktionelle Gruppe enthält ein __-Atom (1.3), das als ________ (1.4) abgespalten werden kann, es entsteht das _____________-Anion (1.5).

Carbonsäuren entstehen durch Oxidation von _____________ (1.6). Dazu addiert die CHO-Gruppe zunächst ein Molekül ________ (1.7) bevor zwei __-Atome (1.8) abgespalten werden (Dehydrierung). Die ersten vier Vertreter der __________ (1.9) Reihe der _____________ (1.10) (= Monocarbonsäuren) sind wasserlöslich, beginnend mit Methansäure (= _________________) (1.11), Ethansäure (= __________________) (1.12), ________________ (1.13) (= Propionsäure) und ________________ (1.14) (= _________________) (1.15).

Höhere Carbonsäuren (= langkettige Alkansäuren, auch _______________ (1.16) genannt) sind z.B. die Hexadecansäure (= __________________) (1.17) oder Octadecansäure

(= ____________________) (1.18). Diese lösen sich nicht in ___________ (1.19), jedoch in unpolaren Lösungsmitteln wie ______________ (1.20). Bei Raumtemperatur sind diese gesättigten Fettsäuren ______ (1.21), während ______________ (1.22) Fettsäuren mit Doppelbindungen in der Kette eher ___________ (1.23) sind und sehr stark die Eigenschaften von ____________________________ (1.24) bestimmen.

Die einfachste aromatische Carbonsäure ist die ________________ (1.25) mit der Summenformel C_H_O_ (1.26). Sie verhindert das Wachstum von Bakterien in Lebensmitteln und ist deshalb ein gängiges _______________________ (1.27). Wird diese Säure reduziert, so entsteht zunächst der _________________ (1.28), der nach Bittermandel (Amaretto) riecht und dann der __________ -alkohol (1.29) mit der Summenformel C_H_O_ (1.30).

Trainieren und Zuordnen

(2) Vervollständigen Sie folgende Tabelle.

Name Säure	Ameisensäure (**engl.** *formic acid*) (**lat.** *formica* **= Ameise**)	Essigsäure (**engl.** *acetic acid*) (**lat.** *acidum aceticum*)	Bernsteinsäure (**engl.** *succinic acid*) (**lat.** *succinum* **= Bernstein**)	Stearinsäure (**engl.** *stearic acid*) (**griech.** *stear* **= Fett**)
Systematischer Name	(2.1)	(2.6)	(2.11)	(2.16)
Strukturformel der Säure	(2.2)	(2.7)	(2.12)	(2.17)
Summenformel der Säure	(2.3)	(2.8)	(2.13)	(2.18)
Besondere Eigenschaften	$pK_s = 3{,}8$ wasserlöslich	$pK_s = 4{,}8$ wasserlöslich	Dicarbonsäure wasserlöslich	(2.19)
Name des Natriumsalzes	(2.4)	(2.9)	(2.14)	(2.20)
Strukturformel der Base	(2.5)	(2.10)	(2.15)	(2.21)

Trainieren und Zuordnen mit Extrablatt

(3) Im Zellgeschehen, wie beispielsweise im Citratzyklus, spielen vor allem Carbonsäuren mit ______ (3.1) und ______ (3.2) Carboxylgruppen eine Rolle.

(3.3) Zeichnen und benennen Sie die ersten vier Vertreter der homologen Reihe der aliphatischen Dicarbonsäuren.

(3.4) Formulieren Sie die Reaktion von Citronensäure (Strukturformel) mit drei Moläquivalenten KOH als Base.

(3.5) Das schwerlösliche Salz der Weinsäure (Kaliumhydrogentartrat) setzt sich als Weinstein in Weinflaschen und Weinfässern ab. Geben Sie die Strukturformel des Salzes, die Strukturformel der Weinsäure und den systematischen Namen der Weinsäure an.

(3.6) Zeichnen Sie die folgenden Substituentengruppen (Säurereste): Acetyl, Benzoyl, Succinyl und Acyl.

F

Trainieren und Zuordnen

(4) Die Vielfalt der Carbonsäuren lässt sich leicht ordnen, wie Sie hier selbst zeigen werden. Zeichnen Sie die Strukturformeln. Benennen Sie die Verbindungen und charakteristischen Gruppen (fügen Sie entsprechende Kästen in Ihren Strukturen ein).
Welche Bedeutung findet sich im Stoffwechsel?

Name	(4.1)	Oxalessigsäure	(4.5)	(4.7)
Struktur/ charakt. Gruppe/n	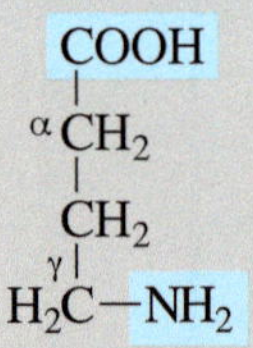 γ-Aminogruppe Carboxylgruppe	(4.2) (4.3)	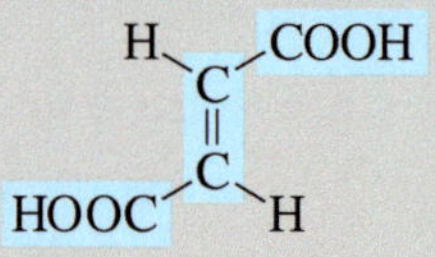 (4.6)	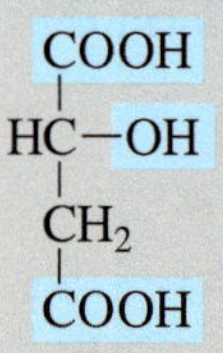 (4.8)
Name des Salzes/ Bedeutung	GABA wirkt als Neurotransmitter	(4.4)	Fumarat/Intermediat im Citratzyklus	(4.9)

Name	(4.10)	Ölsäure	Linolsäure
Struktur/ charakt. Gruppe/n	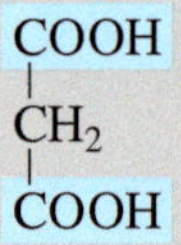 (4.11)	(4.13) (4.14)	(4.16) (4.17)
Name des Salzes/ Bedeutung	(4.12)	(4.15)	(4.18)

Trainieren und Zuordnen

(5) Die chemische Umgebung beeinflusst die Säurestärke der Carbonsäuren. Die Säurestärke wird beispielsweise durch elektronen__________ (5.1) Substituenten in α-Position, die einen -I-Effekt haben, erhöht. Bei der Neutralisation werden Carbonsäuren mit ________ (5.2) in ihre ________ (5.3) und ________ (5.4) umgesetzt.

Ergänzen Sie nachfolgende Aufgaben. Welche Gruppen, die die Säurestärke beeinflussen, sind vorhanden (bitte markieren)? Benennen Sie die Anionen.

(5.5) 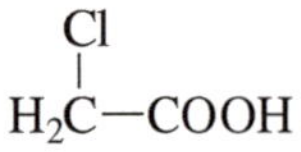 $\xrightleftharpoons{-H^{\oplus}}$ ______________________________

(5.6) $F_3C{-}COOH$ $\xrightleftharpoons{-H^{\oplus}}$ ______________________________

F

(5.7) Oxalsäure $\xrightleftharpoons{-H^{\oplus}}$ ______________________

(5.8) Milchsäure $\xrightleftharpoons{-H^{\oplus}}$ ______________________

(5.9) $H_3\overset{\oplus}{N}-CH_2-COOH$ $\xrightleftharpoons{-H^{\oplus}}$ ______________________

Trainieren und Zuordnen

(6) Carbonsäuren und ihre Carboxylat-Anionen zeigen unterschiedliche Eigenschaften im Lösungsverhalten. Ergänzen Sie die fehlenden Strukturen, Beobachtungen und Auswertungen der folgenden Versuchsabläufe.

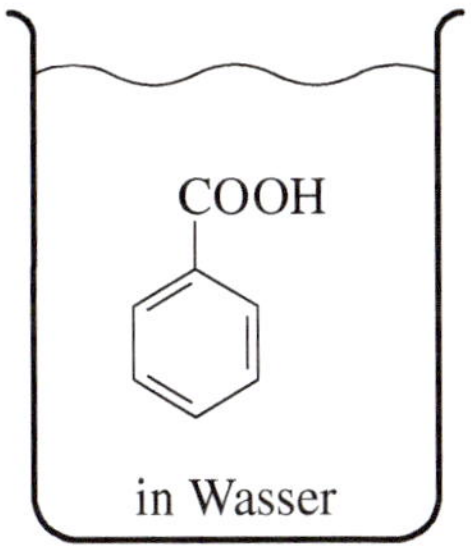

Beobachtung

weißer Niederschlag

Deutung/Reaktionsgleichung

Benzoesäure ist eine schwache Säure und in protonierter Form unpolar, d. h. wasserunlöslich.

↓ Zugabe von KOH

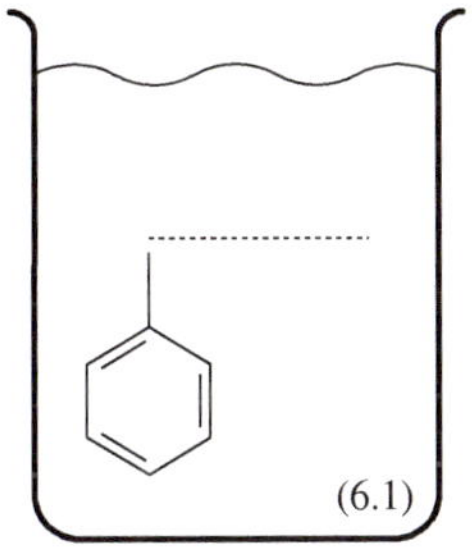

Beobachtung

(6.2)

Deutung/Reaktionsgleichung

(6.3)

↓ Zugabe von einigen Tropfen HCl

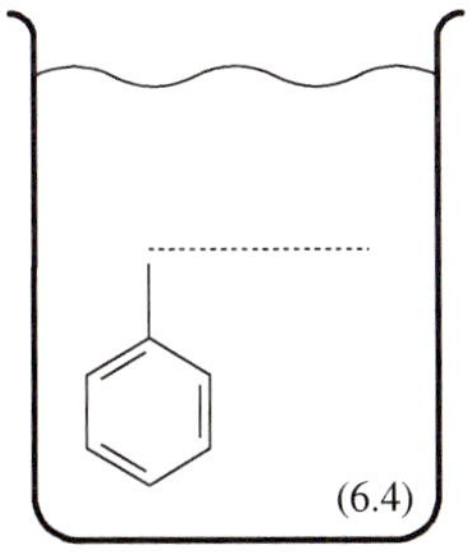

Beobachtung

(6.5)

Deutung/Reaktionsgleichung

(6.6)

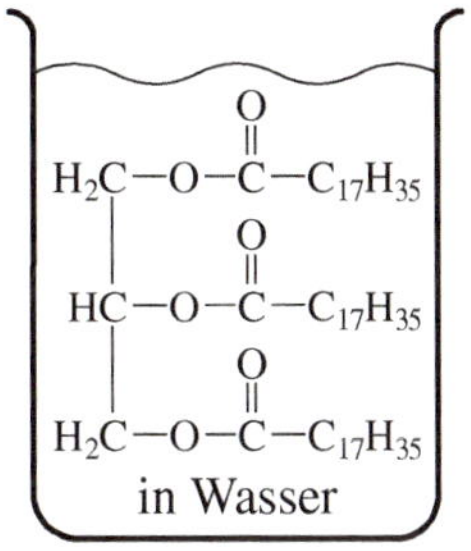

Beobachtung

(6.7)

Deutung/Reaktionsgleichung

(6.8)

↓ Zugabe von konz. KOH

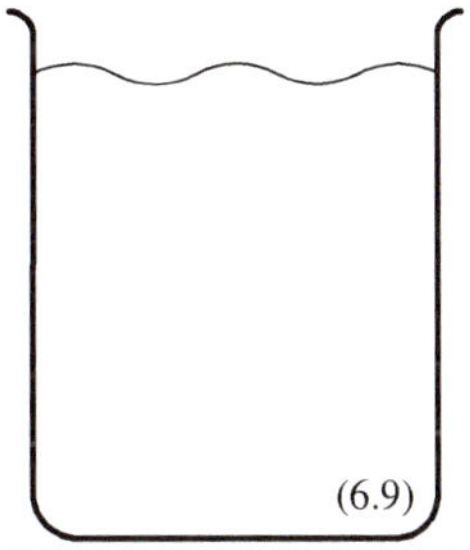

Beobachtung

(6.10)

Deutung/Reaktionsgleichung

(6.11)

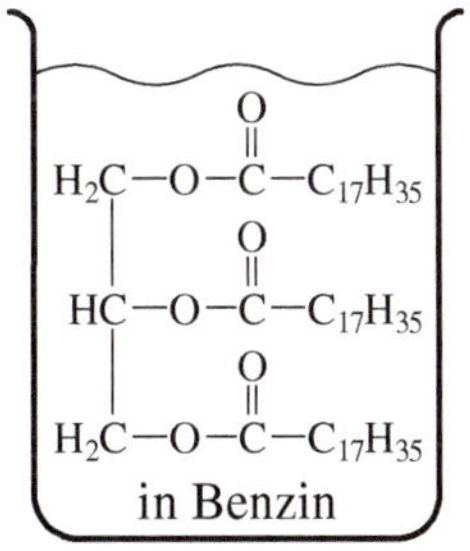

Beobachtung

(6.12)

Deutung/Reaktionsgleichung

(6.13)

F

Trainieren und Zuordnen

(7) Prüfen Sie, ob die folgenden Angaben richtig oder falsch sind!

		Richtig	Falsch
(7.1)	Die Reaktivität wichtiger Carbonsäurederivate nimmt in der Reihenfolge Chlorid, Anhydrid, Thioester, Ester, Amid ab.		
(7.2)	In einem Carbonsäurederivat wurde die Carbonylgruppe der Carbonsäure durch eine andere funktionelle Gruppe ersetzt.		
(7.3)	Den Mechanismus bei der Umsetzung von Carbonsäurederivaten bezeichnet man als nucleophile Substitution.		
(7.4)	Versetzt man eine Carbonsäure mit Ammoniak, so entsteht ein Carbonsäureamid.		
(7.5)	Aus Carbonsäuren lässt sich unter Abspaltung von Wasserstoff ein Anhydrid herstellen.		
(7.6)	Carbonsäureamide reagieren in wässriger Lösung neutral.		
(7.7)	Die Veresterung einer Carbonsäure mit einem Alkohol verläuft in Gegenwart einer starken Säure quantitativ.		
(7.8)	Die basische Esterverseifung verläuft reversibel.		
(7.9)	Lactone sind cyclische Carbonsäureester.		
(7.10)	Ein β-Lactam enthält ein cyclisches Carbonsäureamid als Vierring.		
(7.11)	Die Alkalisalze langkettiger Fettsäuren sind amphiphil.		
(7.12)	Triacylglycerine können auch ungesättigte Fettsäuren enthalten.		
(7.13)	Ungesättigte Fettsäuren enthalten bis zu vier konjugierte Doppelbindungen.		
(7.14)	Bei physiologisch relevanten Fettsäuren ist die Zahl der C-Atome geradzahlig.		
(7.15)	Ölsäure ist eine essenzielle Fettsäure.		
(7.16)	Acetyl-Coenzym A ist ein Thioester aus Essigsäure und dem Thiol Coenzym A.		

Trainieren und Zuordnen

(8) Geben Sie bitte die Strukturformeln für folgende Derivate der Essigsäure an!

Essigsäurechlorid (= Acetylchlorid)	Essigsäureamid (= Acetamid)	Essigsäureethylester (= Ethylacetat)	Essigsäureanhydrid (= Acetanhydrid)
(8.1)	(8.2)	(8.3)	(8.4)

Rechnen mit Extrablatt

Tipps zum Lösungsweg:
1. Was ist gegeben? Was ist gefragt/gesucht?
2. Reaktionsgleichung
3. Relative Atommassen (M_r): H = 1; Na = 23; C = 12; N = 14; O = 16; Cl = 35,5

(9) (9.1) 157 mg Acetylchlorid werden a) mit Ethanol, b) in Wasser vollständig umgesetzt. Formulieren Sie die Reaktionsgleichungen und benennen Sie die Produkte. Wie viel mg an Acetylprodukt erhalten Sie jeweils?

(9.2) Wie viel mg erhalten Sie, wenn die Ausbeute nur 75% beträgt?

(9.3) Was entsteht aus Benzoylchlorid und Anilin?
Formulieren Sie die Reaktionsgleichung. Sie setzen 0,325 g Anilin ein und erhalten das gewünschte Produkt in 80% Ausbeute. Wie viel mg Amid entsprechen dieser Ausbeute?

(9.4) 10 mL-Enzymlösung sollen für einen Protein-Aktivitätstest hinsichtlich der Konzentration an Dinatriummalonat 5 millimolar sein.
Wie viel mg Dinatriummalonat wiegen Sie ein?

(9.5) Für Sie steht schon eine Dinatriummalonat-Lösung bereit (20 mg/mL). Wie viel mL müssen Sie davon für den vorstehenden Enzymtest einsetzen, um die 5 mM Dinatriummalonat-Lösung herzustellen?

Multiple Choice

(10) Es sollen 45 g Oxalsäure (HOOC–COOH) vollständig neutralisiert werden. Man benötigt dazu:

1 20 g NaOH
2 40 g NaOH
3 1 L einer 1 M Natronlauge
4 4 L einer 0,5 M Natronlauge
5 0,5 L einer 2 M Natronlauge

Welche Aussage trifft zu?

A Nur 1
B Nur 1 und 4
C Nur 2 und 5
D Nur 2, 3 und 5
E Nur 4 und 5

Trainieren und Zuordnen

(11) Formulieren Sie die Reaktionsgleichung für die typischen Reaktionen und benennen Sie die Produkte.

(11.1) Benzoylchlorid reagiert mit Ammoniak:

(11.2) Essigsäure reagiert mit Ammoniak:

(11.3) Buttersäure reagiert mit Methanol in Gegenwart von etwas H_3PO_4: (Was riechen Sie?)

(11.4) 2-Hydroxybenzoesäure reagiert mit Acetanhydrid:

(11.5) Acetylchlorid reagiert mit Butanthiol:

Netzdenken

(12) Lösen Sie das Kreuzworträtsel. Beginnen Sie das gesuchte Wort im Kästchen unter der Zahl. (ä = ae, ö = oe)

1 Anion der Benzoesäure
2 Aldehyde entstehen so aus Carbonsäuren.
3 Diamid der Kohlensäure
4 Anion der Carbonsäuren
5 Phosphatgruppen liegen bei physiologischen pH-Werten als … vor.
6 Die saure Esterhydrolyse ist es.
7 Produkt aus Benzoesäurechlorid und NH_3
8 Funktion des Alkohols bei der Esterbildung
9 Salz der Brenztraubensäure
10 toxisches Oxidationsprodukt bei Methanolvergiftung
11 kugelförmige Aggregate von Fettsäure-Anionen in Wasser
12 Handelsname eines Schmerzmittel-Esters
13 Trivialname der *cis*-9-Octadecensäure
14 $^{\ominus}OOC{-}CH_2{-}CH_2{-}COO^{\ominus}$
15 cyclischer Ester
16 Produkt der Reaktion zweier Säuregruppen unter H_2O-Abspaltung
17 α-Hydroxypropionsäure
18 stabilisierender Effekt beim Carboxylat-Anion
19 Acetyl-CoA ist es.
20 Anion der Citronensäure
21 Alkalisalze der Fettsäuren
22 Bakterien werden es leicht gegen Antibiotika.

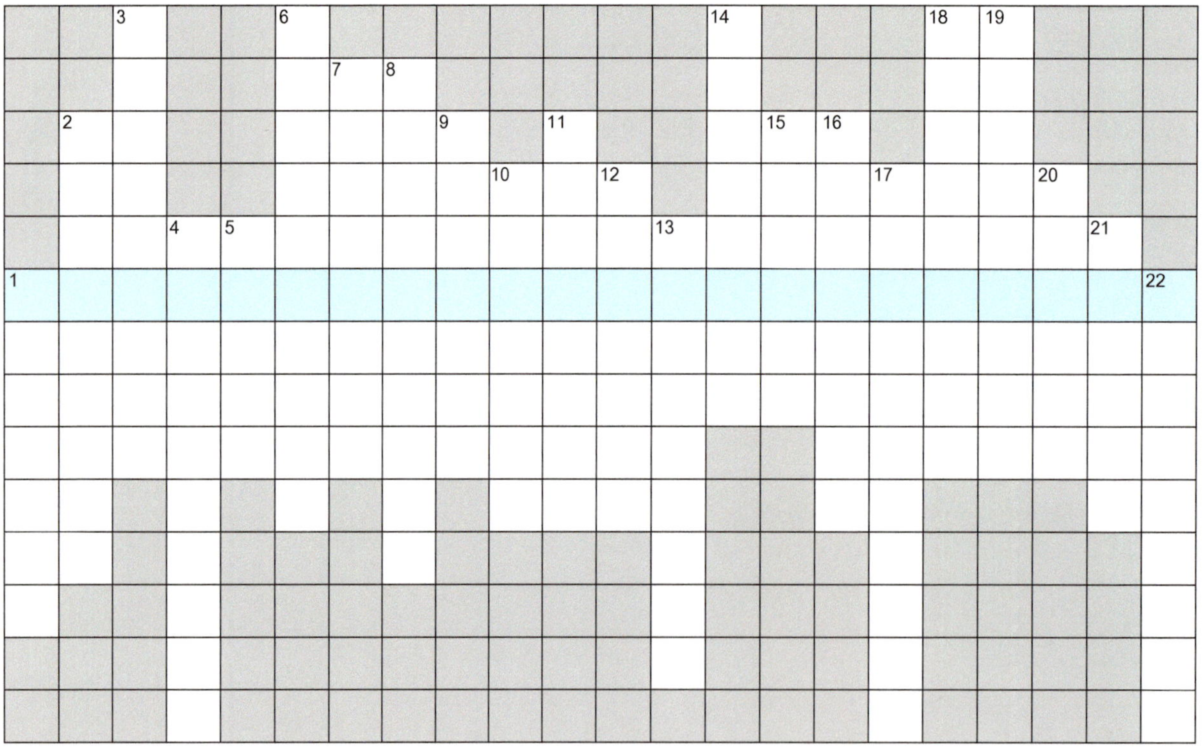

Lösungswort: ____________________

F

Trainieren und Zuordnen

(13) Vervollständigen Sie bitte die Reaktionsgleichung für folgende Verseifung. Die Reaktion ist irreversibel. Warum? ______________________________

____

https://else4.de/9tj

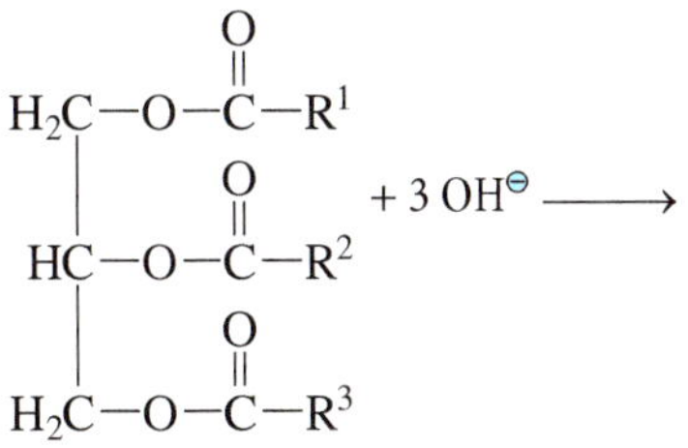

Multiple Choice

(14) Überlegen Sie sich den Mechanismus der alkalischen Esterspaltung!
Wo bleibt das Sauerstoffatom des bei der Reaktion beteiligten Hydroxid-Ions ($OH^{\ominus}$)?
Welche Aussage trifft zu?

- A Es bleibt am Alkali-Ion.
- B Es wird bei der Reaktion als H_2O freigesetzt.
- C Es hängt an der Carboxylatgruppe.
- D Es wird zur OH-Gruppe des Alkohols.
- E Es entweicht als O_2.

Multiple Choice

(15) Welche der folgenden Verbindungen enthalten **keine** Estergruppe?

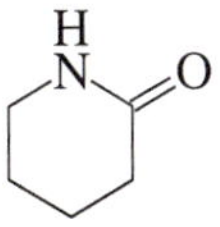

1

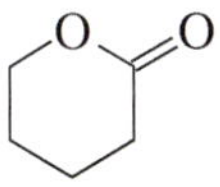

2

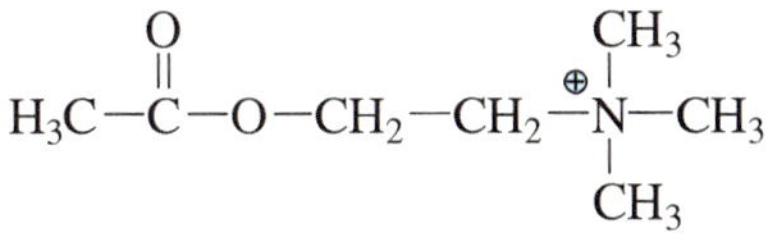

3

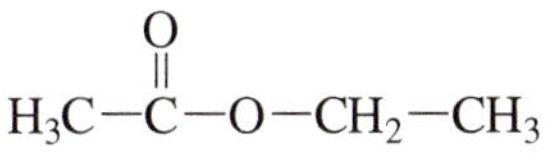

4

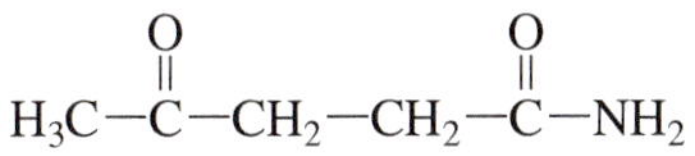

5

- A Nur 1 und 5
- B Nur 1 und 2
- C Nur 2 und 4
- D Nur 3, 4 und 5
- E Nur 5

Multiple Choice

(16) Bei welcher Verbindung handelt es sich um eine ω-3-Fettsäure?

- A Sorbinsäure
- B Linolensäure (α-Linolensäure)
- C Linolsäure
- D Ölsäure
- E Stearinsäure

F

Multiple Choice

(17) Sie wollen eine säurekatalysierte Veresterung durchführen und eine hohe Ausbeute an Ester (bezogen auf eine fest vorgegebene Menge Säure) erhalten. Was würden Sie tun?

1 Die Menge des zugesetzten Katalysators drastisch erhöhen.
2 Den gebildeten Ester durch Abdestillieren kontinuierlich aus der Reaktionsmischung entfernen.
3 Die Menge des eingesetzten Alkohols drastisch erhöhen.
4 Die Reaktion bei gleicher Menge an Ausgangsverbindungen in einem überdimensionierten Reaktionsgefäß (z.B. Badewanne) durchführen.
5 Das gebildete Wasser fortlaufend durch ein wasserbindendes Mittel entziehen.

Welche Antwort trifft zu?

A Nur 1 und 3
B Nur 1, 2 und 4
C Nur 2 und 3
D Nur 2, 3 und 5
E Alle Angaben sind richtig.

Multiple Choice

(18) Acetyl-Coenzym A hat folgende Kurzformel: $H_3C-\overset{\overset{O}{\|}}{C}-SCoA$
Welche der folgenden Aussagen trifft **nicht** zu?

A Acetyl-Coenzym A ist ein Thioester.
B Acetyl-Coenzym A ist energiereicher als ein normaler Ester.
C Acetyl-Coenzym A entsteht bei der β-Oxidation von Fettsäuren.
D Acetyl-Coenzym A wird in den Citratzyklus eingespeist.
E Acetyl-Coenzym A reagiert mit Ammoniak zu Harnstoff.

Multiple Choice

(19) Welches der nachfolgenden Moleküle ist ein Lacton?

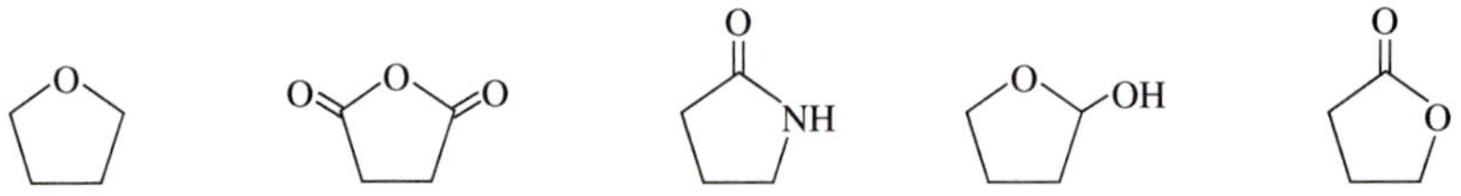

A B C D E

Medizin und Alltag

(20) Penicillin ist ein ________ (20.1), das zur Behandlung von Infektionskrankheiten eingesetzt wird, deren Ursache ________ (20.2) sind. Chemisch gesehen enthält es einen β-________-Ring (20.3), eine weitere ________-Gruppe (20.4) sowie eine freie ________-Gruppe (20.5). Penicillin hemmt das Wachstum gram-________ (20.6) Bakterien durch Störung des Aufbaus der ________ (20.7). Penicilline sind nicht ________ (20.8), es gibt jedoch Patienten, die auf Penicilline ________ (20.9) reagieren. Bakterien entwickeln leicht Enzyme (β-________) (20.10), die Penicilline abbauen, bevor sie wirken können. Solche Bakterien sind gegen Penicillin ________ (20.11). Im klinischen Alltag ist die Antibiotika-________ (20.12) zu einem ________ (20.13) Problem geworden. Der ________ (20.14) und ________ (20.15) Einsatz der Antibiotika hat erheblich dazu beigetragen.

17 Derivate anorganischer Säuren

Ouvertüre

(1) Im Stoffwechsel spielen neben Salzsäure (HCl, Magensaft) die drei anorganischen Säuren (Mineralsäuren) ______________ (1.1) (H_2CO_3), Phosphorsäure (________) (1.2) und ______________ (1.3) (H_2SO_4) bzw. deren Anionen eine wichtige Rolle. Phosphorsäure ist _____-protonig (1.4), d.h. es können nacheinander ______ (1.5) __________ (1.6) abgegeben werden. Die Anionen, die nacheinander entstehen, heißen ______________ (1.7) ($H_2PO_4^{\ominus}$), ______________ (1.8) ($HPO_4^{2\ominus}$) und __________ (1.9) ($PO_4^{3\ominus}$). Der pK_{s1} (= 2,0) der Phosphorsäure ist ________ (1.10) als der pK_{s2} und dieser wiederum __________ (1.11) als der pK_{s3}. Bei physiologischen pH-Werten (pH = 7,0–7,5) ist das ________ (1.12) __________ (1.13) vollständig abgespalten und das __________ (1.14) zur Hälfte, es liegen also $H_2PO_4^{\ominus}$ und $HPO_4^{2\ominus}$ im Gemisch vor. Das wichtigste Derivat der ______________ (1.15) (H_2CO_3) ist das Diamid (= __________, 1.16). Von der Phosphorsäure sind die Mono- und Di-________ (1.17) bedeutend sowie die __________ (1.18), wie z.B. beim ATP.

Trainieren und Zuordnen

(2) Zeichnen Sie die üblichen Strukturformeln von H_2CO_3 (2.1), Phosphorsäure (2.2) und H_2SO_4 (2.3) und markieren Sie die abspaltbaren Protonen.

(2.1)	(2.2)	(2.3)

Welche der Säuren ist die stärkste und warum? (2.4)

____

____

____

Trainieren und Zuordnen

(3) Zeichnen Sie die Valenzstrichformeln der Phosphorsäure (3.1), der Schwefelsäure (3.2) und der Salpetersäure (3.3).

(3.1)	(3.2)	(3.3)

Multiple Choice

(4) Das abgebildete Carbamoylphosphat spielt u.a. im Harnstoffzyklus und bei der Pyrimidinnucleotid-Biosynthese eine Rolle.

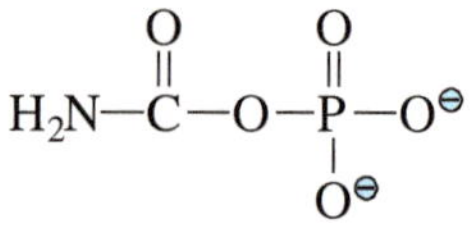

Welche Angabe zu den Strukturelementen trifft **nicht** zu?

- A Amid
- B Ester
- C gemischtes Anhydrid
- D Derivat der Kohlensäure
- E Derivat der Phosphorsäure

Trainieren und Zuordnen

(5) Durch Ersatz der OH-Gruppe in der Carboxylgruppe einer Carbonsäure durch andere Reste gelangt man zu Carbonsäurederivaten. Analog kann man bei der Phosphorsäure und der Kohlensäure verfahren. Zeichnen Sie in die Kästen die jeweilige Strukturformel.

Carbonsäure 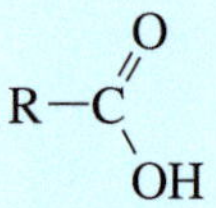	Ester (mit R'OH als Alkohol (5.1)	Amid (mit NH_3 als Amin) (5.2)	Anhydrid (aus zwei Molekülen der Säure) (5.3)
Phosphorsäure (5.4)	Monoester (5.5)	Diester (5.6)	Anhydrid (5.7)
Kohlensäure (5.8)	Carbaminsäure (Monoamid) (5.9)	Harnstoff (Diamid) (5.10)	

Welche der von Ihnen gezeichneten Verbindungen sind vergleichsweise reaktiv (energiereich) und warum? (5.11)

Multiple Choice

(6) Bei Seifen und Phospholipiden treten in Wasser hydrophobe Wechselwirkungen auf. Welche Aussage zu hydrophoben Wechselwirkungen trifft zu?

- A Hydrophobe Wechselwirkungen entstehen durch Überlappung von Atomorbitalen und Molekülorbitalen bei hydrophoben Substanzen.
- B Aufgrund der hydrophoben Wechselwirkungen lagern sich amphiphile Moleküle in Wasser zu größeren Aggregaten zusammen.
- C Die Wasserlöslichkeit polarer Stoffe beruht auf hydrophoben Wechselwirkungen.
- D Hydrophobe Wechselwirkungen vergrößern bei unpolaren Molekülen die Kontaktfläche mit Wasser.
- E Hydrophobe Wechselwirkungen bewirken, dass sich unpolare Moleküle in Wasser homogen verteilen.

Trainieren und Zuordnen

(7) Markieren Sie in den folgenden Verbindungen alle Esterbindungen und alle Anhydridbindungen.

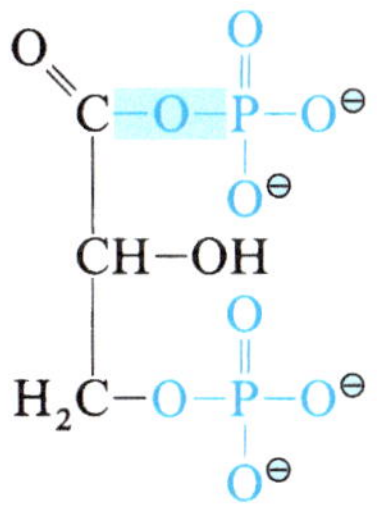

1,3-Bisphosphoglycerat (7.1)

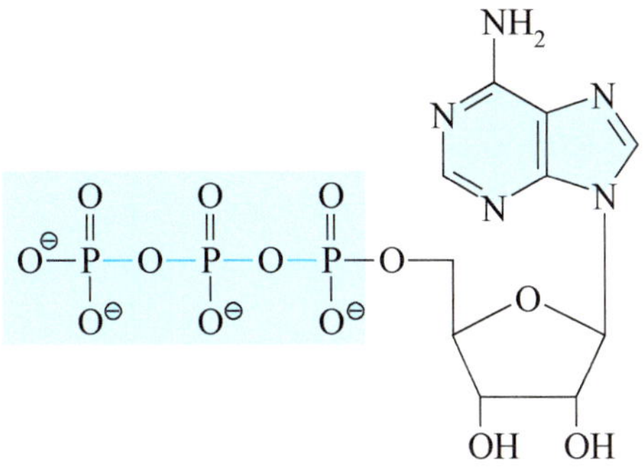

Adenosintriphosphat (ATP) (7.2)

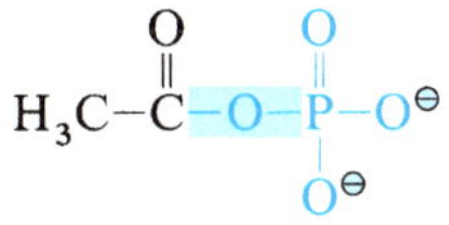

Acetylphosphat (7.3)

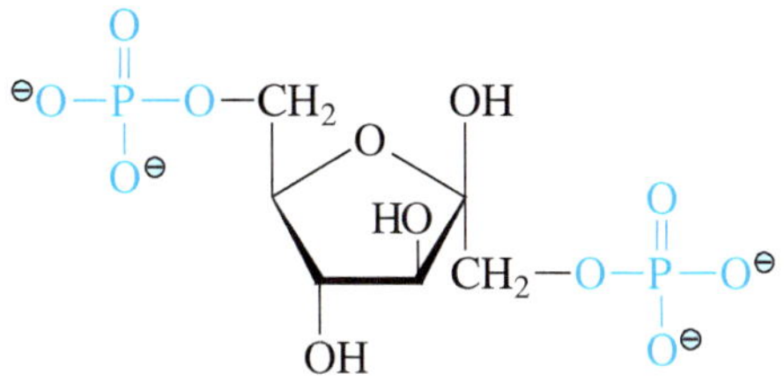

Fructose-1,6-bisphosphat (7.4)

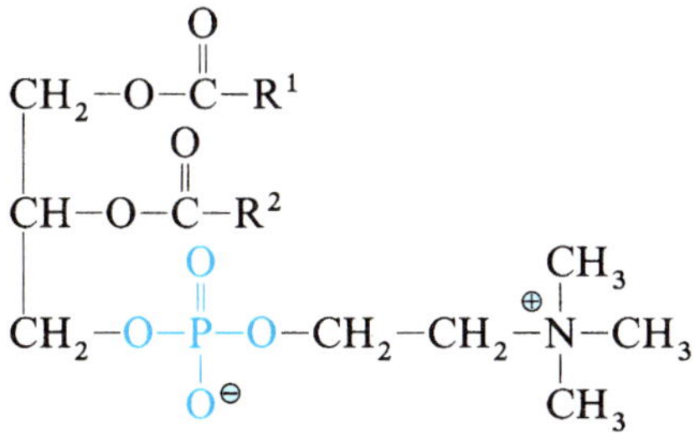

Lecithin (7.5)

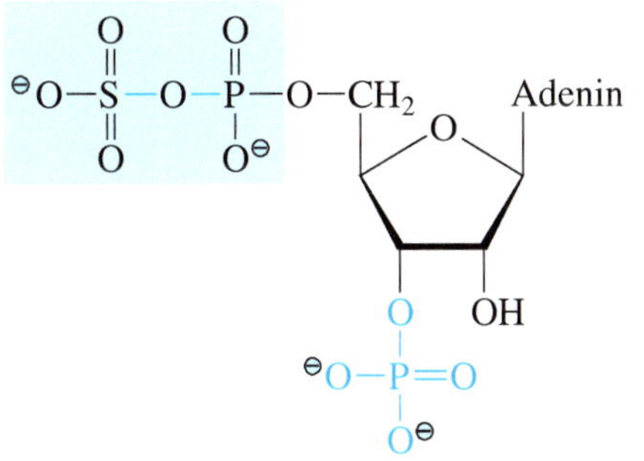

3'-Phosphoadenosin-5'-phosphosulfat (PAPS) (7.6)

Welche Verbindungen sind energiereich, d.h. besonders reaktiv gegenüber Nucleophilen wie z.B. Wasser? (7.7)

____

____

Welche Komponenten entstehen bei der vollständigen Hydrolyse aller Erstbindungen im Lecithin? (7.8)

____

____

F

Trainieren und Zuordnen

(8) Bei den Sulfonsäuren ($R{-}SO_3H$) ist eine OH-Gruppe der ______________ (8.1) durch einen organischen Rest ersetzt. Die verbleibende OH-Gruppe ist ähnlich ________ (8.2) wie in der Schwefelsäure und durch den SO_3H-Rest wird ein organisches Molekül ______________ (8.3).

Die OH-Gruppe der ______________ (8.4) kann wie die der Carbonsäuren ersetzt werden. Man erhält entsprechende __________ (8.5).

Zeichnen Sie die Strukturformeln folgender Verbindungen.

(8.6)	(8.7)	(8.8)
$R{-}SO_3H$ Sulfonsäure	$R{-}SO_2Cl$ Sulfonsäurechlorid	$R{-}SO_2NH_2$ Sulfonsäureamid

Medizin und Alltag

(9) Die so genannten Sulfonamide, die als Chemotherapeutika bei bakteriellen Infektionen eingesetzt werden, leiten sich vom *p*-Amino-benzolsulfonsäureamid ab. Entwickeln Sie die Strukturformel aus dem Namen (9.1)!

Sulfonamide sind Antagonisten der *p*-Aminobenzoesäure bei der bakteriellen Biosynthese der Tetrahydrofolsäure. Zeichnen Sie die Strukturformel der *p*-Aminobenzoesäure (9.2).

(9.1)	(9.2)

Multiple Choice

(10) Welche der folgenden Verbindungen enthält **keinen** Phosphatrest?

A ATP
B Triacylglycerine
C RNA
D Lecithin
E PEP

Multiple Choice

(11) Welche Aussage zu Phospholipiden trifft zu?

1 Phospholipide sind wichtige Bestandteile biologischer Membranen.
2 Phospholipide unterscheiden sich von Triacylglycerinen nur dadurch, dass alle Sauerstoffatome durch Phosphor ersetzt wurden.
3 Wie Triacylglycerine können auch Phospholipide durch NaOH gespalten werden.
4 Cholesterin ist ein typisches Phospholipid.
5 In den Phospholipiden ist die Phosphorsäure verestert.

Antworten:

A Nur 1 und 3
B Nur 1, 3 und 5
C Nur 3 und 5
D Nur 2 und 4
E Nur 2 und 5

Multiple Choice

(12) Welche Aussage zum PAF (platelet activating factor), der bei der Blutgerinnung eine wichtige Rolle spielt, trifft **nicht** zu?

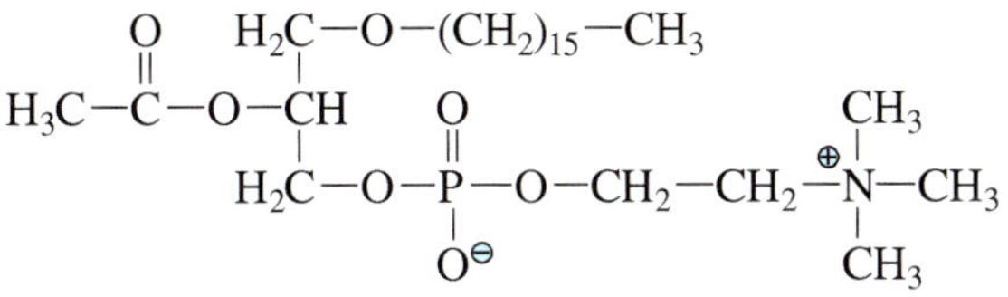

A Bei der alkalischen Verseifung entsteht u.a. Palmitinsäure.
B PAF enthält zwei Phosphorsäureester-Bindungen.
C Essigsäure ist als Ester gebunden.
D Ein C_{16}-Alkylrest ist als Ether gebunden.
E PAF enthält Glycerin (*engl.* glycerol) als Baustein.

18 Stereochemie

Ouvertüre

(1) Von vielen Objekten existiert ein ______________ (1.1), das sich mit dem ursprünglichen Objekt ________ (1.2) zur Deckung bringen lässt. Die zugrunde liegende Spiegel-__________ (1.3) bestimmt auch den __________ (1.4) des Menschen, was sich eindrücklich z.B. aus der Betrachtung der ________ (1.5) ergibt. Was im makroskopischen mit dem Auge sichtbar ist, gibt es auch auf der Ebene der __________ (1.6). Man verwendet in der Chemie für dieses Phänomen den Begriff ____________ (1.7) (= Händigkeit).

Die Ursache für das Bild/Spiegelbild-Phänomen lässt sich am Beispiel der α-Hydroxypropionsäure (= ______________, 1.8) aufzeigen. Die Verbindung H_3C–CH(OH)–COOH enthält in der Mitte ein ____-hybridisiertes (1.9), und damit ein ____________ (1.10) C-Atom, das vier __________ (1.11) Substituenten trägt. Es lassen sich jetzt ______ (1.12) Moleküle zeichnen, die sich wie Bild und Spiegelbild verhalten. Man bezeichnet ein derartiges ________-paar (1.13) als ______________ (1.14). Das Molekül als solches ist ________ (1.15) und das tetraedrische C-Atom, von dem die Chiralität ausgeht, bezeichnet man als __________________ (1.16).

Die meisten organischen Moleküle der Biosphäre (z.B. Proteine, DNA, Polysaccharide) sind ________ (1.17), weil sie aus chiralen __________ (1.18) zusammengesetzt sind. Diese Tatsache wird zur ___________ (1.19) Erkennung genutzt, d.h. ein chirales Enzym erkennt entweder das Bild oder das ____________ (1.20) des Substrats, aber _______ (1.21) beide. Dies entspricht dem Schlüssel/_______ (1.22) Prinzip.

F

Multiple Choice

(2) Welche der folgenden Verbindungen enthalten jeweils ein Chiralitätszentrum?

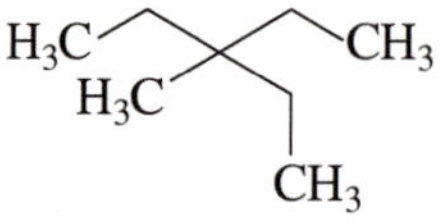

1

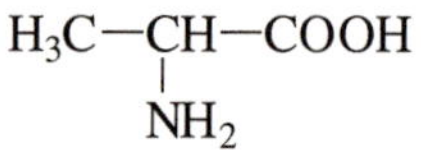

2

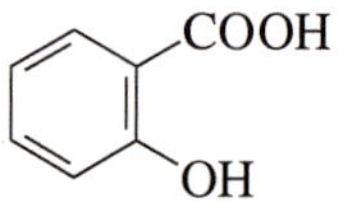

3

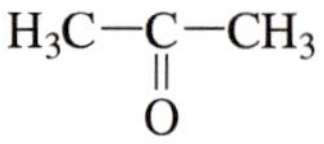

4

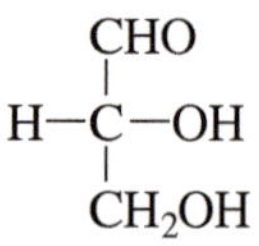

5

- A Nur 1, 2 und 4
- B Nur 1, 2 und 5
- C Nur 2 und 5
- D Nur 3 und 5
- E Nur 4

Multiple Choice

(3) Wie viele Chiralitätszentren enthalten die abgebildeten Verbindungen?

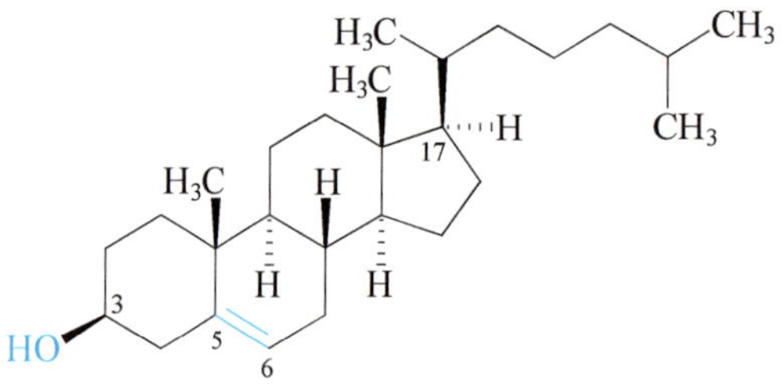

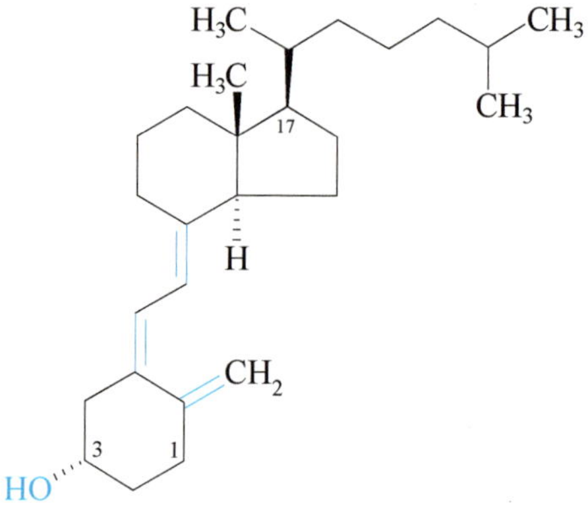

(3.1) Cholesterin

- A 6
- B 7
- C 8
- D 9
- E 10

(3.2) Vitamin D_3

- A 3
- B 4
- C 5
- D 6
- E 7

Trainieren und Zuordnen

https://else4.de/zy8

(4) Zeichnen Sie das Enantiomere zu den nachfolgenden Verbindungen und benennen Sie es nach der D/L- und nach der *R*/*S*-Nomenklatur.

(4.1) 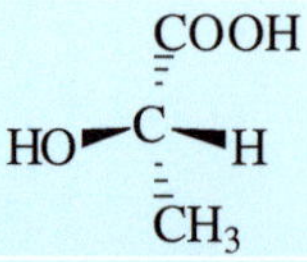		(4.2) 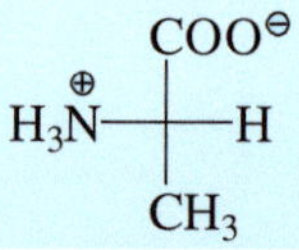	
(4.3) 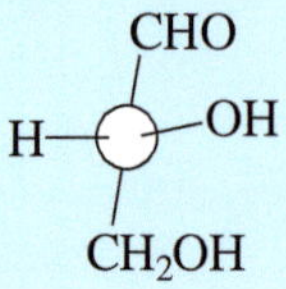		(4.4) 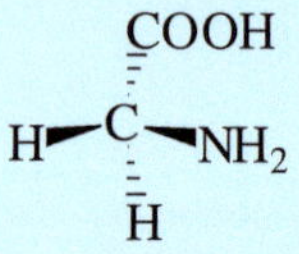	

F

Lückentext

(5) Die Fischer-Projektion ist eine vereinfachte ____________ (5.1), um die ____________ (5.2) eines Moleküls abzubilden. Die ____dimensionale (5.3) perspektivische Anordnung des ____________ (5.4) Chiralitätszentrums wird zweidimensional. Um die Fischer-Projektion zu lesen, bedarf es bestimmter ____________ (5.5). Die ____________ (5.6) C-Atom-Kette wird ____________ (5.7) angeordnet. Das am ____________ (5.8) oxidierte C-Atom steht ________ (5.9), die ____________ (5.10) angeordneten Substituenten zeigen nach vorn, die senkrecht angeordneten nach hinten. Aus der Fischer-Projektion leitet sich die ____-Nomenklatur (5.11) ab, die bevorzugt für Aminosäuren, Hydroxysäuren und einfache ____________ (5.12) verwendet wird. Werden die Regeln beim Aufschreiben beachtet, erhält man die D-Konfiguration, wenn die Hydroxy- oder Aminogruppe an der waagerechten Bindung nach ________ (5.13), die __-Konfiguration (5.14), wenn sie nach ________ (5.15) zeigt.

Trainieren und Zuordnen

(6) Prüfen Sie die Angaben zu den beiden nachstehenden Hydroxyaldehyden.

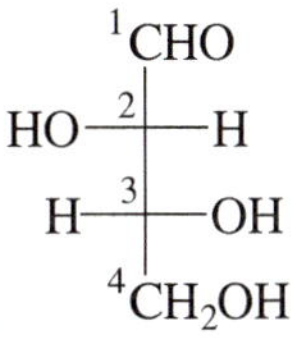

A

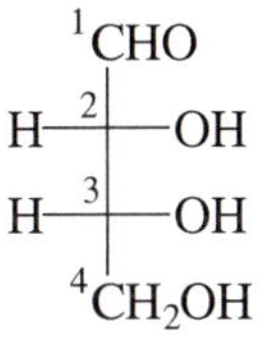

B

		Richtig	Falsch
(6.1)	A und B sind Isomere.		
(6.2)	A und B sind Konfigurationsisomere.		
(6.3)	A und B enthalten zwei Chiralitätszentren.		
(6.4)	A und B sind Enantiomere.		
(6.5)	A und B sind Diastereomere.		
(6.6)	A und B besitzen an C-3 L-Konfiguration.		
(6.7)	A zeigt die *erythro*-, B die *threo*-Form.		
(6.8)	Zu A und B gibt es zwei weitere Konfigurationsisomere.		
(6.9)	B ist eine *meso*-Form.		
(6.10)	A und B stimmen im Drehwert überein.		
(6.11)	A und B sind optisch aktiv.		
(6.12)	A und B unterscheiden sich in den chemischen und physikalischen Eigenschaften.		
(6.13)	B heißt Erythrose.		
(6.14)	A und B sind Pentosen.		

F

Trainieren und Zuordnen

(7) Beantworten Sie folgende Fragen.

(7.1) Was ist eine Racematspaltung?

(7.2) Was versteht man unter optischer Aktivität?

(7.3) Erklären Sie am Beispiel der Weinsäure HOOC–CH(OH)–CH(OH)–COOH, was eine *meso*-Form ist.

Multiple Choice

(8) Was kann man tun, um aus einem Racemat eines der Enantiomeren rein zu erhalten?

1 Ein Enzym einsetzen, das nur eines der Enantiomeren umsetzt. Das verbleibende Enantiomer wird isoliert.
2 Ein chirales Hilfsreagens einsetzen und dann eine Trennung durchführen.
3 Eine Chromatographie an einem chiralen Trägermaterial durchführen.
4 Eine Destillation durchführen.
5 Eine chemische Reaktion mit achiralen Reagenzien durchführen.

Welche Antwort trifft zu?

A Nur 1, 2 und 3
B Nur 1 und 5
C Nur 2 und 3
D Nur 4 und 5
E Alle Aussagen treffen zu.

Netzdenken

(9) Lösen Sie das Kreuzworträtsel. Beginnen Sie das gesuchte Wort im Kästchen mit der Zahl. (ä = ae)

1 Ein Molekül mit vier verschiedenen Substituenten an einem tetraedrischen C-Atom ist es.
2 D- und L-Milchsäure sind es zueinander.
3 Name eines Zucker-Chemikers, nach dem eine Projektionsschreibweise benannt wurde
4 Stereoisomere, die keine Enantiomere sind
5 Überbegriff für organische Moleküle, die in der Summenformel übereinstimmen, aber nicht in der Struktur
6 Sessel- und Wannenform des Cyclohexans unterscheiden sich darin.
7 Bei Anwendung der *R*/*S*-Nomenklatur werden die Substituenten am Chiralitätszentrum danach geordnet.

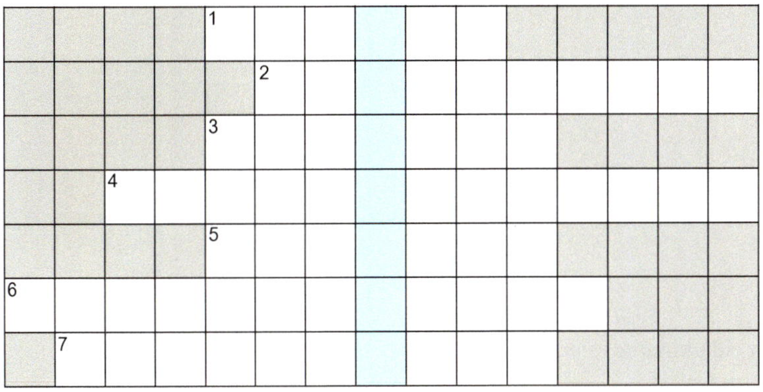

Lösungswort: ____________________

Netzdenken

(10) Tragen Sie in das Isomerie-Schema die folgenden Begriffe sinngemäß ein: Konformere, Stereoisomere, Isomere, Konstitutionsisomere, Konfigurationsisomere. Verbinden Sie Kästen für die Isomeren mit Chiralitätszentren (Enantiomere, Diastereomere) mit dem richtigen Feld (10.6, 10.7).

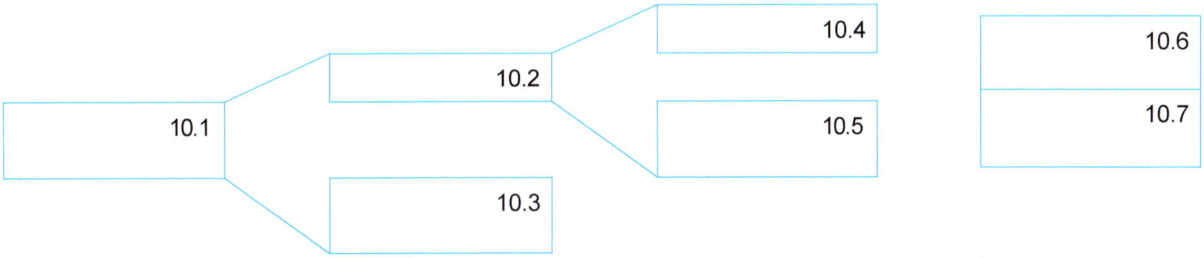

Trainieren und Zuordnen

(11) Die Formeln A bis E sind verschiedene Schreibweisen einer Hexopyranose. Kreuzen Sie in der Tabelle an, welche von den drei **K-Begriffen** durch die Formel eindeutig festgelegt sind.

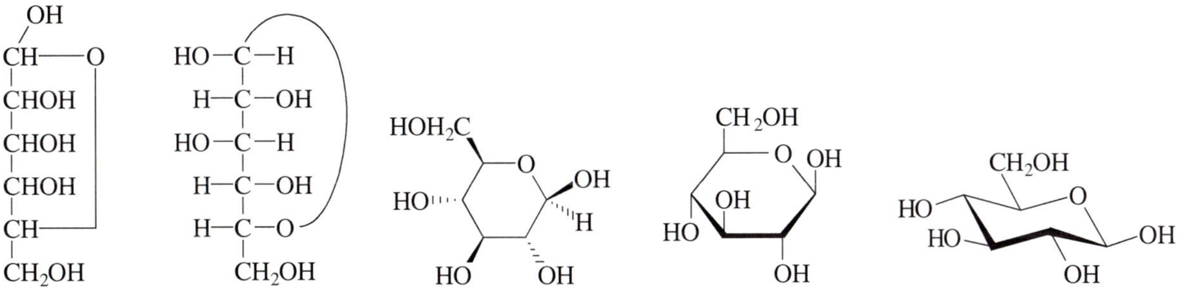

A B C D E

	Konstitution (11.1)	Konfiguration (11.2)	Konformation (11.3)
A			
B			
C			
D			
E			

F

Multiple Choice

(12) Welche Aussage zur Citronensäure trifft **nicht** zu?

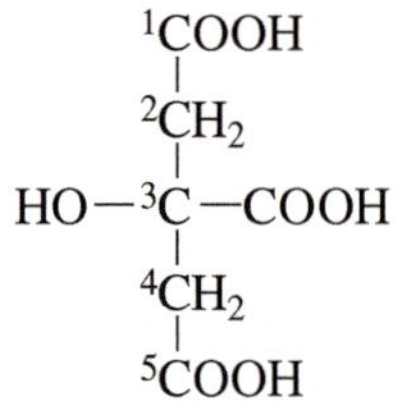

A C-3 ist ein Chiralitätszentrum.
B C-3 ist prochiral.
C C-2 und C-4 sind prochiral.
D Citronensäure ist optisch inaktiv.
E Enzyme können z.B. bei der Wasserabspaltung die obere Hälfte von der unteren unterscheiden.

Medizin und Alltag

(13) Welche Aussage trifft **nicht** zu?
Thalidomid (= Contergan)

A wirkt teratogen.
B ist ein gutes Schlafmittel.
C wirkt gegen Lepra.
D ist heute in Deutschland als Heilmittel frei verkäuflich.
E wirkt gegen Multiples Myelom.

19 Aminosäuren und Peptide

Ouvertüre

(1) Sprechen wir von Aminosäuren, so sind damit in der Regel α-Aminocarbonsäuren mit der allgemeinen Formel R–CH(NH_2)-________ (1.1) gemeint, die am C-Atom benachbart zur ________-Gruppe (1.2) eine primäre Aminogruppe tragen. Das entstehende Stereozentrum weist die ___-Konfiguration (1.3) (*S*-Konfiguration nach der *R*/*S*-Nomenklatur) auf. Ausnahme ist die kleinste Aminosäure ________ (1.4), die ______ (1.5) Stereozentrum hat. Wegen der basischen ____-Gruppe (1.6) und der sauren ______-Gruppe (1.7) im selben Molekül sind Aminosäuren ____________ (1.8), sie liegen in Wasser als _________-ionen (1.9) vor. Die _______ (1.10) proteinogenen Aminosäuren unterscheiden sich in ihrem ________________ (1.11) Punkt, der von den ____-Werten (1.12) der funktionellen Gruppe abhängt. Der _______________ (1.13) Punkt (pH_I) einer Aminosäure entspricht dem ________ (1.14) der Lösung, an dem das Aminosäuremolekül nach außen hin _____________ (1.15) ist und in der Elektrophorese keine ___________ (1.16) zeigt. Liegt der isoelektrische Punkt im ________ (1.17) pH-Bereich ($pH_I < 5$), spricht man von ________ (1.18) Aminosäuren (z.B. ________________, 1.19). __________ (1.20) Aminosäuren (z.B. ________, 1.21) haben einen pH_I-Wert > 8. Dazwischen liegen die isoelektrischen Punkte für __________ (1.22) Aminosäuren (z.B. Phenylalanin oder ________, 1.23). Auch Peptide oder Proteine haben einen ____________________ (1.24) isoelektrischen Punkt.

Tipp: Zeichnen Sie die Aminosäuren handschriftlich immer in der Fischer-Projektion! Sie erhalten die richtige Stereochemie und das Zeichnen von Peptidbindungen ist vereinfacht! Sie machen weniger Fehler!

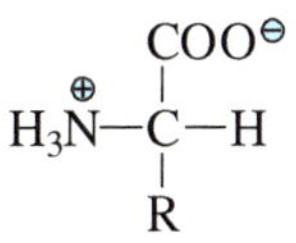

Medizin und Alltag

(2) Was sind essenzielle Aminosäuren (2.1)? Welche Konsequenzen hat das für die Ernährung (2.2)? Nennen Sie drei Beispiele (2.3).

Trainieren und Zuordnen

(3) Aminosäuren liegen als Zwitterionen vor und sind damit Ampholyte. In wässriger Lösung werden sie durch Zugabe von $OH^{\ominus}$-Ionen deprotoniert, durch Zugabe von $H^{\oplus}$-Ionen protoniert. Deshalb ist die Wanderung einer Aminosäure im elektrischen Feld (Elektrophorese) vom pH-Wert abhängig. Zeigen Sie das am Beispiel des Alanins (Strukturformeln in der Fischer-Projektion).

https://else4.de/lsm

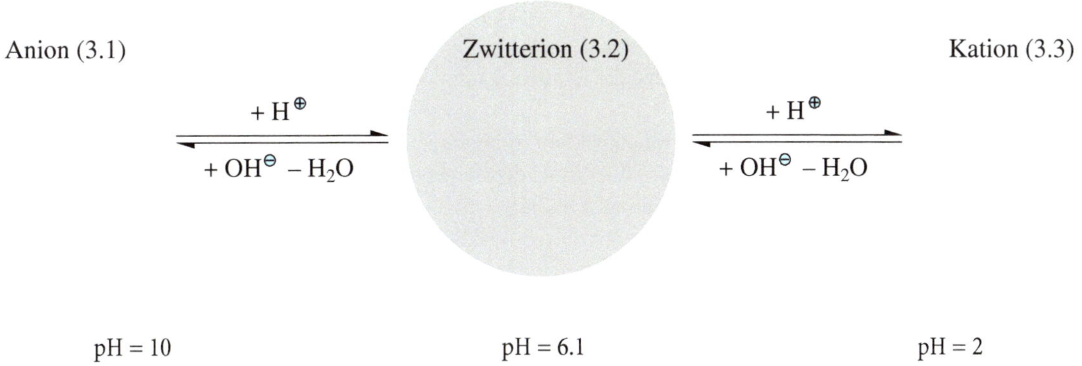

Wanderung im elektrischen Feld (3.4):	Wanderung im elektrischen Feld (3.5):	Wanderung im elektrischen Feld (3.6):

Trainieren und Zuordnen

(4) Begründen Sie den Unterschied in den Schmelzpunkten für das L-Alanin (Smp. 314 °C) und Milchsäure (53 °C) mit Hilfe der Strukturformeln.

Formeln:

F

Trainieren und Zuordnen

(5) Vervollständigen Sie folgende Tabelle. Beginnen Sie mit der Strukturformel als Zwitterion und markieren Sie in der Formel gemeinsame Strukturmerkmale der Aminosäuren.

Name	L-Alanin	L-Phenylalanin	L-Lysin	L-Cystein	L-Glutaminsäure
Dreibuchstabencode	(5.1)	(5.2)	(5.3)	(5.4)	(5.5)
Strukturformel als Zwitterion, gemeinsame Strukturmerkmale markieren	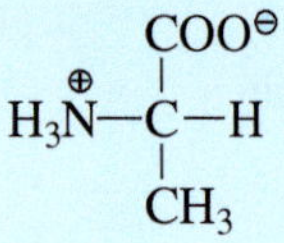	(5.6)	(5.7)	(5.8)	(5.9)
Ladung bei pH = 2 (5.10)					
Ladung bei pH = 9,7 (5.11)					
Wanderungsrichtung bei der Elektrophorese bei pH = 5–6?	(5.12)	(5.13)	(5.14)	(5.15)	(5.16)
Saure, basische oder neutrale Aminosäure?	(5.17)	(5.18)	(5.19)	(5.20)	(5.21)

Trainieren und Zuordnen

Mit der Nahrung aufgenommen, werden die Peptidbindungen von Proteinen in Magen und Darm durch Peptidasen/Proteasen hydrolysiert, die Disulfidbrücke kann jedoch nur in der Leber gespalten werden.

(6) Die SH-Gruppe des Cysteins kann unter Oxidation Disulfidbrücken bilden, Cystein wird zum Cystin.

Formulieren Sie die Reaktion (6.1).

Geben Sie die Strukturformel des Tripeptids von H · Gly · Cys · Ala · OH an und markieren Sie die Peptidbindungen (6.2).

Formulieren Sie die Hydrolyse-Reaktion des Tripeptids (6.3). (Alle Aminosäuren in der Neutralform zeichnen.)

(6.1)

(6.2 + 6.3)

Rechnen mit Extrablatt

(7) (7.1) Zu 50 mL einer wässrigen 0,1 M Alanin-Lösung werden 200 mg Natriumhydroxid zugegeben. Formulieren Sie die Reaktionsgleichung. Welche Produkte entstehen? Wie viel Gramm des Alanin-Produkts entstehen?

(7.2) Geben Sie die Strukturformel von Serin an (als Zwitterion) und berechnen Sie den isoelektrischen Punkt, $pK_{s1} = 2{,}2$ und $pK_{s2} = 9{,}2$.

Trainieren und Zuordnen

(8) Welche Eigenschaften und Reaktionen sind für Aminosäuren typisch? Geben Sie ausgehend von Cystein die Produkte an (Strukturformeln und Namen), bei den Dipeptiden den Dreibuchstabencode verwenden.

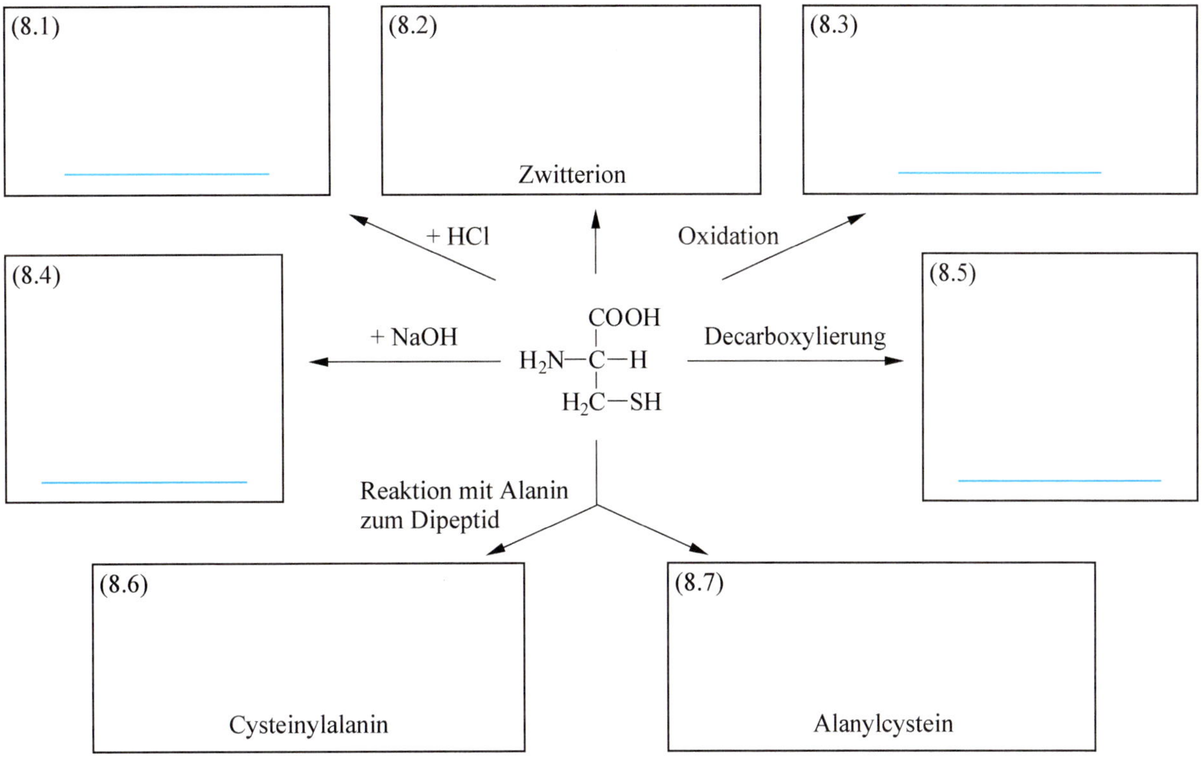

Trainieren mit Extrablatt

(9) (9.1) Zeichnen Sie das Tripeptid H · Gly · Glu · Ser · OH und markieren Sie das Amino- und Carboxylende. (9.2) Wie viele Sequenzisomere gibt es?
Zum Kniffeln: (9.3) Die Vielfalt der Natur zeigt sich z.B. in der Zahl denkbarer Peptide. Wie groß ist die Zahl der sequenzisomeren Decapeptide, die sich aus zehn verschiedenen Aminosäuren zusammensetzen?

Lückentext

(10) Die Bildung einer Peptidbindung bedeutet, dass Aminosäuren durch ____________-bindungen (10.1) unter Verlust von ________ (10.2) miteinander verknüpft werden. So können Aminosäuren Ketten bilden, die man ______________ (10.3) (bis etwa 20 Aminosäuren), ____________ (10.4) oder __________ (10.5) (M_r > 10 kDa) nennt. Die Schreibweise für Peptide mit 3-Buchstaben-Abkürzungen ist folgendermaßen definiert: Links steht das Aminoende (________, 10.6), _______ (10.7) das Carboxylende (________, 10.8). Für Alanylglycin gilt also ______________ (10.9). Die Aminosäuresequenz eines Polypeptids bezeichnet man als ________-struktur (10.10). Die __________-struktur (10.11) ist dann die übergeordnete lokale räumliche Anordnung, Wasserstoffbrücken stabilisieren dabei ________- (10.12) und ____________-Strukturen (10.13). Die gesamte dreidimensionale Struktur einer Peptidkette nennt man ________-struktur (10.14), beispielsweise bilden hier Cysteinreste kovalente ________________ (10.15) aus. Mehrere peptidische ________________ (10.16) führen zur _________-struktur (10.17) von Proteinen.

F

Trainieren und Zuordnen

Für das Ausbrechen der Rinderseuche BSE (engl.: bovine spongiform encephalopathy) sind weder Viren noch Bakterien verantwortlich. 1997 wurde der Nobelpreis an Stanley Prusiner für die Idee verliehen, als Ursache Prionen zu sehen. Dies sind Proteine, die in einer „falschen" Konformation vorkommen können. Diese Fehlorientierung führt im Gehirn der Tiere zu weitreichenden Änderungen in der Faltung und Konformation anderer Proteine.

(11) Welche Bindungstypen oder Wechselwirkungen bestimmen die Tertiärstruktur eines Peptids oder Proteins?

(11.1) ______

(11.2) ______

(11.3) ______

(11.4) ______

(11.5) ______

(11.6) ______

forte

Trainieren und Zuordnen

(12) Prüfen Sie, ob die folgenden Aussagen richtig oder falsch sind!

		Richtig	Falsch
(12.1)	In wässriger Lösung liegen Aminosäuren doppelt positiv geladen vor.		
(12.2)	Glycin kann zur Herstellung von Pufferlösungen verwendet werden.		
(12.3)	Biogene Amine entstehen durch Dehydratisierung von Aminosäuren.		
(12.4)	Serin, Cystein und Lysin tragen ein Heteroatom in der Seitenkette.		
(12.5)	Die Bildung einer Peptidbindung unter Wasserabspaltung bezeichnet man auch als Eliminierung.		
(12.6)	Jede Peptidbindung ist eine Carbonsäureamidbindung.		
(12.7)	Glutamin enthält eine Amidbindung in der Seitenkette.		
(12.8)	D- und L-Alanin sind Diastereomere.		
(12.9)	Die Primärstruktur einer Peptidkette beschreibt Art, Zahl und Reihenfolge der Aminosäuren.		
(12.10)	H • Ala • Gly • Cys • OH und H • Gly • Ala • Cys • OH sind Sequenzisomere.		
(12.11)	β-Faltblatt und α-Helix beschreiben die Tertiärstruktur von Peptiden.		
(12.12)	Die Denaturierung von Proteinen durch Erhitzen ist in der Regel reversibel.		
(12.13)	6 M HCl hydrolysiert bei 105 °C ein Peptid zu den enthaltenen Aminosäuren.		

Rechnen

(13)

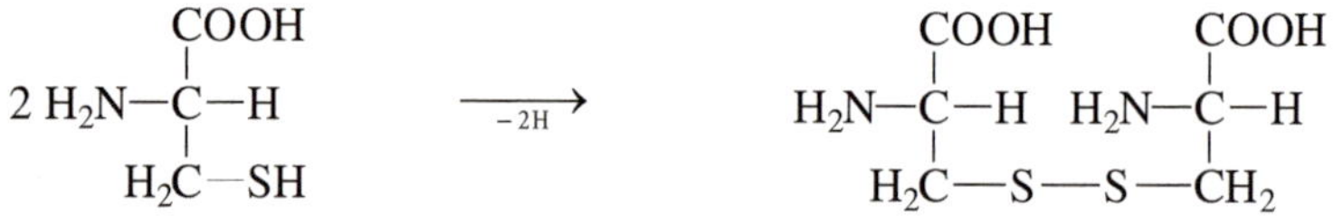

Cystein Cystin

Bei der Oxidation von 60,5 g Cystein wiegen Sie nach Ende der Reaktion 30,0 g Cystin aus. Wie groß (in %) ist die molare Ausbeute an Cystin bezogen auf Cystein (Atommassen: C = 12, H = 1, N = 14, O = 16, S = 32)?

Medizin und Alltag

(14) Insulin ist ein endokrines Peptidhormon, das den menschlichen Zuckerstoffwechsel entscheidend steuert.

Prüfen Sie, ob folgende Aussagen richtig oder falsch sind.

		Richtig	Falsch
(14.1)	Es stimuliert die Aufnahme von Glutamin in die Zellen.		
(14.2)	Es ist aus zwei Peptidketten aufgebaut, die durch Disulfidbrücken verknüpft sind.		
(14.3)	Seine Molmasse beträgt 5.700 Da.		
(14.4)	Wird bei Zuckerkranken von der Bauchspeicheldrüse vermehrt gebildet.		
(14.5)	Humaninsulin kann aus Blutkonserven isoliert werden.		
(14.6)	Zur Ausbildung einer Depotform werden $Zn^{2\oplus}$-Ionen benötigt.		
(14.7)	Humaninsulin kann chemisch-enzymatisch aus Schweineinsulin gewonnen werden.		
(14.8)	Humaninsulin wird heute überwiegend mit Hilfe gentechnisch veränderter Bakterien hergestellt.		
(14.9)	Insulin wird oral verabreicht.		
(14.10)	Durch die Erfolge der modernen Medizin ist die Zuckerkrankheit weltweit rückläufig.		

Rechnen

(15) Glycin liegt in einer wässrigen Lösung als Zwitterion vor und wird mit 0,01 M NaOH bis zum Äquivalenzpunkt titriert. Dabei werden genau 10 mL verbraucht. Glycin hat die Molmasse 75 g/mol.
Wie viel Gramm Glycin sind in der Lösung enthalten?

A 7,5 µg
B 7,5 mg
C 10 mg
D 75 mg
E 7,5 g

Multiple Choice

(16) Wenn Sie die natürlichen Aminosäuren Glycin und Glutaminsäure miteinander vergleichen, welche Aussage trifft **nicht** zu?

A Beide liegen in wässriger Lösung als Zwitterionen vor.
B Die Aminosäuren unterscheiden sich u.a. im isoelektrischen Punkt.
C Beide tragen eine Aminogruppe am α-C-Atom.
D Glutaminsäure ist eine saure Aminosäure.
E Beide enthalten ein Chiralitätszentrum.

Multiple Choice

(17) Welche Aussagen zu folgender Verbindung trifft **nicht** zu?

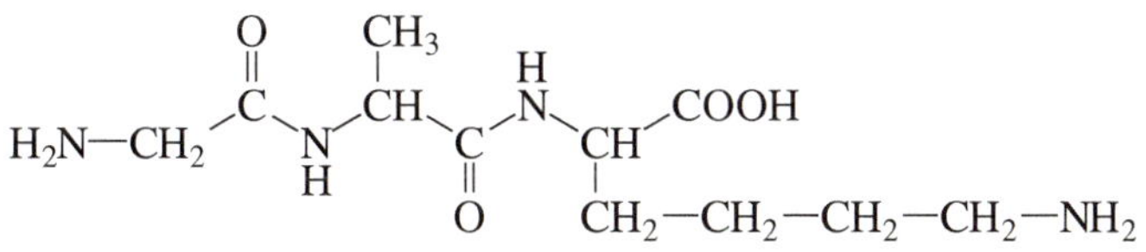

A Am Carboxylende des Tripeptids steht Lysin.
B Es handelt sich um ein Tripeptid mit der Sequenz H · Gly · Ala · Lys · OH.
C Es handelt sich um ein saures Tripeptid.
D Von diesem Tripeptid gibt es insgesamt sechs Sequenzisomere.
E Der isoelektrische Punkt des Tripeptids liegt bei $pH_I > 8$.

Multiple Choice

(18) Vergleichen Sie folgende Verbindungen:

1 H · Ala · Cys · Glu · OH **2** H · Glu · Cys · Ala · OH

F

Welche Aussage trifft **nicht** zu?

A A und B unterscheiden sich in der Sequenz.
B A und B liefern bei Totalhydrolyse dieselben Aminosäuren.
C Durch Oxidation von zwei Molekülen 1 an der SH-Gruppe des Cysteins entstehen Hexapeptide.
D Beide Verbindungen haben einen isoelektrischen Punkt.
E Am Carboxylende von 1 steht Glutaminsäure, bei 2 Alanin.

Multiple Choice

(19) Welche Aussage zur Denaturierung eines Proteins trifft **nicht** zu?

A Bei der Denaturierung wird die Hydrathülle des Proteins verändert.
B Proteine können durch Zugabe von Salzen reversibel ausgefällt werden.
C Durch Zugabe von organischen Lösungsmitteln wird ein Protein ausgefällt.
D Denaturierte Proteine lassen sich in heißem Wasser reaktivieren.
E Durch die Denaturierung wird die biologische Aktivität des Proteins beeinflusst.

Multiple Choice

(20) Welche Bindungen sind für die Stabilisierung von α-Helix- und β-Faltblattstrukturen in Proteinen in erster Linie verantwortlich?

A Disulfidbrücken
B hydrophobe Wechselwirkungen
C Ionenbindungen
D koordinative Bindungen
E Wasserstoffbrückenbindungen

Multiple Choice

(21) Enzyme haben die Funktion von Biokatalysatoren. Welche Aussage trifft **nicht** zu?

A Enzyme sind Proteine, die Peptidketten in einer komplexen dreidimensionalen Struktur enthalten.
B Die Aktivität von Enzymen hängt vom pH-Wert ab.
C Enzyme verschieben das Gleichgewicht von Stoffwechselreaktionen in Richtung der Produkte.
D Enzyme senken die Aktivierungsenergie von Stoffwechselreaktionen.
E Enzyme beschleunigen die Gleichgewichtseinstellung von Stoffwechselreaktionen.

forte

Trainieren und Zuordnen

(22) Betrachten Sie Proteine (Enzyme) in wässrigem Milieu.
Prüfen Sie, ob die folgenden Angaben richtig oder falsch sind!

		Richtig	Falsch
(22.1)	Bei der sauren Hydrolyse entsteht u.a. Glycerin.		
(22.2)	Je nach Seitenketten hat das Protein mehrere isoelektrische Punkte.		
(22.3)	Bei Zugabe von Salzen verändert sich die Hydrathülle.		
(22.4)	Erhitzen auf 80 °C führt zur Denaturierung.		
(22.5)	Die Primärstruktur entspricht der Sequenz der Aminosäuren.		
(22.6)	Die Tertiärstruktur wird durch Peroxidgruppen stabilisiert.		
(22.7)	Disulfidbrücken können durch Reduktionsmittel geöffnet werden.		
(22.8)	Ionen von Übergangsmetallen können zur Stabilisierung einer Tertiärstruktur beitragen.		
(22.9)	Hydrophobe Wechselwirkungen tragen zur Stabilisierung der Sekundärstruktur bei.		
(22.10)	Mit einer SDS-PAGE lässt sich die Molmasse bestimmen.		
(22.11)	Die Übertragung von Phosphatresten auf Serin oder Threonin ist Teil der ribosomalen Peptidsynthese.		
(22.12)	4-Hydroxyprolin im Kollagen entsteht durch posttranslationale Modifikation von Prolin.		
(22.13)	Die Quartärstruktur des Hämoglobins ist eine inaktive Speicherform.		

20 Kohlenhydrate

Ouvertüre

(1) Der wichtigste Prozess für die Neubildung von Kohlenhydraten auf der Erde ist die ______________ (1.1). Formal wird ______________ (1.2) (CO_2) reduziert und ________ (1.3) (H_2O) oxidiert. Dabei entstehen Hexosen und molekularer ____________ (1.4) (O_2). Die Reduktionskraft für diesen Aufbauprozess liefert das _____________ (1.5). Dabei hat der grüne Blattfarbstoff, das _____________ (1.6), in einem komplexen Reaktionsgeschehen die Aufgabe, Lichtenergie in Reduktionskraft zu wandeln. Die Kohlenhydrate haben unterschiedliche Funktionen, sie sind als _____________ (1.7) bei der Pflanze ______________________ (1.8). Sie dienen dem Menschen in der Nahrung (Stärkeanteil) als ______________________ (1.9) oder sind als ______________ (1.10) in der Leber gespeicherte Energie. Darüber hinaus sind abgewandelte kleinere Kohlenhydrate (Oligosaccharide) für die molekulare Zell-Zell-_____________ (1.11) von großer Bedeutung und damit für das __________-system (1.12). Die antigenen Determinanten der ___________________ (1.13) sind definierte Kohlenhydrate als Teil von Glykoproteinen der Zellmembran.

Die einfachen Kohlenhydratmoleküle (Einfachzucker), die ___________________ (1.14), haben die allgemeine Summenformel _________ (1.15) und variieren zwischen drei bis neun C-Atomen. Nach der ______ (1.16) der C-Atome richtet sich der Name der Einfachzucker, z.B. heißen C_5-Körper ____________ (1.17), C_6-Körper ____________ (1.18). Die typischen funktionellen Gruppen der Einfachzucker sind mehrere Hydroxygruppen und eine ___________- (1.19) oder ______-gruppe (1.20), entsprechend heißen die Einfachzucker _____________ (1.21) bzw. ___________ (1.22). Die einfachste ___________ (1.23) ist D-Glycerinaldehyd, die einfachste Ketose __________________ (1.24). Die wichtigste Hexoaldose ist ________________ (1.25).

Der __________ (1.26) Geschmack von Kohlenhydraten, die deshalb auch ___________ (1.27) heißen, wird nicht allein von den Einfachzuckern hervorgerufen. Hierfür ist vornehmlich das Di-______________ (1.28) ________________ (1.29) (= Rohrzucker, Rübenzucker, Sucrose) verantwortlich, das als Bausteine _____________ (1.30) und ______________ (1.31) enthält.

Trainieren und Zuordnen

(2) Nachstehend sind drei Monosaccharide in der Fischer-Projektion abgebildet.

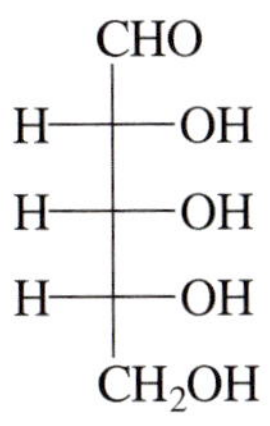

A

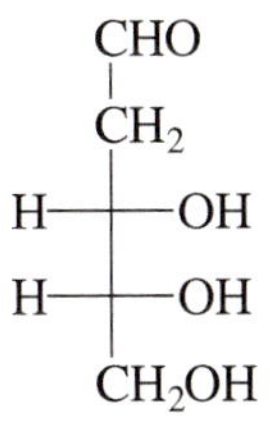

B

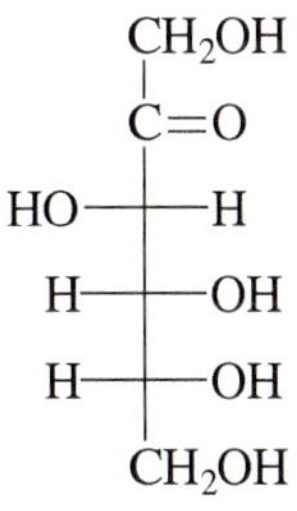

C

F

Kreuzen Sie an, welche Angaben für die einzelnen Monosaccharide zutreffen.

		A	B	C
(2.1)	Hexose			
(2.2)	Pentose			
(2.3)	Aldose			
(2.4)	Ketose			
(2.5)	zwei Chiralitätszentren			
(2.6)	drei Chiralitätszentren			
(2.7)	D-Reihe			
(2.8)	L-Reihe			
(2.9)	nur eine primäre Hydroxygruppe			
(2.10)	zwei primäre Hydroxygruppen			
(2.11)	nur zwei sekundäre Hydroxygruppen			
(2.12)	drei sekundäre Hydroxygruppen			
(2.13)	Konstitution erkennbar			
(2.14)	Konfiguration erkennbar			
(2.15)	D-Fructose			
(2.16)	2-Desoxy-D-ribose			
(2.17)	D-Ribose			
(2.18)	Baustein der DNA			
(2.19)	Baustein der RNA			
(2.20)	Baustein der Saccharose			

forte

Trainieren und Zuordnen

(3) D-Glucose steht im Zentrum des Zuckerstoffwechsels. Prüfen Sie, ob die folgenden Angaben richtig oder falsch sind!

		Richtig	Falsch
(3.1)	Aldohexose		
(3.2)	chiral		
(3.3)	wasserlöslich		
(3.4)	wird als Fruchtzucker bezeichnet		
(3.5)	schmeckt so süß wie Rohrzucker		
(3.6)	wirkt reduzierend		
(3.7)	ist mit D-Fructose isomer		
(3.8)	Enantiomer zu D-Fructose		
(3.9)	Diastereomer zu D-Fructose		
(3.10)	bildet in Wasser ein cyclisches Halbacetal		
(3.11)	ist an C-3 D-konfiguriert		
(3.12)	geht als Glucose-6-phosphat in die Glykolyse ein		
(3.13)	Baustein der Stärke		
(3.14)	Baustein des Glykogens		
(3.15)	Baustein des Milchzuckers		
(3.16)	Baustein der DNA		
(3.17)	wird Diabetikern statt Rohrzucker verabreicht		

F

Trainieren und Zuordnen

(4) Kreuzen Sie an, was für die nachfolgenden Aldohexosen zutrifft.

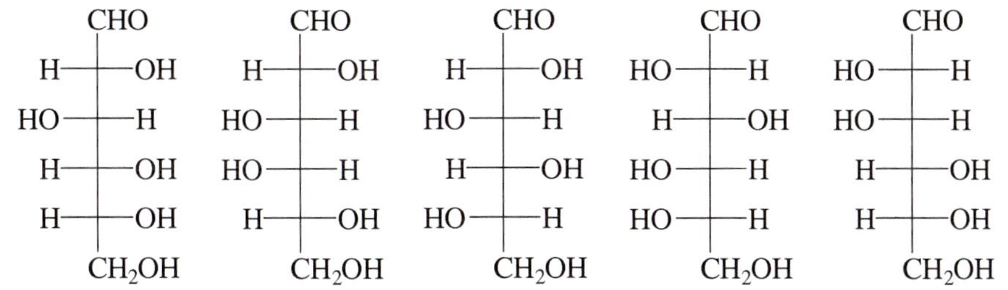

A B C D E

		A	B	C	D	E
(4.1)	D-Reihe					
(4.2)	L-Reihe					
(4.3)	das Enantiomere von **A**					
(4.4)	das Epimer zu **B**					
(4.5)	Bausteine des Milchzuckers					
(4.6)	D-Glucose					
(4.7)	L-Glucose					
(4.8)	D-Mannose					
(4.9)	Konfigurationsisomere zu **D**					

Trainieren und Zuordnen

(5) Zeichnen Sie α- und β-D-Glucose in der cyclischen Halbacetalform in der Haworth-Schreibweise (5.1, 5.2) und in der Cyclohexansessel-Schreibweise (5.3, 5.4).

(5.1) α-D-Glucopyranose	(5.2) β-D-Glucopyranose
(5.3)	(5.4)

Trainieren

(6) Geben Sie eine möglichst kurze Definition für folgende Begriffe.

(6.1) Was sind Anomere?

(6.2) Was sind Epimere?

(6.3) Was sind Pyranosen?

(6.4) Was sind Furanosen?

Netzdenken

(7) Durch Oxidation bzw. Reduktion wird D-Glucose an einzelnen funktionellen Gruppen verändert. (7.1) Zeichnen Sie die Reaktionsprodukte (offenkettige Formel) in die Kästen und geben Sie für die Verbindungen (7.2) und (7.3) die Namen an.

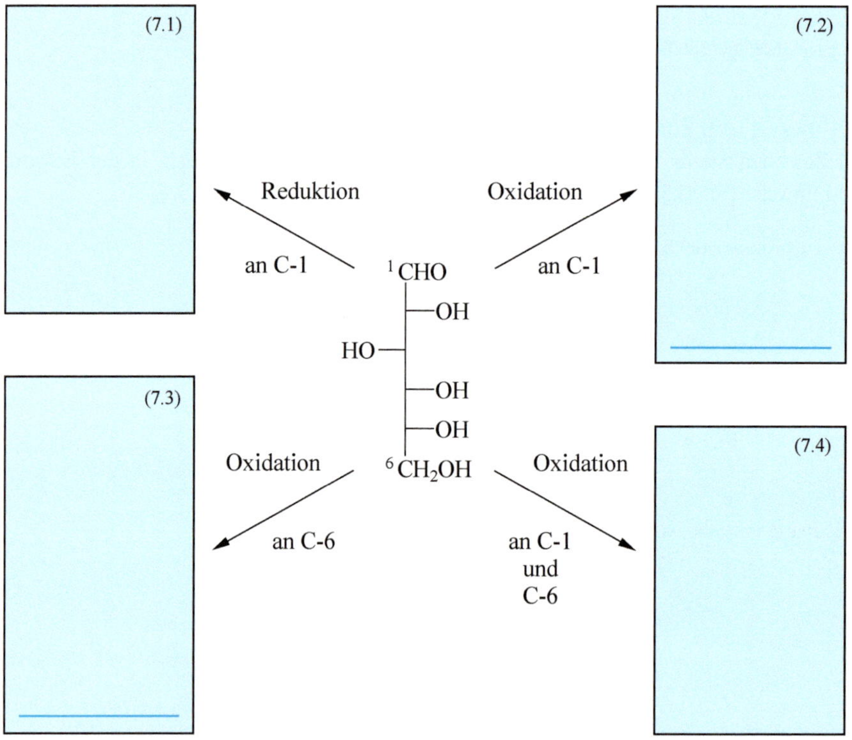

Hinweis: Mit Fehling-Lösung wird D-Glucose nicht an C-1, sondern an C-2 zu D-Glucoson oxidiert (Lehrbuch 10. Auflage, S. 376).

Trainieren und Zuordnen

(8) Aus D-Glucopyranose entstehen säurekatalysiert in Methanol zwei Glykoside. Ergänzen Sie die Formeln und benennen Sie die beiden Reaktionsprodukte.

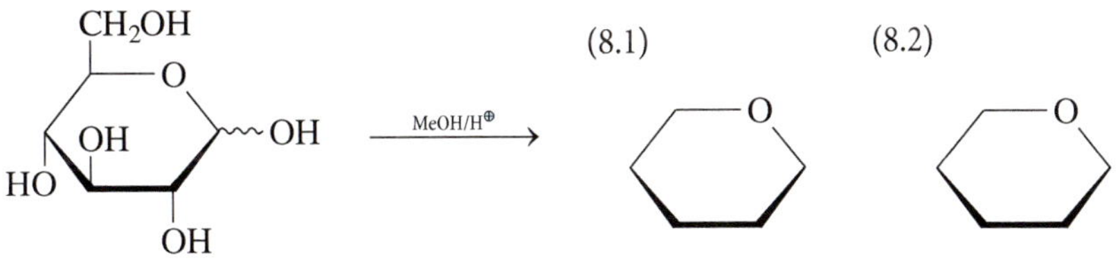

______________________ (8.1) ______________________ (8.2)

https://else4.de/lil

Multiple Choice

(9) Welche Aussage zur Reaktion in Aufgabe 8 und den dort gebildeten Glykosiden trifft **nicht** zu?

- A Die Reaktion erfolgte am anomeren C-Atom.
- B Die Glykoside haben reduzierende Eigenschaften.
- C Die Reaktion ist reversibel.
- D Bei der Reaktion in Pfeilrichtung entsteht Wasser.
- E Die gebildeten Glykoside sind Diastereomere.

Multiple Choice

(10) Welche Aussage zum *N*-Acetylglucosamin trifft **nicht** zu?

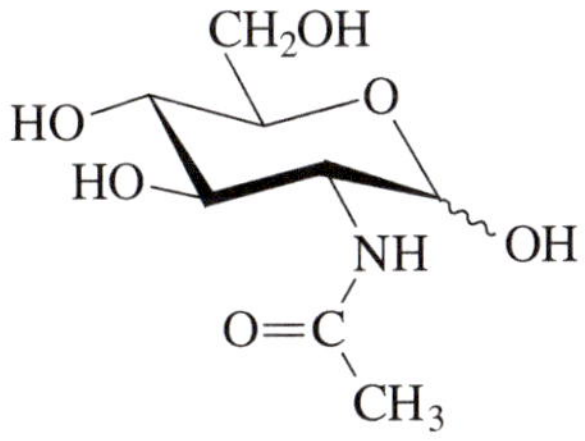

- A Es ist eine Base.
- B Es existieren α- und β-Anomere.
- C Es ist ein Baustein von Glykoproteinen der Glykokalix.
- D Es ist Baustein des Biopolymers Chitin.
- E Es trägt die Acetylgruppe in einer Säureamid-Bindung.

Multiple Choice

(11) Prüfen Sie die Aussagen zum Vitamin C.
Welche Aussage trifft **nicht** zu?

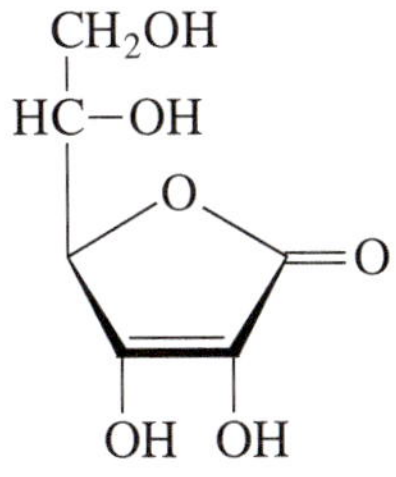

- A Es leitet sich von einer Pentose ab.
- B Es enthält ein Endiol-Strukturelement.
- C Es ist eine wasserlösliche, schwache Säure.
- D Es wirkt reduzierend.
- E Es enthält einen Lactonring.

F

Lückentext

(12) Aus zwei Einfachzuckern (= ______________, 12.1) entstehen unter Wasserabspaltung (= ____________, 12.2) ____________ (12.3). Bei der sog. 1,4-Verknüpfung reagiert die __________ (12.4) Hydroxygruppe an C-1 einer Aldopyranose (Baustein A) mit der __________ (12.5) Hydroxygruppe an C-4 der zweiten Aldopyranose (Baustein B). Während Baustein A im __________ (12.6) durch die ____________ (12.7) Bindung als ________ (12.8) vorliegt, bleibt Baustein B ein Halbacetal, sodass das __________ (12.9) ____________ (12.10) Eigenschaften aufweist. Die 1,4-Verknüpfung ist z.B. bei der __________ (12.11) (= Malzzucker) oder Cellobiose verwirklicht. Beide enthalten nur __________ (12.12) als Bausteine. Sie unterscheiden sich in der ______________ (12.13) der ____________ (12.14) Bindung. Diese ist beim Malzzucker __-glykosidisch (12.15), bei der Cellobiose ____________ (12.16). Bei der Lactose sind D-Glucose und ___________ (12.17) β-_____________ (12.18) verknüpft. Auch dieses ___________ (12.19) ___________ (12.20) FEHLING-Lösung.

Bei der ___________ (12.21, = Rohrzucker) ist ein Sonderfall verwirklicht. Dort sind D-Glucopyranose und D-Fructofuranose über die __________ (12.22) Hydroxygruppen 1,2-verknüpft. Folglich ist das Disaccharid nicht ___________ (12.23). Die Konfiguration der glykosidischen Bindung ist von der Glucose aus gesehen ___ (12.24), von der Fructose aus ___ (12.25). Nur das Disaccharid besitzt die volle Süßkraft.

Medizin und Alltag

(13) Laktoseintoleranz führt zu heftigen Verdauungsstörungen.
Was ist die Ursache?

- A Lactose erzeugt Allergien.
- B Die aus der Lactose freigesetzte D-Galactose wird nicht verstoffwechselt.
- C Die Epimerase zur Umwandlung von D-Galactose in D-Glucose fehlt.
- D Das Enzym zur Spaltung der Lactose fehlt, Lactose wird im Dickdarm vergoren.
- E Lactose hemmt die Glykolyse.

Rechnen

(14) Glucose wird mit Sauerstoff vollständig zu Kohlendioxid und Wasser oxidiert, dabei entstehen 2 Mol Kohlendioxid. Wie viel Gramm Glucose wurden oxidiert (relative Atommasse: H = 1, C = 12, O = 16)?

- A 60 g
- B 88 g
- C 120 g
- D 180 g
- E 360 g

Medizin und Alltag

(15) Die Glucose-Konzentration im Serum eines Patienten beträgt 4 mmol/L (relative Atommasse ➤ Aufgabe 14).
Wie viel Milligramm Glucose sind in 100 mL = 1 dL Serum enthalten?

- A 9 mg
- B 18 mg
- C 40 mg
- D 72 mg
- E 90 mg

F

Trainieren und Zuordnen

(16) Kreuzen Sie an, welche der Angaben auf Stärke bzw. Cellulose zutreffen.

		Stärke	Cellulose
(16.1)	Polysaccharid		
(16.2)	Biopolymer		
(16.3)	gehören zu den Homoglykanen		
(16.4)	1,4-Verknüpfung der Bausteine		
(16.5)	1,6-Verknüpfung der Bausteine		
(16.6)	D-Glucose als Baustein		
(16.7)	α-glykosidische Bindung		
(16.8)	β-glykosidische Bindung		
(16.9)	Reservekohlenhydrat der Pflanze		
(16.10)	Strukturmaterial der Pflanze		
(16.11)	enthält Amylose und Amylopektin		
(16.12)	enthält in Wasser Helix-Anteile		
(16.13)	färbt mit Iod blau an		
(16.14)	Bestandteil der Baumwolle		
(16.15)	Abbau durch Amylasen		
(16.16)	kein Abbau beim Menschen		
(16.17)	mit Glykogen strukturverwandt		
(16.18)	setzt bei der sauren Hydrolyse Maltose frei		
(16.19)	wichtig für die Papierherstellung		
(16.20)	Bestandteil der Kartoffel		

Multiple Choice

(17) Beurteilen Sie die Vielfalt der Kohlenhydrat-Strukturen (Konstitutions- und Stereoisomere).
Welche Angabe trifft zu?

A Von einer Hexopyranose gibt es 16 Stereoisomere.
B Von einer Hexofuranose gibt es 16 Stereoisomere.
C Von der D-Glucopyranose gibt es vier Stereoisomere.
D Von zwei 1,1-glykosidisch verknüpften Hexopyranosen gibt es 1024 Stereoisomere.
E Bei der glykosidischen Verknüpfung (Typ I und Typ II) von zwei D-Glucopyranosen gibt es vier isomere Disaccharide.

Multiple Choice

(18) Was versteht man unter Glykokalix?
Welche Angabe trifft zu?

A helikale Struktur der Amylose
B Zuckeranteil der DNA-Doppelhelix
C „Zuckerdekoration“ auf der Außenseite der Zellmenbran
D Glykogenanteil in der Leber
E Zuckeranteil im Heparin

Multiple Choice

(19) Welche der folgenden Aussagen zur Saccharose trifft zu?

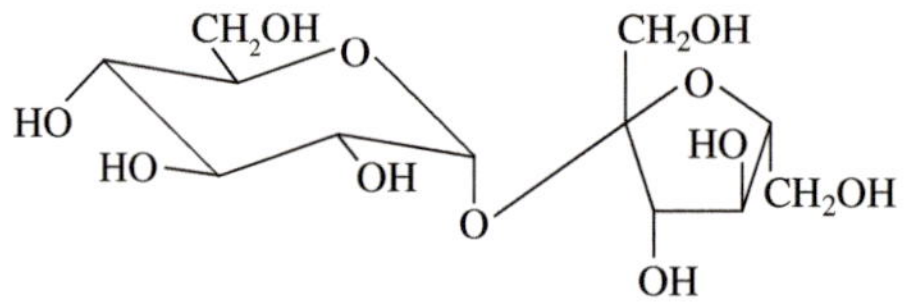

- A Saccharose hat reduzierende Eigenschaften.
- B Bei der säurekatalysierten Hydrolyse entstehen D-Glucose und D-Galactose.
- C Die Monosaccharide sind 1,4-glykosidisch verknüpft.
- D Die Monosaccharide sind über die anomeren Zentren verknüpft.
- E Saccharose wird mit Hilfe von Insulin direkt in die Blutbahn aufgenommen.

Netzdenken

(20) Lösen Sie das Kreuzworträtsel. Beginnen Sie das gesuchte Wort in dem Kästchen mit der Zahl. (ä = ae)

1 essenzielle Bestandteile von Obst und Gemüse, damit der Mensch gesund bleibt
2 Zuckerbaustein der RNA
3 Baustein der Saccharose
4 Monosaccharid in einer Fünfringstruktur
5 andere Bezeichnung für Saccharose
6 Disaccharid, Baustein der Cellulose
7 Antikoagulans für die Thromboseprophylaxe
8 C-2-Epimer der Glucose
9 wasserlöslicher Bestandteil der Stärke
10 C-4-Epimer der Glucose
11 α- und β-D-Glucopyranose sind es.
12 Strukturmaterial der Pflanze
13 Monosaccharid in einer Sechsringstruktur
14 Reservekohlenhydrat der Leber

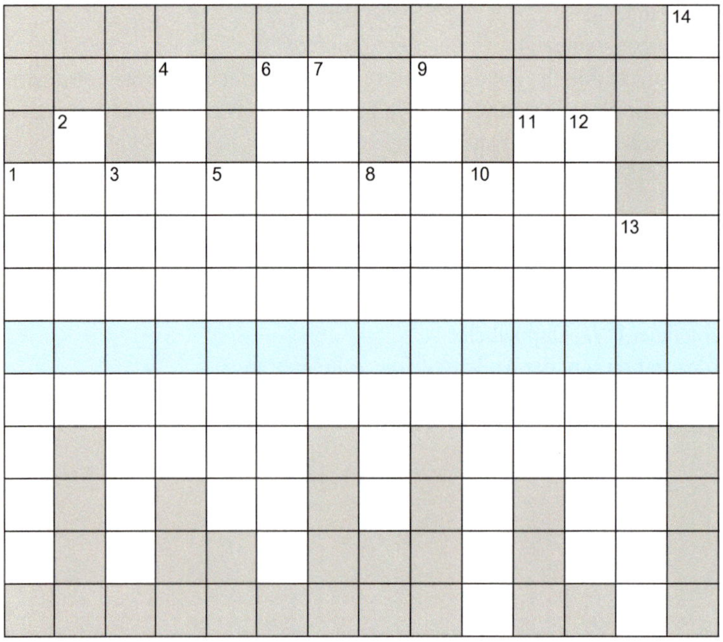

Lösungswort: ____________________

21 Heterocyclen

Ouvertüre

(1) Zur Strukturvielfalt der Kohlenstoffverbindungen gehört die Tendenz, neben Ketten auch Ringe zu bilden, wobei Fünf- oder ______-Ringe (1.1) bevorzugt sind. Carbocyclen enthalten ausschließlich ______ (1.2) im Ring. Die Ringsysteme können ______ (1.3) (Bsp.: Cyclohexan) oder aromatisch sein (Bsp.: ______, 1.4). Enthält ein Ring außer C-Atomen noch Atome anderer ______ (1.5), z.B. ______ (1.6), ______ (1.7) und/oder Schwefel, so spricht man von ______ (1.8). Man unterscheidet aliphatische und ______ (1.9) Heterocyclen. Aufgrund der Elektronegativität der ______ (1.10) und durch die Anwesenheit ______ (1.11) Elektronenpaare haben Heterocyclen andere Eigenschaften als die ______ (1.12).

Heterocyclen sind in der Natur weit verbreitet. Bei den Kohlenhydraten kommen sie als ______ (1.13) und Furanosen vor oder sie sind Teil der Seitenkette einiger Aminosäuren (z.B. ______, 1.14). Sie werden für den genetischen ______ (1.15) der DNA benötigt und sind Strukturelement vieler Vitamine, Coenzyme oder Farbstoffe, z.B. im roten Blutfarbstoff ______ (1.16) oder im grünen Blattfarbstoff ______ (1.17).

Trainieren und Zuordnen

(2) Schreiben Sie unter die abgebildeten Heterocyclen den richtigen Namen aus nachfolgender Aufstellung zu: Furan, Imidazol, Indol, Purin, Pyran, Pyridin, Pyrimidin, Pyrrol, Pyrrolidin, Tetrahydrofuran, Thiazol, Thiophen.

(2.1) ______

(2.2) ______

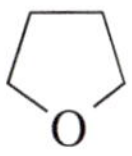

(2.3) ______

(2.4) ______

(2.5) ______

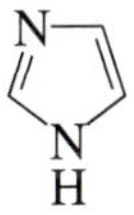

(2.6) ______

(2.7) ______

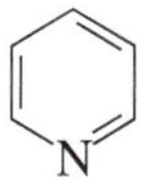

(2.8) ______

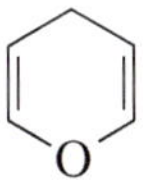

(2.9) ______

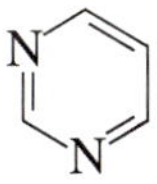

(2.10) ______

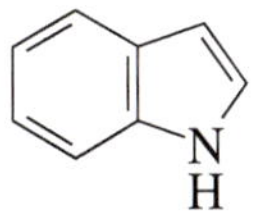

(2.11) ______

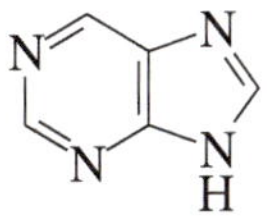

(2.12) ______

Trainieren und Zuordnen

(3) Welche der in Aufgabe (2) abgebildeten Heterocyclen

(3.1) sind aromatisch?

____

(3.2) sind Ether?

____

(3.3) sind Thioether?

____

(3.4) enthalten das Strukturelement eines sekundären Amins?

____

Lückentext

(4) Im **Benzol** sind ______ (4.1) π-Elektronen über alle C-Atome im Ring ____________ (4.2). Dies führt zu einem __________-armen (4.3) Molekül mit ______________ (4.4) Eigenschaften. Im **Pyrrol** wird die Aromatizität dadurch erreicht, dass das freie ______________ (4.5) am __________ (4.6) und die vier π-Elektronen der beiden Doppelbindungen gemeinsam delokalisiert werden, so verteilen sich insgesamt ______ (4.7) π-Elektronen auf nur ______ (4.8) Ringatome. Der aromatische Pyrrolring wird dadurch ________________ (4.9) als der Benzolring. Der Stickstoff im Pyrrol ist deshalb weniger ________ (4.10) als man es für ein sekundäres Amin erwarten würde und kann das Wasserstoffatom vergleichsweise leicht als ________ (4.11) abspalten (pK_s ~ 6). Beim **Pyridin** wird das freie Elektronenpaar am Stickstoff nicht für Ausbildung der Aromatizität benötigt, es verbleibt dort, entsprechend ist Pyridin eine ______ (4.12).

Multiple Choice

(5) Der Imidazolring des Histidins, das zur Peptidkette eines Enzyms gehört, ist an vielen Säure-/Base-katalysierten Reaktionen beteiligt („katalytische Triade": Glu, His, Ser). Das folgende Formelschema zeigt den Ablauf, der der Aktivierung von Serin als Nucleophil dient.

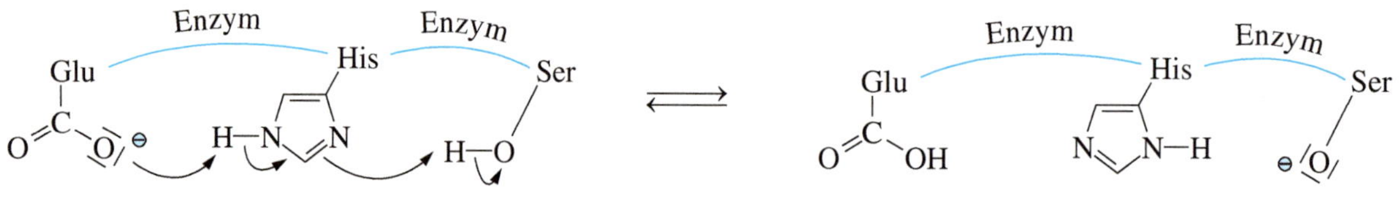

A **B** **C** **D**

Welche Aussage trifft **nicht** zu?

- A Mit Hilfe des Imidazols wird ein Proton von **B** nach **A** übertragen.
- B Die Alkoholgruppe von **B** ist Protonendonator.
- C Das Alkoholat **D** ist ein stärkeres Nucleophil als das Carboxylat **A**.
- D Die Reaktion ist irreversibel.
- E Der Imidazolring reagiert als Säure und Base zugleich.

Multiple Choice

(6) Welche Aussage zur Aminosäure Histidin (gezeichnet als Kation) trifft **nicht** zu?

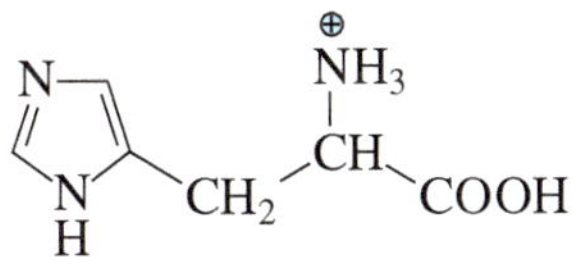

A Histidin ist eine proteinogene Aminosäure.
B Bei Zugabe von Base wird aus dem Kation zuerst das Wasserstoffatom der Ammoniumgruppe abgespalten.
C Histidin ist eine essenzielle Aminosäure.
D Der Imidazolring der Seitenkette kann im aktiven Zentrum von Enzymen als Säure und als Base zugleich reagieren.
E Bei der Decarboxylierung entsteht Histamin.

Multiple Choice

(7) Welches Strukturelement ist im abgebildeten $NAD^{\oplus}$ **nicht** enthalten?

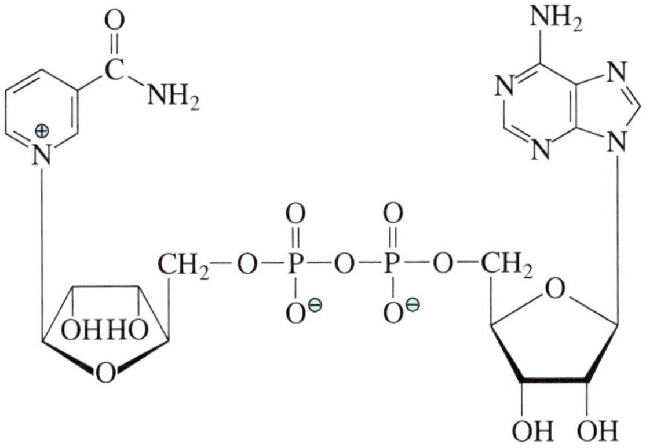

A Phosphorsäureanhydrid
B Adenin in *N*-glykosidischer Bindung
C Nicotinamid in *N*-glykosidischer Bindung
D Ribose in *O*-glykosidischer Bindung
E Phosphorsäureester

F

Multiple Choice

(8) Prüfen Sie die Aussagen zum abgebildeten LSD (Lysergsäurediethylamid).

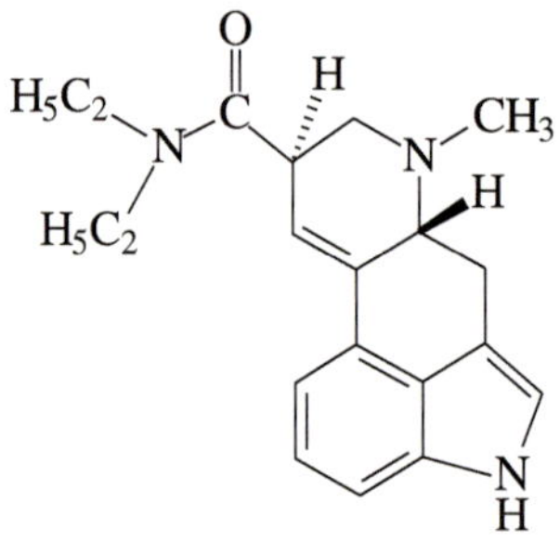

Welche Aussage trifft **nicht** zu?

- A LSD ist ein Alkaloid.
- B LSD enthält ein Indol-System.
- C LSD ist ein Säureamid.
- D LSD reagiert basisch.
- E LSD enthält einen Pyridinring.

Multiple Choice

(9) Welche Aussage trifft **nicht** zu?
Vitamin B_1 (Thiamin) enthält folgende Strukturelemente.

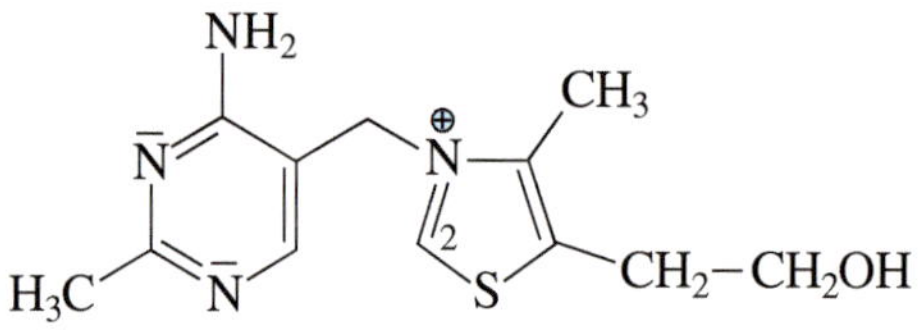

- A Pyrimidinring
- B Thiazolring
- C primärer Alkohol
- D sekundäres Amin
- E quartäres Ammonium-System

Medizin und Alltag

(10) Cytochrom *c* enthält ein Tetrapyrrolsystem, das als Chelator Eisen-Ionen bindet.
Welche Aussage trifft **nicht** zu?

- A Cytochrom *c* ist redoxaktiv ($Fe^{2\oplus}/Fe^{3\oplus}$).
- B Cytochrom *c* bindet Sauerstoff.
- C Cytochrom *c* ist am Elektronentransport in der Atmungskette beteiligt.
- D Cytochrom *c* wird durch Cyanid ($CN^{\ominus}$) in seiner Funktion gehemmt.
- E Eisen-Ionen haben die Koordinationszahl sechs, d.h., neben dem Tetrapyrrolsystem werden im Cytochrom *c* zwei weitere Liganden benötigt.

Medizin und Alltag

(11) Welche Aussage trifft **nicht** zu?
Der Blutfarbstoff Hämoglobin

- A bindet Sauerstoff.
- B bindet Kohlenmonoxid besser als Sauerstoff.
- C enthält ein Tetrapyrrolsystem, das als Chelator Eisen(II)-Ionen bindet.
- D enthält einen großen Proteinanteil.
- E ist redoxaktiv ($Fe^{2\oplus}/Fe^{3\oplus}$).

Multiple Choice

(12) Welche Antwort trifft nicht zu?

Uroporphyrenogen-III ist Biosynthesevorläufer für

- A das Corrin-System.
- B Vitamin B_{12}.
- C Chlorophyll.
- D Ursodesoxycholsäure.
- E Häm im Cytochrom c.

Trainieren und Zuordnen

(13) Die Nucleinsäuren sind die Träger der Information für Wachstum, Vermehrung und andere Eigenschaften eines Lebewesens.
Prüfen Sie, ob die folgenden Angaben richtig oder falsch sind!

		Richtig	Falsch
(13.1)	Adenin enthält mehr C-Atome als N-Atome.		
(13.2)	Adenosin enthält Adenin und D-Ribose als Bausteine.		
(13.3)	dGMP ist ein Nucleotid mit 2-Desoxyribose als Baustein.		
(13.4)	Nucleoside enthalten neben einer Nucleinbase nur noch einen Zuckerbaustein.		
(13.5)	Nucleotide sind die Bausteine der Nucleinsäuren (DNA, RNA).		
(13.6)	AMP ist die Abkürzung für Adenosin.		
(13.7)	Adenylat ist das Anion von AMP.		
(13.8)	Die Adenylatcyclase verwandelt ATP in cyclo-AMP.		
(13.9)	Thymin ist eine Pyrimidinbase der RNA.		
(13.10)	Zwischen Cytosin und Guanin bilden sich in der DNA-Doppelhelix zwei Wasserstoffbrücken aus.		
(13.11)	Die Transfer-RNA (tRNA) ist wie die DNA doppelsträngig.		
(13.12)	Drei aufeinander folgende Nucleinbasen (Triplett) in der DNA liefern die Information für eine bestimmte Aminosäure bei der Proteinbiosynthese.		
(13.13)	Das CRISPR-Cas-System schneidet DNA an jeder beliebigen Stelle.		

22 Medizinisch relevante Werkstoffe

Ouvertüre

(1) Werkstoffe sind ______________ (1.1), die dazu dienen, Werkstücke für eine definierte ______________ (1.2) herzustellen. Chemisch gesehen gehören Werkstoffe verschiedenen ______________ (1.3) an, darunter z.B. ______________ (1.4), keramische Materialien oder ______________ (1.5).

Biomaterialien sind ______________ (1.6), die unmittelbar mit den ______________ (1.7) Systemen des menschlichen ______________ (1.8) in Berührung kommen. Biomaterialien übernehmen bestimmte ______________ (1.9) des Körpers, z.B. als ______________ (1.10)ersatz oder als ______________ (1.11)ersatz. Eine wichtige Anforderung für jedes ______________ (1.12) ist seine Bio ______________ (1.13). Ferner muss die ______________ (1.14) so angepasst sein, dass es mit der Zeit nicht zu einem ______________ (1.15) verlust kommt.

Multiple Choice

(2) Welche Antwort trifft **nicht** zu?

Biomaterialien

- A sind immunologisch gesehen Fremdkörper.
- B dürfen keine toxischen Substanzen freisetzen.
- C müssen sich bei der Nutzung als Stents mit der Zeit auflösen.
- D können Allergien hervorrufen.
- E sollten sich mit dem umgebenden Gewebe verbinden.

Multiple Choice[forte]

(3) Metalle als Biomaterialien sollten bestimmte Eigenschaften haben.
Prüfen Sie, ob die folgenden Angaben richtig oder falsch sind!

		Richtig	Falsch
(3.1)	Als Gelenkersatz sollten sie den mechanischen Belastungen gewachsen sein.		
(3.2)	Sie sind für Dentalimplantate ungeeignet.		
(3.3)	Reines Eisen ist wegen seiner Härte als Gelenkersatz besonders geeignet.		
(3.4)	Sie sollten gegen Sauerstoff, Salze und Bakterien stabil sein.		
(3.5)	Der Begriff der Korrosion hat in der Medizin keine Bedeutung.		
(3.6)	Titan neigt zur Passivierung seiner Oberfläche.		
(3.7)	Die Osteosynthese ist ein wichtiger Anwendungsbereich.		
(3.8)	Titandioxid (TiO_2) auf der Titanoberfläche behindert die Osteointegration.		
(3.9)	Titan ist leichter als Edelstahl und stört wenig beim MRT.		
(3.10)	Nitinol ist eine Legierung mit einem Formgedächtnis.		

Multiple Choice

(4) Keramische Werkstoffe sind nichtmetallische, anorganische Materialien.
Welche Angabe zum Material bzw. zu den Eigenschaften trifft **nicht** zu?

Keramische Werkstoffe

- A können aus Zirkondioxid bestehen.
- B können aus Calciumcarbonat bestehen.
- C können aus Lithiumdisilikat bestehen.
- D können altern und spröde werden.
- E sind hervorragend biokompatibel.

Multiple Choice

(5) Welche Aussage trifft zu?

Den Heilungsprozess, bei dem die direkte Verbindung zu der Oberfläche eines Implantats und den Zellen des umgebenden Knochens hergestellt wird, bezeichnet man als

- A Osteosynthese.
- B Osteoporose.
- C Osteointegration.
- D Passivierung.
- E Abutment.

Trainieren mit Extrablatt

(6) Polymere spielen als Biomaterialien neben Metallen und keramischen Werkstoffen eine wichtige Rolle.

Erklären Sie möglichst kurz folgende Begriffe:

(6.1) Polykondensation: ______________________________

(6.2) Polyaddition: ______________________________

(6.3) Polymerisation: ______________________________

(6.4) Polymerisationsgrad: ______________________________

(6.5) Mischpolymerisation: ______________________________

(6.6) Lichthärtung: ______________________________

Multiple Choice

(7) Welche Aussage trifft zu?
Silikone

- A sind natürliche Polymere.
- B enthalten nur Silicium und Kohlenstoff.
- C sind als Brustimplantate abbaubar.
- D sind typische Hydrogele.
- E können linear oder vernetzt aufgebaut sein.

Netzdenken

(8) Lösen Sie das Kreuzworträtsel. Tragen Sie das gesuchte Wort senkrecht ein, beginnend im Kästchen mit der Zahl! Die markierte waagerechte Reihe liefert das Lösungswort.

1. Ein Gelenkimplantat sollte sich in ihn integrieren.
2. Ein Polymer, das mit den Buchstaben PA abgekürzt wird.
3. Keramische Materialien sind nicht nur fest, sondern häufig leider auch ....
4. Chemische Reaktion von Metallen mit Stoffen aus der Umgebung.
5. Entsteht aus Chitin und dient z.B. als abbaubares Nahtmaterial.
6. Keramisches Material, das die Regeneration des Knochens unterstützt.
7. Edelstahl ist eine ....
8. Biopolymer des Bindegewebes, bei dessen Denaturierung Gelatine entsteht.

1		3		5		7	
	2		4		6		8

Lösungswort: ______________________________

F

23 Spektroskopie in Chemie und Medizin

Ouvertüre

(1) In der Spektroskopie misst man charakteristische __________ (1.1) einer chemischen Verbindung mit elektromagnetischer __________ (1.2) verschiedener Wellenlänge/Frequenz. Man kann dabei je nach Methode __________ (1.3, Aufnahme von Strahlung), __________ (1.4, Abgabe von Strahlung) oder Streuung der Strahlung beobachten. Die verschiedenen __________-arten (1.5) unterscheiden sich u.a. dadurch, dass jeweils __________ (1.6) nur aus einem bestimmten __________-bereich (1.7, Frequenzbereich) des __________ (1.8) Spektrums verwendet wird. Strahlung mit sehr kurzer Wellenlänge (z.B. $\lambda = 10^{-5}$ nm) ist sehr __________ (1.9) und kann die bestrahlten Stoffe __________ (1.10), während __________ (1.11) Radiostrahlung (z.B. $\lambda = 10^{7}$ nm = 10 cm) unbedenklich ist. Bei der UV-Spektroskopie schickt man die Strahlung (Licht aus dem sichtbaren und ultravioletten Teil des Spektrums) durch eine __________ (1.12) der zu messenden Verbindung. Für die Röntgenstrukturanalyse einer Substanz muss diese __________ (1.13) sein.

forte

Trainieren und Zuordnen

(2) Prüfen Sie folgende Aussagen!

		Richtig	Falsch
(2.1)	UV-Spektren entstehen durch Messung bei 200–700 nm.		
(2.2)	Im UV-Spektrum wird die Zunahme der Lichtintensität gemessen.		
(2.3)	UV-Absorptionsmaxima sind für eine bestimmte Verbindung charakteristisch.		
(2.4)	Jede organische Verbindung zeigt im Bereich 200–700 nm Absorptionsmaxima.		
(2.5)	Chromophore sind UV-aktive Teilstrukturen eines Moleküls.		
(2.6)	Photometrie ist eine Methode der UV-Spektroskopie zur quantitativen Bestimmung der Konzentration eines Farbstoffs in einer Lösung.		
(2.7)	Oxidierte und reduzierte Form des Coenzyms der Dehydrogenasen ($NAD^{\oplus}$ bzw. NADH) geben dasselbe UV-Spektrum.		
(2.8)	IR-Spektren entstehen durch Messung mit ultraviolettem Licht.		
(2.9)	Bei der IR-Spektroskopie werden durch die IR-Strahlung Schwingungen innerhalb eines Moleküls angeregt.		
(2.10)	Jede organische Verbindung gibt ein typisches IR-Spektrum, das auch zur Identifizierung der Verbindung herangezogen werden kann.		
(2.11)	IR-Spektren geben Hinweise auf funktionelle Gruppen der Verbindung.		

Trainieren und Zuordnen

(3) Kreuzen Sie an, welche Angabe oder welcher Begriff für die angegebene Spektroskopie-Methode zutrifft.

		UV	IR	NMR
(3.1)	Chromophor			
(3.2)	Kernspin			
(3.3)	Schwingungsanregung			
(3.4)	Resonanz			
(3.5)	Anregung von Elektronen			
(3.6)	Absorptionsmaxima			
(3.7)	Messung erfolgt in der Regel in Lösung.			
(3.8)	Bei der Messung befindet sich die Substanz in einem homogenen Magnetfeld.			

		UV	IR	NMR
(3.9)	Photometrie			
(3.10)	Relaxation			
(3.11)	Extinktionskoeffizient			
(3.12)	Fingerprint-Bereich			
(3.13)	Spektrum liefert Strukturhinweise.			
(3.14)	chemische Verschiebung von ^{1}H- oder ^{13}C-Signalen			
(3.15)	die Teuerste der drei Messmethoden			
(3.16)	wird für bildgebende Diagnostik genutzt			
(3.17)	zur Bestimmung der Enzymaktivität geeignet			
(3.18)	liefert Hinweise auf funktionelle Gruppen			
(3.19)	Die gemessene Substanz kann zurückgewonnen werden.			

Lückentext

(4) NMR ist die Abkürzung für ________ ________ ________ (4.1). Mit Hilfe der NMR-Spektroskopie erhält man Informationen über die unmittelbare ________ (4.2) von ____-kernen (4.3). Voraussetzung für die Messung einzelner Atomkerne ist das Vorliegen eines ________ (4.4). Deshalb sind die in organischen Verbindungen häufig vorkommenden Isotope ____ (4.5), ____ (4.6) und ^{18}O nicht messbar, messbar sind hingegen die Kerne der Isotope ____ (4.7), ^{13}C und ^{15}N. Da der Anteil der letzten beiden Isotope normalerweise ________ (4.8) ist, muss ein sehr hoher Mess-________ (4.9) getrieben werden. Für die Messung bringt man die organische Verbindung in ein ________ (4.10) Magnetfeld und legt pulsierende ____-wellen (4.11) über die Probe. Dadurch werden die ________ (4.12) Momente einzelner Atomkerne in ihrer Ausrichtung verändert, es kommt zur ________ (4.13) und jedes ^{1}H-Atom bzw. ^{13}C-Atom gibt sein eigenes Signal, dessen Lage im Spektrum durch die ________ (4.14) Verschiebung gekennzeichnet ist, wobei zugesetztes TMS (= ________________, 4.15) das Referenzsignal liefert. Die ________ (4.16) eines ^{1}H-Signals korreliert mit der Zahl der H-Atome, die es repräsentiert. Wechselwirkungen zwischen benachbarten Atomen führen zur ________ (4.17) der Signale, die für die Strukturbestimmung wertvolle ________ (4.18) liefert.

Multiple Choice

(5) Welche Aussage trifft **nicht** zu?

Kernspintomographie

A ist eine bildgebende, diagnostische Methode.
B misst hauptsächlich Protonen im Gewebe.
C spricht überwiegend auf Wasser und Fette an, die starke Signale liefern (helles Bild).
D ist eine Methode zur Erfassung von Tumoren oder von Gefäßveränderungen.
E belastet den Patienten durch die verwendete Strahlung.

Multiple Choice

(6) Welche der genannten Methoden betreffen die Ionenbildung bei der Massenspektrometrie?

1 Elektronenstoß
2 CI
3 MALDI
4 Fourier-Transformation
5 Elektrospray

Welche Aussagen treffen zu?

A Nur 1 und 2
B Nur 1, 2, 3 und 5
C Nur 3 und 4
D Nur 4 und 5
E Alle Angaben treffen zu.

Multiple Choice

(7) Welche Aussage zur Massenspektrometrie trifft **nicht** zu?

A Ein Massenspektrum zeigt die Masse von Ionen an.
B Aus dem Massenspektrum ergibt sich die Molekülmasse einer Substanz.
C Die Aufspaltung der Ionensignale nach ihrer Masse beruht auf der Ablenkung der Ionen in einem Magnetfeld.
D Die Ionen der gemessenen Substanz können fragmentieren.
E Nach der Messung kann man die Substanz zurückgewinnen.

Lösungen

1 Atombau

(1) **1.1:** Atomkern; **1.2:** Elektronenhülle; **1.3:** positiv; **1.4:** Masse; **1.5:** Atoms; **1.6:** positiv; **1.7:** Protonen; **1.8:** Neutronen; **1.9:** negativ; **1.10:** Atomkern; **1.11:** negativer; **1.12:** neutral; **1.13:** Elektronenhülle; **1.14:** Protonen; **1.15:** Atomkern.

(2) B

(3)

Symbol	Name	A	Z	Protonenzahl	Neutronenzahl	Elektronenzahl	$^{A}_{Z}M$
C	Kohlenstoff	12	6	6	6	6	$^{12}_{6}C$
N	Stickstoff	14	7	7	7	7	$^{14}_{7}N$
O	Sauerstoff	16	8	8	8	8	$^{16}_{8}O$
P	Phosphor	31	15	15	16	15	$^{31}_{15}P$
S	Schwefel	32	16	16	16	16	$^{32}_{16}S$

(4) D

(5) E

(6)

6.1: 35,452873

Rechenweg: Man berechnet die Gewichtsanteile der beiden Isotope und addiert diese.
Mittlere Atommasse: $0{,}7577 \cdot 34{,}969 + 0{,}2423 \cdot 36{,}966 = 26{,}496011 + 8{,}956862 = 35{,}452873$

6.2: 35,453; **6.3:** In der Anzahl der Neutronen (18 bzw. 20) im Atomkern.

(7) **7.1:** drei; **7.2:** Deuterium; **7.3:** Tritium; **7.4:** Neutronen; **7.5:** stabil; **7.6:** radioaktiv; **7.7:** Halbwertszeit; **7.8:** $\beta^{\ominus}$-Strahlung; **7.9:** Tritium; **7.10:** Stoffwechsel (oder Gewebe oder menschlichen Körper); **7.11:** Enzyme; **7.12:** Isotopen; **7.13:** Substrate.

(8) **Richtig:** 8.2, 8.4, 8.5, 8.7, 8.8, 8.10; **falsch:** 8.1, 8.3, 8.6, 8.9, 8.11.

(9) **9.1:** 12,000 g; **9.2:** $6{,}02 \cdot 10^{23}$; **9.3:** 3,6 µg; **9.4:** $1{,}806 \cdot 10^{17}$; **9.5:** Es handelt sich um Stickstoff (N), der in der Luft zweiatomig als N_2 vorliegt.

Rechenweg: 300 µmol = 8,4 mg; $1\ \mu mol = \frac{8{,}4}{300}\ mg = 0{,}028\ mg$;

$1\ mol = 0{,}028 \times 10^{6}\ mg = 28.000\ mg = 28\ g$; die Molmasse beträgt also 28 g/mol;

da das Element zweiatomig vorliegt, beträgt die Atommasse $\frac{28}{2}\ g/mol = 14\ g/mol$;

im Periodensystem findet man nur die relativen Atommassen, es gibt nur ein Element mit der relativen Atommasse 14, nämlich Stickstoff.

(10) B (10^{23} Atome sind weniger als 1 mol).

2 Periodensystem der Elemente

(1) **1.1:** 118; **1.2:** Ordnungs-; **1.3:** 118; **1.4:** Protonen; **1.5:** Atomkern; **1.6:** zweidimensionalen; **1.7:** Periodensystem; **1.8:** Elemente; **1.9:** Perioden; **1.10:** Gruppen; **1.11:** 1869; **1.12:** Meyer; **1.13:** Eigenschaften; **1.14:** ähnlichen; **1.15:** Gruppen; **1.16:** Elektronen-; **1.17:** Elemente; **1.18:** Ordnungsprinzip.

(2)

	1	2											13	14	15	16	17	18
1	H																	
2														C	N	O		
3	Na	Mg	3	4	5	6	7	8	9	10	11	12			P	S	Cl	
4	K	Ca						Fe			Cu	Zn						
5																		
6																		

2.1: Ziffern 1–6 in blau; **2.2:** Die Hauptgruppen (Ziffer 1, 2, 13–18) sind blau unterlegt, die Nebengruppen (Ziffer 3–12) sind grau hinterlegt; **2.3:** die Elemente sind am richtigen Platz eingetragen.

2.4: 1. Gruppe – Alkalimetalle, 2. Gruppe – Erdalkalimetalle, 16. Gruppe – Chalkogene, 17. Gruppe – Halogene, 18. Gruppe – Edelgase.

2.5: H = Wasserstoff, Na = Natrium, K = Kalium, Mg = Magnesium, Ca = Calcium, C = Kohlenstoff, N = Stickstoff, P = Phosphor, O = Sauerstoff, S = Schwefel, Cl = Chlor, Fe = Eisen, Cu = Kupfer, Zn = Zink.

(3) D

(4) **Richtig:** 4.2, 4.5, 4.6, 4.7, 4.9, 4.10, 4.12, 4.13, 4.14; **falsch:** 4.1, 4.3 (die Elemente mit der Ordnungszahl 43 und 61 gibt es in der Natur nicht mehr, da alle Isotope radioaktiv und längst zerfallen sind), 4.4, 4.8, 4.11.

(5) **5.1:** Sauerstoff (O), Kohlenstoff (C), Wasserstoff (H), Stickstoff (N); **5.2:** Calcium (Ca), Kalium (K), Natrium (Na), Magnesium (Mg); **5.3:** Eisen (Fe), Zink (Zn), Kupfer (Cu), Mangan (Mn). Die Elemente sind in den Vierergruppen nach abnehmender Häufigkeit geordnet.

(6) E

(7) **1:** Avogadro, **2:** Orbital, **3:** Molybdaen, **4:** Energie, **5:** Iod, **6:** Natrium; **7:** Eisen, **8:** Periode, **9:** Elektron, **10:** Isotope, **11:** Phosphor; **Lösungswort:** Radioisotop.

(8) C; nicht Zink sondern Magnesium (als $Mg^{2\oplus}$) spielt bei der ATP-Hydrolyse eine Rolle.

(9) D; nicht Argon sondern das Edelgas Xenon ist ein Narkosemittel.

(10) **Richtig:** 10.2, 10.3, 10.4, 10.5, 10.6, 10.7, 10.8, 10.9, 10.10; **falsch:** 10.1, 10.11.

(11) D

(12) **Richtig:** 12.2, 12.3, 12.4, 12.5, 12.7, 12.9, 12.10; **falsch:** 12.1, 12.6, 12.8.

3 Grundtypen der chemischen Bindung

(1) **1.1:** Atome; **1.2:** Elemente; **1.3:** Zusammenhalt; **1.4:** chemische; **1.5:** metallische; **1.6:** Ionen-; **1.7:** Atom-; **1.8:** Valenz-; **1.9:** Edelgas-; **1.10:** energetisch; **1.11:** Edelgase; **1.12:** Tendenz; **1.13:** 1 s^2; **1.14:** s^2p^6; **1.15:** acht; **1.16:** acht; **1.17:** Oktettregel.

(2) **2.1:** Kupfer (Cu), Silber (Ag), Gold (Au), Platin (Pt), Natrium (Na), es gibt jedoch noch viele andere Beispiele; **2.2:** Glanz, hohe Dichte, Wärmeleitfähigkeit, elektrische Leitfähigkeit.

(3) B

(4) **Richtig:** 4.1, 4.2, 4.4, 4.7, 4.8, 4.10, 4.11, 4.13, 4.14, 4.15, 4.18, 4.19, 4.21, 4.22; **falsch:** 4.3, 4.5, 4.6, 4.9, 4.12, 4.16, 4.17, 4.20.

(5) **5.1:** NaCl, $Na^{\oplus}$, $Cl^{\ominus}$; **5.2:** KI, $K^{\oplus}$, $I^{\ominus}$; **5.3:** $MgCl_2$, $Mg^{2\oplus}$, 2 $Cl^{\ominus}$; **5.4:** $MgSO_4$, $Mg^{2\oplus}$, $SO_4^{2\ominus}$; **5.5:** Na_2CO_3, 2 $Na^{\oplus}$, $CO_3^{2\ominus}$; **5.6:** $AgNO_3$, $Ag^{\oplus}$, $NO_3^{\ominus}$; **5.7:** $FeSO_4$, $Fe^{2\oplus}$, $SO_4^{2\ominus}$; **5.8:** $FeCl_3$, $Fe^{3\oplus}$, 3 $Cl^{\ominus}$; **5.9:** $CuBr_2$, $Cu^{2\oplus}$, 2 $Br^{\ominus}$; **5.10:** $(NH_4)_2SO_4$, 2 $NH_4^{\oplus}$, $SO_4^{2\ominus}$.

(6) **6.1:** 5,85 g

Rechenweg: Sie addieren die relativen Atommassen ($M_r = 58{,}5$). $m = n \cdot M = 0{,}1$ mol · 58,5 g/mol = 5,85 g;

6.2: $1{,}806 \cdot 10^{24}$

Rechenweg: 1 mol $MgCl_2$ liefert insgesamt 3 mol Ionen (1 mol $Mg^{2\oplus}$ und 2 mol $Cl^{\ominus}$), Die Avogadro-Konstante sagt, dass 1 mol eines Stoffe $6{,}02 \cdot 10^{23}$ Teilchen enthält, $3 \cdot 6{,}02 \cdot 10^{23} = 18{,}06 \cdot 10^{23} = 1{,}806 \cdot 10^{24}$.

(7) E

(8) H: 1, O: 2 (in $H_3O^{\oplus}$: 3), C: 4, N: 3 (in $NH_4^{\oplus}$: 4), S: 2, Cl: 1, F: 1.

(9) **9.1:** Wasserstoff, H—H, 2; **9.2:** Chlor, |$\overline{\text{Cl}}$—$\overline{\text{Cl}}$|, 71; **9.3:** Stickstoff, |N≡N|, 28; **9.4:** Ozon, 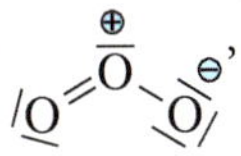, 48; **9.5:** Chlorwasserstoff, H—$\overline{\text{Cl}}$|, 36,5; **9.6:** Wasser, 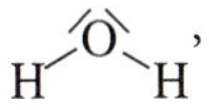, 18; **9.7:** Ammoniak, 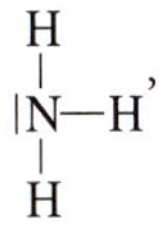, 17; **9.8:** Methan, 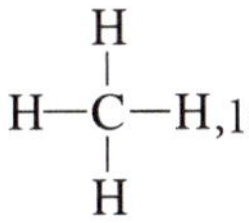,16; **9.9:** Ethen, 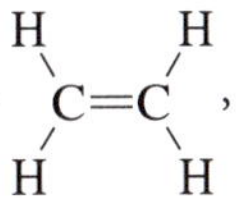, 28;

9.10: Lachgas (Distickstoffoxid), 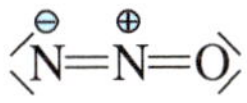 oder , 44.

(10) A

(11) **11.1:** A, I; **11.2:** D, G, J, L, P; **11.3:** B, C, E, F, H, K, M, N, O, Q.

(12) **1:** Ionenbindung, **2:** Kation, **3:** heteropolar; **4:** Fluorid, **5:** Bindungslaenge, **6:** Halbmetall, **7:** Anion, **8:** Molekuel, **9:** Elektronengas, **10:** gewinkelt, **11:** Legierung, **12:** Tetraeder, **13:** kovalent; **Lösungswort:** Dipolmolekuel.

(13) B

(14) **Richtig:** 14.1, 14.3, 14.4, 14.5, 14.8, 14.10; **falsch:** 14.2, 14.6, 14.7, 14.9.

4 Erscheinungsformen der Materie

(1) **1.1:** Aggregatzuständen; **1.2:** gasförmig; **1.3:** flüssig; **1.4:** fest; **1.5:** Phasenumwandlung; **1.6:** Schmelzpunkt; **1.7:** Siedepunkt; **1.8:** Substanz; **1.9:** chemische; **1.10:** physikalischen; **1.11:** einheitlich; **1.12:** Phase; **1.13:** homogen; **1.14:** heterogen; **1.15:** Gemenge; **1.16:** Suspension; **1.17:** Aerosol; **1.18:** Emulsion; **1.19:** Aerosol.

(2) **2.1:** sublimieren; **2.2:** kondensieren; **2.3:** verdampfen; **2.4:** schmelzen; **2.5:** erstarren; **2.6:** Eis; **2.7:** Wasser; **2.8:** Wasserdampf.

(3) **Homogen:** 3.2, 3.3, 3.9; **Suspension:** 3.6; **Emulsion:** 3.1, 3.4, 3.8; **Aerosol:** 3.5, 3.7.

(4) **4.1:** gasförmig (g) > flüssig (l) > fest (s); **4.2:** fest > flüssig > gasförmig.

(5) E

(6) B

(7) **Richtig:** 7.1, 7.4, 7.5, 7.7, 7.9, 7.10; **falsch:** 7.2, 7.3, 7.6, 7.8.

(8) **1:** Pascal; **2:** homogen; **3:** Kristallgitter; **4:** sublimieren; **5:** schmelzen; **6:** Waermeabgabe; **7:** Autoklav; **8:** Graphit; **9:** Schmelzpunkt; **10:** Nullpunkt; **11:** Sauerstoff; **12:** Wasserstoff; **13:** Diamant; **14:** Kelvin; **15:** Normaldruck; **Lösungswort:** Aggregatzustand.

(9) **Richtig:** 9.1, 9.2, 9.5, 9.7, 9.9, 9.10, 9.11; **falsch:** 9.3, 9.4, 9.6, 9.8, 9.12.

(10) C

(11) **Homogen:** 11.1, 11.3, 11.7; **heterogen:** 11.2, 11.4, 11.5, 11.6.

5 Heterogene Gleichgewichte

(1) **1.1:** zwei; **1.2:** Phasen; **1.3:** Verteilung; **1.4:** Bedingungen; **1.5:** Zeit; **1.6:** ändert; **1.7:** chemischen; **1.8:** Stofftransport; **1.9:** Trennverfahren; **1.10:** analytischen.

(2) **Richtig:** 2.1, 2.3, 2.4, 2.5, 2.7, 2.8, 2.10, 2.13, 2.14; **falsch:** 2.2, 2.6, 2.9, 2.11, 2.12.

(3) D

(4) **4.1:** Konzentrations-; **4.2:** Eigen-; **4.3:** -geschwindigkeit; **4.4:** Größe; **4.5:** Temperatur; **4.6:** Porengröße; **4.7:** semipermeabel; **4.8:** Ionen; **4.9:** diffundieren; **4.10:** Enzyme; **4.11:** Dialyse; **4.12:** semipermeablen; **4.13:** Lösungsmittels; **4.14:** Osmose; **4.15:** konzentrierteren; **4.16:** Gleichgewicht; **4.17:** Druck-; **4.18:** osmotischer.

(5) A

(6) Destilliertes Wasser enthält keine Salze und ist damit im Vergleich zu den Körperflüssigkeiten hypotonisch. Verabreicht man destilliertes Wasser, entstehen rasch osmotische Extremsituationen (z.B. Platzen von Erythrozyten, Störung der Membranpotenziale bei der Nervenreizleitung), die zum Tod führen können.

(7) D

(8) **Ja:** 8.1, 8.5, 8.6, 8.7, 8.9, 8.10; **nein:** 8.2, 8.3, 8.4, 8.8, 8.11.

(9) **9.1:** Löslichkeit im gegebenen Lösungsmittel; **9.2:** Verteilungskoeffizient sowie Löslichkeit in den Phasen; **9.3:** Siedepunkt und Dampfdruck; **9.4:** Adsorptionseigenschaften, Verteilung zwischen fester und flüssiger Phase bzw. Gasphase, Polarität von Substanz und Lösungsmittel.

(10) D

(11) B

(12) B

Rechenweg: 210 mg des Medikaments sind 1 mmol, diese verteilen sich auf 42 L, d.h., im gesamten Körperwasser beträgt die Konzentration 1/42 mmol/L = 0,0238 mmol/L = 23,8 µmol/L.

6 Chemische Reaktionen

(1) **1.1:** Reaktions-, **1.2:** Edukte, **1.3:** Produkte, **1.4:** ganzer, **1.5:** Molekülzahlen, **1.6:** zwei, **1.7:** vier, **1.8:** zwei, **1.9:** gleich, **1.10:** Ionen, **1.11:** gleich, **1.12:** quantitative, **1.13:** Stoffmengen, **1.14:** Volumina, **1.15:** stöchiometrische.

(2) **2.1:** A = Wasserstoff, B = Stickstoff, C = Ammoniak;
2.2: $a = 4$, $b = 3$, $c = 2$, A = Eisen, B = Sauerstoff, C = Eisen(III)oxid;
2.3: $a = 1$, $b = 2$, $c = 1$, $d = 2$, A = Schwefelsäure, B = Natriumhydroxid, C = Natriumsulfat, D = Wasser;
2.4: $a = 1$, $b = 2$, $c = d = 1$, A = Zink, B = Salzsäure, C = Zinkchlorid, D = Wasserstoff;
2.5: $a = 1$, $b = 3$, $c = 2$, A = Phosphorpentoxid, B = Wasser, C = Phosphorsäure;
2.6: $a = b = 6$, $c = 1$, $d = 6$, A = Kohlendioxid, B = Wasser, C = Glucose, D = Sauerstoff;
2.7: $a = 1$, $b = c = 3$, $d = 1$, A = Phosphorsäure, B = Hydroxid-Ion, C = Wasser, D = Phosphat-Ion;
2.8: $a = b = 2$, $c = 1$, $d = 2$, A = Eisen(III)ion, B = Iodid, C = Iod; D = Eisen(II)ion.

(3) **3.1:** V, L, 300; **3.2:** m, g, 2,8; **3.3:** M_m, g/mol, 0,03; **3.4:** n, $n = m/M$, mol, 0,3; **3.5:** c, $c = n/V$, mol/L, 4,5; **3.6:** ρ, $\rho = m/V$, g/L (auch g/cm^3 oder g/mL), 9,2; **3.7:** N, $N = n \cdot N_A$ (Avogadro-Konstante $N_A = 6{,}02 \cdot 10^{23}$ mol^{-1}), keine Einheit.

(4) **4.1:** B. Gegeben ist die Konzentration der Salzsäurelösung $c = 0{,}5$ mol/L. In drei Litern Lösung ist insgesamt eine Stoffmenge von $n = 1{,}5$ mol HCl enthalten. Gesucht ist die Masse m von 1,5 mol HCl. Es gilt: $m = n \cdot M$. Die Molmasse von HCl beträgt M(HCl) = (1 + 35,5) g/mol = 36,5 g/mol. Demnach ist die gesuchte Masse m(HCl) = 1,5 mol · 36,5 g/mol = **54,75 g.**
4.2: C. Gegeben ist die Masse an MgO, m(MgO) = 0,8 g. Gesucht ist die Masse Mg, m(Mg), die eingesetzt werden muss, um 0,8 g MgO herzustellen. Die Masse m berechnet sich nach:

$m(\text{Mg}) = n(\text{Mg}) \cdot M(\text{Mg})$. Es muss zunächst die Stoffmenge n berechnet werden. Aus der Reaktionsgleichung ergibt sich, dass aus einem mol Mg ein mol MgO gebildet wird, das Stoffmengenverhältnis ist also Mg : MgO = 1 : 1. Es gilt demnach: $n(\text{Mg}) = n(\text{MgO}) = m(\text{MgO})/M(\text{MgO}) = 0{,}8\ \text{g}/40\ \text{g mol}^{-1} = 0{,}02$ mol. (Die Molmasse von MgO berechnet sich nach $M(\text{MgO}) = (24 + 16)$ g/mol = 40 g/mol.) Für die Masse $m(\text{Mg})$ gilt dann: $m(\text{Mg}) = n(\text{Mg}) \cdot M(\text{Mg}) = 0{,}02\ \text{mol} \cdot 24\ \text{g/mol} =$ **0,48 g**.

4.3: C. Die molare Masse von $MgCl_2$ beträgt $M(MgCl_2) = 95$ g/mol. 3 mmol wiegen demnach $m = n \cdot M = 3 \cdot 10^{-3}\ \text{mol} \cdot 95\ \text{g/mol} =$ **0,285 g**.

4.4: D. Erst die Reaktionsgleichung aufstellen: $2\ H_2 + O_2 \rightarrow 2\ H_2O$. Gegeben ist die molare Masse von Sauerstoff $M(O_2) = 32$ g/mol, d.h. 8 g sind 0,25 mol. Die molare Masse von Wasser ist $M(H_2O) = (2 \cdot 1 + 16)$ g/mol = 18 g/mol. Laut Reaktionsgleichung entstehen aus 0,25 mol Sauerstoff 0,5 mol Wasser (das Stoffmengenverhältnis ist $O_2 : H_2O = 1 : 2$), was einer Masse von $m(H_2O) = 0{,}5\ \text{mol} \cdot 18\ \text{g/mol} =$ **9 g** entspricht.

4.5: B. Die molare Masse von Ethanol ist $M(C_2H_6O) = (2 \cdot 12 + 6 \cdot 1 + 16)$ g/mol = 46 g/mol. 0,5 mol entsprechen einer Masse von $m(C_2H_6O) = n \cdot M = 0{,}5\ \text{mol} \cdot 46\ \text{g/mol} = 23$ g. Aus der Definition der Dichte, $\rho = m/V$, ergibt sich das Volumen, $V = m/\rho$, $= 23\ \text{g}/0{,}79\ \text{g mL}^{-1} =$ **29 mL**.

4.6: Reaktionsgleichung: $N_2 + 3\ H_2 \rightarrow 2\ NH_3$. Aus der Reaktionsgleichung ergibt sich, dass die Verbindungen im Stoffmengenverhältnis $N_2 : H_2 : NH_3 = 1 : 3 : 2$ zueinander stehen. Die molare Masse von Ammoniak ist $M(NH_3) = 17$ g/mol, d.h., 3,4 g entsprechen einer Stoffmenge von $n(NH_3) = m/M = 3{,}4\ \text{g}/17\ \text{g mol}^{-1} = 0{,}2$ mol. Um 0,2 mol NH_3 zu erhalten, müssen also gemäß obigem Verhältnis 0,3 mol H_2 eingesetzt werden. a) Geht man von einem Volumen von 22,4 L pro Mol H_2 aus, so nehmen 0,3 Mol ein Volumen von $22{,}4\ \text{L} \cdot 0{,}3\ \text{mol}/1\ \text{mol} =$ **6,72 L** ein. b) 0,3 mol entsprechen einer Masse von $m(H_2) = n \cdot M = 0{,}3\ \text{mol} \cdot 2\ \text{g/mol} =$ **0,6 g**.

4.7: Eine physiologische Kochsalzlösung enthält 0,9 g in 100 g Wasser. Für die Herstellung von 500 g Lösung benötigen Sie demnach $0{,}9\ \text{g} \cdot 5 =$ **4,5 g**.

(5)

5.1: $K = \dfrac{[CH_3Cl][I^{\ominus}]}{[CH_3I][Cl^{\ominus}]}$

5.2: $K = \dfrac{[NH_4^{\oplus}][Cl^{\ominus}]}{[HCl][NH_3]}$

5.3: $K = \dfrac{[NH_4^{\oplus}][OH^{\ominus}]}{[NH_3][H_2O]}$

5.4: $K = \dfrac{[C]^c[D]^d}{[A]^a[B]^b}$

5.5: $K = \dfrac{[\text{Essigsäureethylester}][\text{Wasser}]}{[\text{Essigsäure}][\text{Ethanol}]}$

(6) **Richtig:** 6.2, 6.3, 6.4, 6.5, 6.6, 6.8, 6.10, 6.13, 6.14, 6.15, 6.17, 6.21, 6.22; **falsch:** 6.1, 6.7, 6.9, 6.11, 6.12, 6.16, 6.18, 6.19, 6.20.

(7) **7.1:** Gemäß dem Satz von Heß gilt: $\Delta H_{C \rightarrow CO_2} = \Delta H_{C \rightarrow CO} + \Delta H_{CO \rightarrow CO_2}$. Damit errechnet sich die gesuchte Reaktionsenthalpie $\Delta H_{C \rightarrow CO} = \Delta H_{C \rightarrow CO_2} - \Delta H_{CO \rightarrow CO_2} = (-393{,}8 - [-283{,}2])$ kJ/mol = −110,6 kJ/mol.

7.2: Bei der Reaktion entstehen aus einem mol Sauerstoff und zwei mol Kohlenmonoxid zwei mol Kohlendioxid. Bei einer Erhöhung des Drucks wird das System gemäß dem „Prinzip des kleinsten Zwangs" durch Verschiebung des Gleichgewichts auf die Seite des Kohlendioxids ausweichen, da hiermit eine Abnahme des Volumens verbunden ist. Anders bei Temperaturerhöhung: Die Reaktion ist exotherm, es wird also Energie frei, sodass eine Erhöhung der Temperatur (= Zufuhr von Energie) eine Verschiebung des Gleichgewichts auf die Seite der Edukte bewirkt.

(8) **8.1:** $N_2 + 3\ H_2 \rightleftarrows 2\ NH_3$

8.2: Gibbs-Energie berechnet sich nach $\Delta G^0 = \Delta H^0 - T\,\Delta S^0 = -92{,}28\ \text{kJ/mol} - (298{,}15\ \text{K} \cdot -0{,}1989\ \text{kJ mol}^{-1}\ \text{K}^{-1}) = -32{,}98$ kJ/mol. Beachten Sie, dass die Reaktionsentropie ΔS^0 in der Einheit kJ $\text{mol}^{-1}\ \text{K}^{-1}$ anstelle der angegebenen J $\text{mol}^{-1}\ \text{K}^{-1}$ in die Gleichung eingesetzt wird, also vorher mit einem Faktor 10^{-3} multipliziert werden muss.

8.3: Da die Gibbs-Energie einen negativen Betrag hat, handelt es sich um eine exergone (= freiwillig ablaufende) Reaktion.

8.4: $K = \frac{[NH_3]^2}{[N_2][H_2]^3}$

8.5: Die thermodynamische Ableitung des Massenwirkungsgesetzes liefert die Gleichung $\Delta G^0 = -R \cdot T \cdot \ln K$. Hieraus berechnet sich der natürliche Logarithmus der Gleichgewichtskonstanten zu $\ln K = -\Delta G^0/(R \cdot T) = -(-32980\ \mathrm{J/mol})/(8{,}31\ \mathrm{J\ mol^{-1}\ K^{-1}} \cdot 298{,}15\ \mathrm{K}) = 13{,}31$. (Beachten Sie, dass die Gibbs-Energie ΔG^0 in der Einheit J/mol anstelle der vorher berechneten kJ/mol in die Gleichung eingesetzt, also vorher mit einem Faktor 10^3 multipliziert werden muss.) Hieraus ergibt sich eine Gleichgewichtskonstante von $K = e^{13{,}31} = 6 \cdot 10^5$. Das Gleichgewicht liegt also (theoretisch) weit auf der Seite des Produkts. **Zusatzinformation:** Bei dieser Temperatur ist die Reaktionsgeschwindigkeit jedoch sehr niedrig, sodass der Einsatz von Katalysatoren notwendig ist, um einen befriedigenden Umsatz zu erzielen.

(9) **9.1:** gekoppelten; **9.2:** Massenwirkungsgesetz; **9.3:** Produkt; **9.4:** Folge-; **9.5:** von Le Châtelier/des kleinsten Zwangs; **9.6:** exergon; **9.7:** Stoffwechsel; **9.8:** geschlossene; **9.9:** Stoff-; **9.10:** Energie-; **9.11:** Konzentration; **9.12:** Fließgleichgewicht.

(10) **1:** Gaskonstante; **2:** Kelvin; **3:** mol; **4:** Gleichgewichts-; **5:** reversibel; **6:** parts per million; **7:** Entropie; **8:** exergon; **9:** offenes; **10:** Triebkraft; **11:** Edukte; **12:** endotherm; **13:** Molaritaet; **14:** Gleichgewichts-; **15:** Enthalpie; **16:** gleich; **17:** Gibbs-Helmholtz; **18:** Waerme; **19:** Unordnung; **20:** Stoffmenge. **Lösungswort:** Alles strebt nach Chaos.

(11) A

(12) C. Erläuterungen: Das Vorzeichen von ΔG bestimmt, ob eine Reaktion exergon oder endergon ist. ΔG ist temperaturabhängig ($\Delta G = \Delta H - T\,\Delta S$).
Bei $T = 300$: $\Delta G = 130 - 300 \cdot 0{,}13 = 91$ kJ/mol (endergon), bei $T = 1100$: $\Delta G = 130 - 1100 \cdot 0{,}13 = -13$ kJ/mol (exergon), bei $T = 1500$: $\Delta G = 130 - 1500 \cdot 0{,}13 = -65$ kJ/mol (exergon).

(13) B

(14) D

(15) A

7 Salzlösungen

(1) **1.1:** Salze; **1.2:** Kationen; **1.3:** Anionen; **1.4:** Ionengitter; **1.5:** Ionengitters; **1.6:** Gitterenergie; **1.7:** Ionen; **1.8:** frei; **1.9:** Hydrathülle; **1.10:** Hydratation; **1.11:** größere; **1.12:** Umgebung; **1.13:** Ion-Dipol; **1.14:** Hydratation; **1.15:** frei; **1.16:** Hydratationsenthalpie; **1.17:** -bilanz; **1.18:** Temperatur-; **1.19:** Gitterenergie; **1.20:** Hydratationsenthalpie; **1.21:** exotherm; **1.22:** endotherm; **1.23:** Lösungsenthalpie.

(2) **2.1:** $MgCl_2 \rightarrow Mg^{2\oplus}{}_{aq} + 2\ Cl^{\ominus}{}_{aq}$
$\Delta H_L = \Delta H_{Gitter}(MgCl_2) + \Delta H_{Hyd}(Mg^{2\oplus}) + 2 \cdot \Delta H_{Hyd}(Cl^{\ominus}) = 2525 + (-1618) + 2 \cdot (-376) = 155$ kJ/mol; es tritt beim Lösen Abkühlung ein.
Merke: Aufzuwendende Energie hat ein positives Vorzeichen, abgegebene Energie ein negatives.
2.2: $M_r(MgCl_2) = 24{,}3 + 2 \cdot 35{,}5 = 95{,}3$; 1 mol $MgCl_2$ sind 95,3 g; 1 mmol $MgCl_2$ sind 95,3 mg; 5 mmol $MgCl_2$ sind 476,5 mg = 0,4765 g.

(3) **Richtig:** 3.1, 3.4, 3.5, 3.7, 3.8, 3.11; **falsch:** 3.2, 3.3, 3.6, 3.9, 3.10, 3.12.

(4) $CaCl_2 \rightarrow Ca^{2\oplus}{}_{aq} + 2\ Cl^{\ominus}{}_{aq}$
In diesem Fall ist die aufzuwendende Gitterenergie kleiner als die frei werdende Hydratationsenthalpie der Ionen. Die Lösungsenthalpie wird negativ, der Lösungsvorgang ist exotherm.
$CaCl_2 \cdot 6\ H_2O \rightarrow Ca^{2\oplus}{}_{aq} + 2\ Cl^{\ominus} \rightarrow Ca^{2\oplus}{}_{aq} + 2\ Cl^{\ominus}{}_{aq}$
In diesem Fall sind die $Ca^{2\oplus}$-Ionen und $Cl^{\ominus}$-Ionen im Kristallgitter des Salzes schon partiell hydratisiert, d.h., die aufzuwendende Gitterenergie ist größer als die Hydratationsenthalpie der Ionen. Die Lösungsenthalpie wird positiv, der Lösungsvorgang ist endotherm.

(5) **1:** N (Löslichkeitsprodukt), **2:** I (Massenwirkungs-); **3:** E (Konzentrationen), **4:** D (konstant), **5:** E (geringer), **6:** R (Löslichkeit), **7:** S (größer), **8:** C (gesättigt), **9:** H (qualitativen), **10:** L (quantitativen), **11:** A (Gleichgewicht), **12:** G (heterogen); **Lösungswort:** Niederschlag.

(6)	**6.1:** AgCl,	$Lp = [Ag^{\oplus}] \cdot [Cl^{\ominus}]$,	mol^2/L^2
	6.2: $BaCl_2$,	$Lp = [Ba^{2\oplus}] \cdot [Cl^{\ominus}]^2$,	mol^3/L^3
	6.3: Ag_2S,	$Lp = [Ag^{\oplus}]^2 \cdot [S^{2\ominus}]$,	mol^3/L^3
	6.4: $Ca_3(PO_4)_2$,	$Lp = [Ca^{2\oplus}]^3 \cdot [PO_4^{3\ominus}]^2$,	mol^5/L^5

(7) **7.1:** $Lp(CuS) = [Cu^{2\oplus}] \cdot [S^{2\ominus}]\ mol^2/L^2$; $Lp(PbS) = [Pb^{2\oplus}] \cdot [S^{2\ominus}]\ mol^2/L^2$;
die Konzentration der $Cu^{2\oplus}$ bzw. $Pb^{2\oplus}$-Ionen in der fertigen Lösung (1 L) ist je 0,05 mol/L, die der $S^{2\ominus}$-Ionen $0{,}5 \cdot 10^{-23}$ mol/L.
Das Produkt der Ionenkonzentrationen für beide Verbindungen ist demnach $0{,}05 \cdot 0{,}5 \times 10^{-23} = 0{,}025 \cdot 10^{-23} = 2{,}5 \cdot 10^{-25}\ mol^2/L^2$.
Dieser Wert ist damit in beiden Fällen größer als das jeweilige Löslichkeitsprodukt, d.h., beide Verbindungen fallen aus.

7.2: $Lp(AgCl) = [Ag^{\oplus}] \cdot [Cl^{\ominus}]$, es gilt $[Ag^{\oplus}] = [Cl^{\ominus}]$, daher ist $[Cl^{\ominus}] = \sqrt{Lp} = 1{,}41 \cdot 10^{-5}$ mol/L, in 10 L sind dann $10 \cdot 1{,}41 \cdot 10^{-5} = \mathbf{1{,}41 \cdot 10^{-4}\ mol}$ $Cl^{\ominus}$-Ionen enthalten;
1 mol $Cl^{\ominus}$-Ionen sind 35,5 g, $1{,}41 \cdot 10^{-4}$ mol sind $35{,}5\ g/mol \cdot 1{,}41 \cdot 10^{-4}\ mol = 5{,}0 \cdot 10^{-3}\ g =$ **5,0 mg** $Cl^{\ominus}$-Ionen.

7.3: $Lp(BaSO_4) = [Ba^{2\oplus}] \cdot [SO_4^{2\ominus}]\ mol^2/L^2$, es gilt $[Ba^{2\oplus}] = [SO_4^{2\ominus}]$, in 1 L lösen sich also $\sqrt{Lp} = 10^{-5}$ mol, in 10 mL sind nur noch 10^{-7} mol $Ba^{2\oplus}$-Ionen enthalten, diese Menge entspricht auch dem gelösten Anteil von $BaSO_4$, 1 mol $BaSO_4$ sind 233 g, 10^{-7} mol sind $233 \cdot 10^{-7}\ g = 2{,}33 \cdot 10^{-2}\ mg =$ **0,0233 mg** $BaSO_4$ in gelöster Form; um auf die Anzahl der $Ba^{2\oplus}$-Ionen in 10 mL Lösung zu kommen, gehen wir von 10^{-7} mol aus, mit Hilfe der Avogadro-Konstante ergibt sich $10^{-7} \cdot 6{,}02 \cdot 10^{23} = \mathbf{6{,}02 \cdot 10^{16}}$ $Ba^{2\oplus}$-Ionen.
Merke: Trotz der geringen Menge an gelöstem $BaSO_4$ ist die Anzahl der gelösten, hydratisierten $Ba^{2\oplus}$-Ionen immer noch riesengroß. Diese Menge ist jedoch nicht toxisch, ob sie andere Wirkungen auf den Stoffwechsel hat (z.B. beim Austausch gegen $Ca^{2\oplus}$-Ionen), ist nicht geklärt.

7.4: $Lp(CaF_2) = [Ca^{2\oplus}] \cdot [F^{\ominus}]^2\ mol^3/L^3$, die Zahl der $F^{\ominus}$-Ionen ist doppelt so groß wie die der $Ca^{2\oplus}$-Ionen, d.h. $[F^{\ominus}] = 2\ [Ca^{2\oplus}]$, es folgt $Lp = [Ca^{2\oplus}] \cdot (2[Ca^{2\oplus}])^2 = 4 \cdot [Ca^{2\oplus}]^3$, damit ist $[Ca^{2\oplus}]^3 = ¼ \cdot Lp$; $[Ca^{2\oplus}] = \sqrt[3]{¼\ Lp} = \sqrt[3]{10^{-11}} = \mathbf{2{,}15 \cdot 10^{-4}\ mol/L}$.

(8) E
(9) E
(10) **10.1:** Elektrolyse; **10.2:** Ionen; **10.3:** Elektrolyte; **10.4:** Anode; **10.5:** Elektronen; **10.6:** oxidiert; **10.7:** Kathode; **10.8:** Elektronen.
(11) **1:** positiv, **2:** Kochsalz, **3:** Silber, **4:** Dissoziation, **5:** hydratisiert, **6:** Ionenwanderung, **7:** Niederschlag, **8:** Elektrolyse, **9:** Silbernitrat, **10:** Loesungsenthalpie, **11:** Bariumsulfat, **12:** Hydroxyapatit, **13:** Cytoplasma **14:** Magnesium; **Lösungswort:** Salz in der Suppe.
(12) A
(13) B
(14) **Richtig:** 14.3, 14.4, 14.7, 14.8, 14.9, 14.11, 14.12, 14.13, 14.14; **falsch:** 14.1, 14.2, 14.5, 14.6, 14.10, 14.15.

8 Säuren und Basen

(1) **1.1:** -donatoren; **1.2:** -akzeptoren; **1.3:** abspaltbares/acides; **1.4:** freies; **1.5:** Protonen; **1.6:** Protolysereaktion/Säure-Base-Reaktion; **1.7:** Gleichgewicht; **1.8:** konjugierte; **1.9:** Wasser; **1.10:** Proton; **1.11:** Anion; **1.12:** Hydronium; **1.13:** hydratisiert; **1.14:** Säurestärke; **1.15:** kleine, niedrige (<1); **1.16:** höhere, größere (>3); **1.17:** mehrprotonig; **1.18:** zweiprotonig; **1.19:** Phos-

phorsäure/H_3PO_4; **1.20:** basisch; **1.21:** Ampholyt/amphoter; **1.22:** Salz; **1.23:** Wasser; **1.24:** Neutralisation; **1.25:** Hydronium; **1.26:** Hydroxid; **1.27:** Wasser; **1.28:** $H_3O^{\oplus} + OH^{\ominus} \rightleftarrows 2\,H_2O$.

(2) **2.1:** HCl, $Cl^{\ominus}$, Chlorid; **2.2:** Essigsäure, $H_3C\text{–}COO^{\ominus}$, Acetat; **2.3:** Schwefelsäure, $HSO_4^{\ominus}$, Hydrogensulfat; **2.4:** Phosphorsäure, H_3PO_4, $H_2PO_4^{\ominus}$; **2.5:** Kohlensäure, H_2CO_3, Hydrogencarbonat; **2.6:** $HCO_3^{\ominus}$, $CO_3^{2\ominus}$, Carbonat; **2.7:** Ammonium-Ion, NH_3, Ammoniak.

(3) **3.1:** ja, 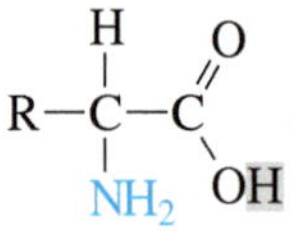 ; **3.2:** nein; **3.3:** nein; **3.4:** ja, 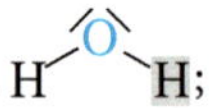; **3.5:** ja, 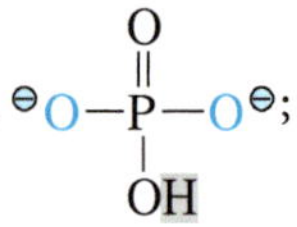;

3.6: ja, 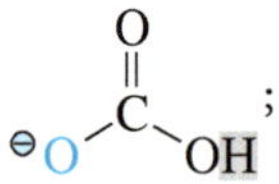 ; **3.7:** nein. **Merke:** Acide Protonen grau hinterlegt, basische Gruppen blau markiert.

(4) $NH_3 + H_2O \rightleftarrows NH_4^{\oplus} + OH^{\ominus}$ (Ammoniak, Wasser, Ammonium-Ion, Hydroxid-Ion), $NH_4^{\oplus}/NH_3$ und $H_2O/OH^{\ominus}$ sind die konjugierten Säure-Base-Paare.

$K_b = \frac{[NH_4^{\oplus}][OH^{\ominus}]}{[NH_3]}$, $pK_b = 14 - pK_s = 14 - 9{,}2 = 4{,}8$

(5) **5.1:** –3,0, 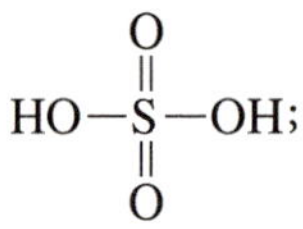; **5.2:** 1,3, HOOC–COOH; **5.3:** 4,8, $H_3C\text{–}COOH$;

5.4: 15,7, 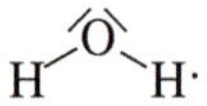. **Merke:** Je kleiner der pK_s-Wert, desto stärker ist die Säure.

(6) **Richtig:** 6.1, 6.4, 6.6, 6.7, 6.10; **falsch:** 6.2, 6.3, 6.5, 6.8, 6.9, 6.11, 6.12.

(7) **7.1:** A. Bei pH = 4 ist $[H_3O^{\oplus}] = 10^{-4}$ mol/L. In einer 100-fach höher konzentrierten Lösung ist $[H_3O^{\oplus}] = 10^{-2}$ mol/L und demnach der pH = 2.

7.2: C. Berechnung: 60 mL · 0,1 M = 20 mL · x M; x = 0,3 M.

7.3: E. 98 g H_2SO_4 (M_r= 98) sind 1 mol, 98 g/1 mol = 4,9 g/x mol; x = 0,05 mol. Da Schwefelsäure zweiprotonig ist, werden nicht 0,05, sondern die doppelte Menge Protonen, d.h. 0,1 mol Protonen freigesetzt. Um diese zu neutralisieren, benötigt man 0,1 mol $OH^{\ominus}$-Ionen. Da eine 0,1 M NaOH verwendet wird, benötigt man von dieser 1000 mL.

7.4: HCl ist als starke Säure vollständig dissoziiert, $[H_3O^{\oplus}]$ = [HCl]. pH = 1,3 bedeutet $[H_3O^{\oplus}] = 10^{-1,3}$ = **0,05 mol/L.** Diese Konzentration entspricht der Konzentration der HCl-Lösung.

7.5: C.

20 g NaOH (M_r = 40) entsprechen 0,5 mol. Man muss jetzt prüfen, welche der angegebenen Mengen bzw. Lösungen 0,5 mol Protonen freisetzen.

- A 0,5 mol HCl (M_r = 36,5) sind 18,25 g.
- B 1 L 1 M HCl enthält 1 mol HCl und setzt die entsprechende Menge Protonen frei.
- C 24,5 g H_2SO_4 (M_r = 98) entspricht 0,25 mol. Diese Menge H_2SO_4 setzt zwei Protonen frei, was 0,5 mol Protonen entspricht.
- D 1 L 1 M H_2SO_4 setzt 2 mol Protonen frei, 0,5 L also 1 mol Protonen.
- E 2 L 0,1 M HCl setzen 0,2 mol Protonen frei.

7.6: In 1 L 1 M H_3PO_4 (M_r = 98) sind 98 g H_3PO_4 enthalten. Um zu 10 mL zu kommen, muss man diese Menge durch 100 teilen. Da nur eine 0,1 M Lösung gefragt ist, nochmals durch 10. *Also:* In 10 mL einer 0,1 M Lösung sind 10^{-3} mol H_3PO_4 enthalten, dies entspricht **0,098 g.**

7.7: 196 mg sind $2 \cdot 10^{-3}$ mol H_3PO_4 (M_r = 98). Zur Neutralisation bis zur 2. Stufe werden also $4 \cdot 10^{-3}$ mol NaOH oder **40 mL** einer 0,1 M NaOH-Lösung benötigt.

$H_3PO_4 + 2\,NaOH \rightarrow Na_2HPO_4 + 2\,H_2O$.

7.8: D. 36,5 · 0,25 = 9,13 g.

(8) **Waagrecht: 1:** Neutralpunkt; **3:** Autoprotolyse; **4:** Liter; **5:** drei; **6:** Ammonium; **7:** Ampholyt; **8:** basisch; **9:** Acidose; **11:** Aequivalenzpunkt; **14:** pHMeter; **16:** Essigsaeure; **19:** Lactat; **20:** sauer macht lustig; **senkrecht: 1:** Neutralisation; **2:** Alkalimetrie; **10:** Saeurestaerke; **12:** neutral; **13:** Base; **15:** Indikator; **17:** Salz; **18:** Lipid.

(9) **9.1:** basisch; **9.2:** Natriumhydrogensulfat, neutral; **9.3:** Natriumchlorid/Kochsalz; **9.4:** Natriumcarbonat, basisch; **9.5:** Dikaliumhydrogenphosphat, basisch; **9.6:** Ammoniumchlorid, sauer; **9.7:** Natriumhydrogencarbonat, basisch; **9.8:** Kaliumformiat, basisch.

(10) **10.1:** schwachen; **10.2:** konstant; **10.3:** Henderson-Hasselbalch; **10.4:** pK_s-Wert;. **10.5:** 1; **10.6:** konzentriert; **10.7:** Pufferkapazität; **10.8:** $pK_s \pm 1$; **10.9:** pH-Optimum.

(11) **11.1:**

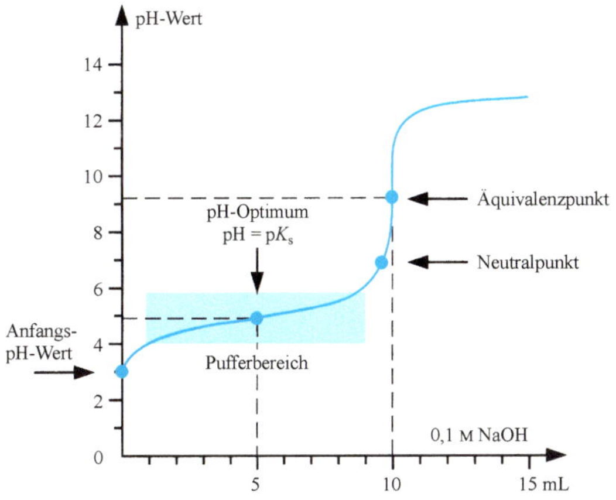

Bis zum Äquivalenzpunkt müssen 10 mL 0,1 M NaOH zugegeben werden; der Anfangs-pH-Wert ist pH = ½ (pK_s – lg [0,1]) = 2,9. Am Äquivalenzpunkt liegt der pH-Wert etwas unter 9. Der Pufferbereich liegt bei pH = 4,8 ± 1.

11.2:

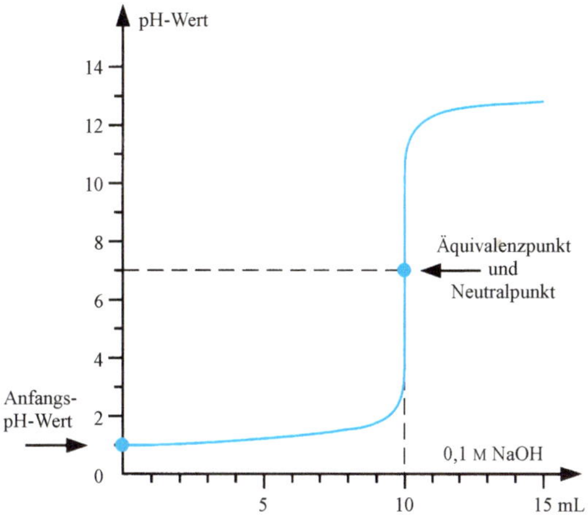

Der Anfangs-pH-Wert ist pH = –lg [0,1] = 1; bis zum Äquivalenzpunkt (pH = 7) müssen 10 mL 0,1 M NaOH zugegeben werden.

(12) **12.1:** a) *Einwaagen*: 0,1 mol Essigsäure (M_r = 60) sind 6 g, 0,1 mol Natriumacetat (M_r = 82) sind 8,2 g, pH = pK_s + lg ([CH_3COONa]/[CH_3COOH]) = 4,8 + lg ([0,1 mol/L]/[0,1 mol/L]) = 4,8. Für äquimolare Puffer gilt: pH = pK_s.

b) Der pH-Wert ändert sich nicht, weil der Quotient der Konzentrationen von Natriumacetat und Essigsäure in der Puffergleichung gleich bleibt, pH = 4,8. Die Pufferkapazität von b) mit nur 0,01 mol/L Puffersubstanzen ist wegen der geringen Gesamtkonzentration kleiner als die von a).

c) $\mathrm{pH} = 4{,}8 + \lg\left[\frac{0{,}2}{0{,}1}\right] = 5{,}1;$

d) $\mathrm{pH} = 4{,}8 + \lg\left[\frac{0{,}2}{0{,}4}\right] = 4{,}5.$

12.2: Die Stoffmenge an NH_4Cl (M_r = 53) ist $n = m/M$ = 13,25 g/53 g mol^{-1} = 0,25 mol. Da 1 L Lösung angesetzt wird, ist die Stoffmengenkonzentration c = 0,25 mol/L. 25 mmol NH_3 sind 0,025 mol.

$$\mathrm{pH} = 9{,}2 + \lg\left[\frac{0{,}025}{0{,}25}\right] = 8{,}2.$$

12.3: Ein 1 M Phosphatpuffer mit pH = 7,2 enthält je 0,5 mol NaH_2PO_4 (pK_s = 7,2, M_r = 120) und Na_2HPO_4 (M_r = 142). Dies entspricht einer Einwaage von 60 g NaH_2PO_4 und 71 g Na_2HPO_4, da $m = n \cdot M$.

(13) **13.1:** Es entsteht ein Gas;

13.2: $CaCO_3 + H_2SO_4 \rightarrow CaSO_4 + H_2CO_3$

$H_2CO_3 \rightleftarrows CO_2\uparrow + H_2O$

Die gebildete Kohlensäure ist nicht stabil, sie zerfällt in CO_2 und Wasser. Das Gleichgewicht liegt weit rechts.

13.3: Die stärkere Säure verdrängt die schwächere aus ihrem Salz.

(14) B

(15) **Richtig:** 15.1, 15.4, 15.6, 15.8, 15.10; **falsch:** 15.2, 15.3, 15.5, 15.7, 15.9.

(16) C

(17) B

(18) D

(19) **19.1:** Protein-; **19.2:** Kohlensäure-Bicarbonat-; **19.3:** Phosphat- (19.1 bis 19.3 in beliebiger Reihenfolge); **19.4:** 7,4; **19.5:** 7,43; **19.6:** 7,37; **19.7:** Alkalose; **19.8:** Acidose

9 Oxidation und Reduktion

(1) **1.1:** Elektronen; **1.2:** übertragen; **1.3:** Elektronen; **1.4:** Oxidation; **1.5:** Reduktion; **1.6:** Zahl; **1.7:** Elektronen; **1.8:** gleich; **1.9:** Zahl; **1.10:** Elektronen; **1.11:** oxidiert; **1.12:** reduziert; **1.13:** -akzeptor; **1.14:** Oxidationsmittel; **1.15:** reduziert; **1.16:** Reduktionsmittel; **1.17:** oxidiert; **1.18:** reversibel; **1.19:** freiwillig; **1.20:** Wasser; **1.21:** Knallgas; **1.22:** Energie.

(2) **2.1:** $Mg \rightarrow 2\ Mg^{2\oplus} + 4\ e^{\ominus}$; **2.2:** $O_2 + 4\ e^{\ominus} \rightarrow 2\ O^{2\ominus}$; **2.3:** $2\ Mg^{2\oplus}$; **2.4:** $2\ O^{2\ominus}$; **2.5:** Mg; **2.6:** O_2; **2.7:** $2\ Na \rightarrow 2\ Na^{\oplus} + 2\ e^{\ominus}$; **2.8:** $Cl_2 + 2\ e^{\ominus} \rightarrow 2\ Cl^{\ominus}$;

2.9: 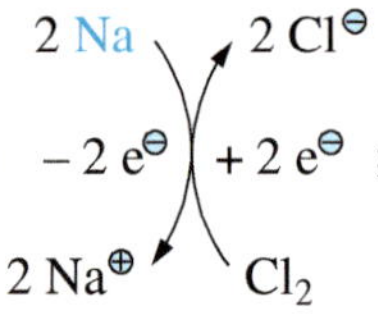

; **2.10:** Na (Natrium); **2.11:** Cl_2 (Chlor);

2.12: $2\ H_2 + O_2 \rightarrow 2\ H_2O$

$2\ H_2 \rightarrow 4\ H^{\oplus} + 4\ e^{\ominus}$ (Oxidation) 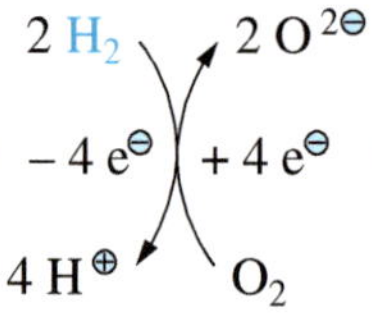

$O_2 + 4\ e^{\ominus} \rightarrow 2\ O^{2\ominus}$ (Reduktion)

Oxidationsmittel: O_2
Reduktionsmittel: H_2

(3) E (Sauerstoff ist **kein** Desinfektionsmittel.)

(4)

	Reaktionsgleichung	Oxidationsmittel	Reduktionsmittel	oxidiertes Produkt
(4.1)	$Zn + 2\ HCl \rightarrow ZnCl_2 + H_2\uparrow$	$H^{\oplus}$, +1	Zn, 0	$Zn^{2\oplus}$, +2
(4.2)	$2\ KI + Cl_2 \rightarrow I_2 + 2\ KCl$	Cl_2, 0	$I^{\ominus}$, –1	I_2, 0
(4.3)	$S + O_2 \rightarrow SO_2$	O_2, 0	S, 0	S im SO_2, +4
(4.4)	$2\ Na + 2\ H_2O \rightarrow 2\ NaOH + H_2\uparrow$	$H^{\oplus}$, +1	Na, 0	$Na^{\oplus}$, +1

Merke: Oxidationsmittel werden selbst reduziert.

(5)

		Name	Oxidationsstufen			
(5.1)	CH_4	Methan	C: –4	H: +1		
(5.2)	CO_2	Kohlendioxid	C: +4	O: –2		
(5.3)	NH_3	Ammoniak	N: –3	H: +1		
(5.4)	H_2O	Wasser	H: +1	O: –2		
(5.5)	N_2O	Lachgas	N: +1	O: –2		
(5.6)	$FeCl_3$	Eisen(III)-chlorid	Fe: +3	Cl: –1		
(5.7)	$CuSO_4$	Kupfer(II)-sulfat	Cu: +2	S: +6	O: –2	
(5.8)	KNO_3	Kaliumnitrat	K: +1	N: +5	O: –2	
(5.9)	Fe_2O_3	Eisen(III)-oxid	Fe: +3	O: –2		

		Name	Oxidationsstufen			
(5.10)	Na_2SO_4	Natriumsulfat	Na: +1	S: +6	O: −2	
(5.11)	K_2HPO_4	Dikaliumhydrogen-phosphat	K: +1	H: +1	P: +5	O: −2
(5.12)	$KMnO_4$	Kaliumpermanganat	K: +1	Mn: +7	O: −2	

(6) **Richtig:** 6.1, 6.4, 6.5, 6.6, 6.8, 6.10; **falsch:** 6.2, 6.3, 6.7, 6.9, 6.11, 6.12.
(7) B
(8) B
(9) **9.1:** ja, $Zn + CuSO_4 \rightarrow Cu + ZnSO_4$ (es scheidet sich Kupfer ab), $\Delta E = +1{,}11$ V;
9.2: ja, $Zn + 2\ AgNO_3 \rightarrow 2\ Ag + Zn(NO_3)_2$ (es scheidet sich Silber ab), $\Delta E = +1{,}57$ V;
9.3: nein, Kupfer hat ein positiveres Redoxpotenzial als Zink, es fließen freiwillig keine Elektronen vom Cu zum $Zn^{2\oplus}$, $\Delta E = -1{,}11$ V;
9.4: nein, Silber hat ein positiveres Redoxpotenzial als Kupfer, es kann $Cu^{2\oplus}$ nicht reduzieren, die Situation ist analog der bei (9.3), $\Delta E = -0{,}46$ V;
9.5: nein, es liegt eine Salzmischung vor, die Ionen sind allein keine Redoxpartner;
9.6: ja, $Cu + 2\ AgNO_3 \rightarrow 2\ Ag + Cu(NO_3)_2$ (es scheidet sich Silber ab), $\Delta E = +0{,}46$ V.
(10) C
(11) E
(12) E
(13) B
(14) C
(15) D
Rechenweg: Die Molmasse von Wasser ist 18 g/mol, Wasserstoff hat die relative Atommasse 1. Aus der Gleichung ergibt sich das Massenverhältnis von $H^{\oplus}$ zu Wasser von 4 g : 36 g und weiter 4 g : 36 g = x g : 81 g; $x = \frac{4 \cdot 81}{36} = 9$ g. 9 g Wasserstoff werden benötigt, um 81 g Wasser zu erhalten.
(16) **1:** Knallgas, **2:** Normalpotenzial, **3:** Einstabmesskette, **4:** Reduktion, **5:** Spannungsreihe, **6:** Diaphragma, **7:** Nernst, **8:** Elektroden, **9:** Halbzellen, **10:** Oxidation, **11:** Protonen, **12:** Elektronen. **Lösungswort:** Atmungskette
(17) **17.1:** E = **−0,42 V**,
Rechenweg: Das Redoxgleichgewicht für die Halbzelle lautet:
$2\ H_3O^{\oplus} + 2\ e^{\ominus} \rightarrow H_2 + 2\ H_2O$, die Nernst-Gleichung wird angewandt:

$$E = 0 + \frac{0{,}06}{2} \lg \frac{[H_3O^{\oplus}]^2}{[H_2O]^2 \cdot [H_2]} \text{ Volt}$$

Die Konzentrationen von Wasser und H_2 werden gleich 1 gesetzt, es folgt:

$$E = 0 + \frac{0{,}06}{2} \lg [H_3O^{\oplus}]^2 = 0{,}06 \lg [H_3O^{\oplus}], \text{ da } pH = -\lg [H_3O^{\oplus}] \text{ folgt}$$

$E = -0{,}06 \cdot pH$ Volt (> Aufgabe 12), $E = -0{,}06 \cdot 7 = -0{,}42$ V;

17.2: E = **+0,81 V**,

Rechenweg: $E = 1{,}23 + \frac{0{,}06}{2} \lg \frac{[O_2] \cdot [H_3O^{\oplus}]^4}{[H_2O]^6}$ Volt

Die Konzentrationen von O_2 und H_2O werden gleich 1 gesetzt, es folgt:

$$E = 1{,}23 + \frac{0{,}06}{4} \lg [H_3O^{\oplus}]^4 = 1{,}23 + 0{,}06 \lg [H_3O^{\oplus}] = 1{,}23 - 0{,}06 \cdot pH = +0{,}81 \text{ V};$$

17.3: −237 kJ/mol; $H_2 + ½\ O_2 \rightarrow H_2O$
Rechenweg: Das Normalpotenzial der Wasserstoffelektrode ist $E^0 = 0$ V, das der Sauerstoffelektrode $E^0 = +1{,}23$ V, die Potenzialdifferenz ΔE^0 beträgt 1,23 V, für die Gleichung folgt: $\Delta G^0 = -2 \cdot 96{,}5\ kJ \cdot V^{-1} \cdot mol^{-1} \cdot 1{,}23 = -237$ kJ/mol. Zu beachten ist hier, dass die Energie für den Fluss von zwei Elektronen berechnet wurde, pro mol H_2 entstehen $2\ H^{\oplus} + 2\ e^{\ominus}$, $H_2 + ½\ O_2 = H_2O$. Dieselbe Energie wird auch bei pH = 7 frei, weil beide Redox-Teilsysteme pH-abhängig sind, sich das Potenzial in beiden Fällen um −0,42 V erniedrigt, die Differenz ΔE jedoch gleich bleibt.
(18) D
(19) B

(20) **20.1:** Es entstehen Chlorwasserstoff (in Wasser Salzsäure) und hypochlorige Säure, Oxidationsstufen für Cl: Cl_2 0, HCl –1, HClO +1.
20.2: Chlor ist sowohl Oxidationsmittel (und wird zu $Cl^{\ominus}$ reduziert) als auch Reduktionsmittel (und wird zu Cl mit der Oxidationsstufe +1 oxidiert). Chlor zerfällt also in ein Produkt mit negativerer und eines mit positiverer Oxidationsstufe.
20.3: Das in Antwort 20.2 geschilderte Phänomen bezeichnet man als **Disproportionierung**.
(21) C

10 Metallkomplexe

(1) **1.1:** Ionen; **1.2:** metallen; **1.3:** Zentral-Ion; **1.4:** Liganden; **1.5:** koordinative; **1.6:** Elektronen-; **1.7:** freien; **1.8:** (Elektronen-) Akzeptor; **1.9:** Säure; **1.10:** (Elektronen-) Donator; **1.11:** Base; **1.12:** Liganden; **1.13:** Elektronenkonfiguration; **1.14:** Koordinationszahl; **1.15:** 4, 6; **1.16:** Ladungen; **1.17:** negativ; **1.18:** neutral, ungeladen; **1.19:** Elektronenpaaren; **1.20:** Donator; **1.21:** Chelatoren; **1.22:** Chelat; **1.23:** Ringsysteme; **1.24:** Glycinat; **1.25:** zwei; **1.26:** sechs; **1.27:** Farbe; **1.28:** Löslichkeit; **1.29:** Redoxpotenzial.
(2) **2.1:** $[H_3N{\rightarrow}Ag{\leftarrow}NH_3]^{\oplus}$ $Cl^{\ominus}$, a) Komplex-Kation und Chlorid, b) Zentral-Ion und NH_3, c) N–H-Bindungen im NH_3;
2.2:

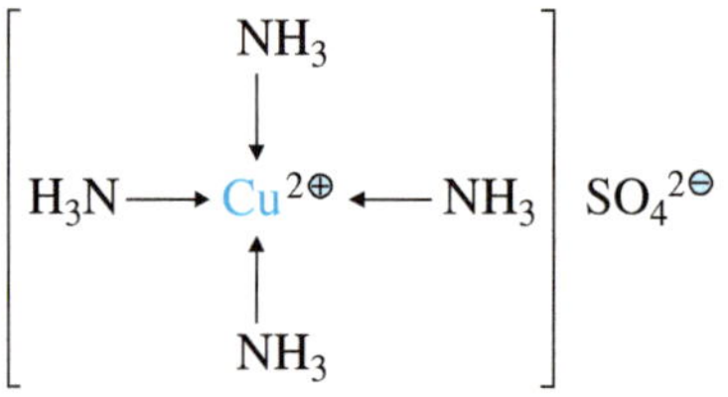

a) Komplex-Kation und Sulfat, b) Zentral-Ion und NH_3, c) N–H-Bindungen im NH_3 bzw. S–O-Bindungen im Sulfat;
2.3:

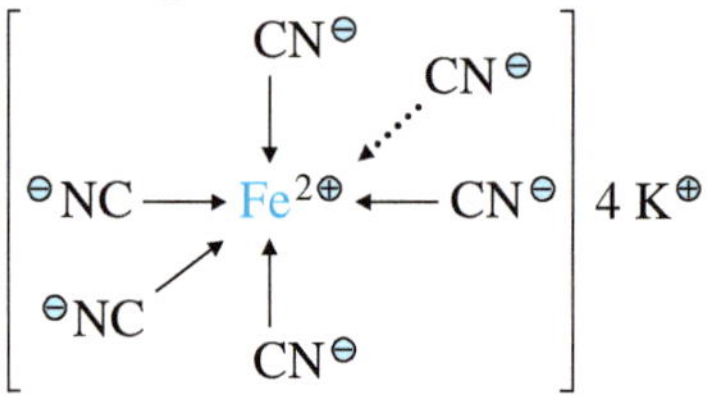

a) Komplex-Anion und $K^{\oplus}$-Ionen, b) Zentral-Ion und $CN^{\ominus}$, c) Bindungen zwischen C und N im $CN^{\ominus}$.
(3) **3.1:** +2, 2+, 4, 1; **3.2:** +4, 2–, 6, 1; **3.3:** +2, 2+, 6, 2; **3.4:** +2, 2–, 4, 1; **3.5:** +2, 2–, 6, 6; **3.6:** +2, 0, 4, 1; **3.7:** +1, 1+, 2, 1.
(4) **4.1:** $AgCl + 2\,NH_3 \rightarrow [Ag(NH_3)_2]^{\oplus} + Cl^{\ominus}$, Diamminsilber(I)-chlorid;
4.2: $CoCl_2 + 6\,H_2O \rightarrow [Co(H_2O)_6]^{2\oplus} + 2\,Cl^{\ominus}$, Hexaaquacobalt(II)-chlorid;
4.3: $[Cu(H_2O)_4]^{2\oplus} + 2\,HCl \rightarrow [Cu(H_2O)_2Cl_2] + 2\,H_3O^{\oplus}$, Diaqua-dichloridokupfer(II)-Komplex;
4.4: $4\,[Co(NH_3)_6]^{2\oplus} + O_2 + 4\,H_3O^{\oplus} \rightarrow 4\,[Co(NH_3)_6]^{3\oplus} + 6\,H_2O$, der Hexammincobalt(II)-Komplex wird zum Hexammincobalt(III)-Komplex oxidiert, die Elektronen (insgesamt 4) wandern vom $Co^{2\oplus}$ zum Sauerstoff, die Ladung wird durch Protonen von den Hydronium-Ionen ausgeglichen.
(5) **Richtig:** 5.1, 5.2, 5.6, 5.7, 5.8, 5.11, 5.12, 5.13; **falsch:** 5.3, 5.4, 5.5, 5.9, 5.10, 5.14.
(6) **6.1:** Bei a) steht die eckige Klammer für eine Konzentrationsangabe (z.B. mol/L), bei b) wird durch die eckige Klammer ein Metallkomplex gekennzeichnet;
6.2: Beim Lösen in Wasser dissoziiert das Salz und es bilden sich Tetraaquakupfer(II)-Ionen sowie Chlorid-Ionen (beide sind hydratisiert):
$CuCl_2 + 4\,H_2O \rightarrow [Cu(H_2O)_4]^{2\oplus} + 2\,Cl^{\ominus}$

Bei Zugabe von Ammoniak findet eine Ligandenaustausch-Reaktion statt, weil der Tetramminkupfer(II)-Komplex stabiler ist als der Aquakomplex:
$[Cu(H_2O)_4]^{2\oplus} + 4\ NH_3 \rightleftarrows [Cu(NH_3)_4]^{2\oplus} + 4\ H_2O$

6.3: $K_f = \frac{[[Cu(NH_3)_4]^{2\oplus}] \cdot [H_2O]^4}{[[Cu(H_2O)_4]^{2\oplus}] \cdot [NH_3]^4}$

6.4: Der Tetramminkupfer(II)-Komplex wird durch HCl zerstört, weil sich aus dem wenigen im Gleichgewicht vorhandenen Ammoniak (➤ Antwort 6.2) Ammoniumchlorid bildet. Das Gleichgewicht verschiebt sich ganz auf die Seite der Edukte:
$[Cu(NH_3)_4]^{2\oplus} + 4\ HCl + 4\ H_2O \rightarrow [Cu(H_2O)_4]^{2\oplus} + 4\ NH_4Cl$

(7) E

(8) **8.1:**

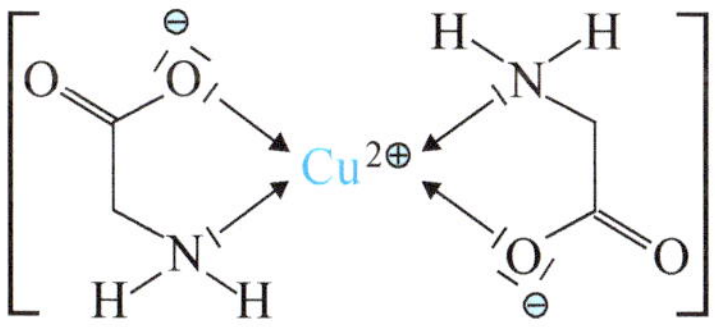

8.2: 1 g $CuCO_3$ (M_m = 123,5 g/mol) sind $n = m/M$ = 1 g/123,5 g/mol = 0,008 mol.
Es können also maximal nur 0,008 mol des Bis(glycinato)kupfer(II)-Komplexes entstehen. Die Molmasse des Komplexes muss errechnet werden, sie beträgt M_m = 211,5 g/mol. Nun errechnen wir, wie viel 0,008 mol sind: 211,5 g/mol · 0,008 mol = **1,69 g**. Das ist die maximal mögliche Ausbeute an Komplex (1,69 g = 100%).
Wenn nur 500 mg (= 0,5 g) entstehen, beträgt die Ausbeute x/0,5 = 100/1,69, x = **29,5%**.

(9) **9.1:** Gleichgewichts; **9.2:** Massenwirkungs; **9.3:** stabiler; **9.4:** stabiler; **9.5:** einzähnigen; **9.6:** zu; **9.7:** Entropie; **9.8:** Entropie; **9.9:** begünstigt.

(10) **1:** Cisplatin, **2:** Chlorophyll, **3:** Chelator, **4:** Cobalt, **5:** Farbe, **6:** Zentralion, **7:** Kupfer, **8:** koordinativ, **9:** Gesamtladung, **10:** Entropie, **11:** Lewis, **12:** zweizaehnig, **13:** Redoxpotenzial.
Lösungswort: Chelatkomplex.

(11) C

(12) A

(13) B

(14) **14.1:** B; **14.2:** C

11 Organische Chemie. Einführung und Kohlenwasserstoffe

(1) **1.1:** Biochemie; **1.2:** Kohlenstoff; **1.3:** Wasserstoff; **1.4:** Sauerstoff; **1.5:** Stickstoff; **1.6:** C, H, O und N; **1.7:** Schwefel; **1.8:** Phosphor; **1.9:** struktur-; **1.10:** Modifikationen; **1.11:** Diamant; **1.12:** Organischen; **1.13:** Kohlenstoff; **1.14:** Kohlenstoffs; **1.15:** Wasser; **1.16:** kosmisches; **1.17:** Erde; **1.18:** Wärme/Energie; **1.19:** Erde; **1.20:** Photosynthese; **1.21:** höhere; **1.22:** Luft; **1.23:** Atmosphäre; **1.24:** Schallübertragung; **1.25:** äußere; **1.26:** innere.

(2) **Richtig:** 2.1, 2.3, 2.5, 2.7, 2.8, 2.9, 2.10, 2.12, 2.13; **falsch:** 2.2, 2.4, 2.6, 2.11, 2.14.

(3) B

(4) **Richtig:** 4.1, 4.3, 4.4, 4.6, 4.7, 4.8; **falsch:** 4.2, 4.5.

(5) B

(6) C

(7) **7.1:** C; **7.2:** Wasserstoff; **7.3:** vier; **7.4:** sp^3; **7.5:** Tetraeders; **7.6:** C-C, Kohlenstoff-Wasserstoff; **7.7:** σ; **7.8:** statistisch/linear; **7.9:** Zickzack; **7.10:** Alkane; **7.11:** C_nH_{2n+2}; **7.12:** O_2; **7.13:** Verbrennung; **7.14:** Methan; **7.15:** Propan/Butan; **7.16:** Verbrennung; **7.17:** Kohlendioxid (CO_2), Wasser (H_2O); **7.18:** σ, π; **7.19:** frei; **7.20:** *cis*/*trans*; **7.21:** planar; **7.22:** Alkene; **7.23:** C_nH_{2n}; **7.24:** Additions; **7.25:** Wasserstoff; **7.26:** Hydratisierung; **7.27:** Aroma; **7.28:** cyclisch; **7.29:** π-Elektronen; **7.30:** konjugiert; **7.31:** cyclisch-planar; **7.32:** Benzol; **7.33:** elektrophile.

(8) **8.1:** 3; **8.2:** 1; **8.3:** 1; **8.4:** –O–; **8.5:** –H; **8.6:** –F, –Cl, –Br, –I; **8.7:** $>C=$;
8.8: =O; **8.9:** =C=; **8.10:** —C≡; **8.11:** |N≡.

(9) **9.1:** ungesättigt; **9.2:** Olefine, Alkene; **9.3:** gesättigt; **9.4:** cyclische; **9.5:** Alkene oder Cycloalkane; **9.6:** Cyclohexan; **9.7:** Hexen; **9.8:** C_6H_{10}; **9.9:** C_6H_6; **9.10:** Alkine; **9.11:** H—C≡C—H, Ethin; **9.12:** z.B. $H_2C{=}CH{-}CH_2{-}CH_2{-}CH_2{-}CH_3$; **9.13:** 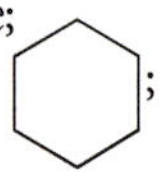; **9.14:** z.B. $H_2C{=}CH{-}C{\equiv}C{-}CH{=}CH_2$; **9.15:** .

(10) **10.1:** funktionelle; **10.2:** Stoffklasse; **10.3:** Eigenschaften; **10.4:** wiederkehrende; **10.5:** CH_2; **10.6:** ; **10.7:** Alken, C_nH_{2n}; **10.8:** C=C-Doppelbindung; **10.9:** $H_3C{-}CH_3$, Ethan; **10.10:** $H_3C{-}CH_2{-}CH_2{-}CH_3$; **10.11:** Alkane; C_nH_{2n+2}; **10.12:** keine; **10.13:** $H_2C{-}CH_2$, $H_2C{-}CH_2$ (ringförmig verbunden), Cyclobutan; **10.14:** , Cyclohexan; **10.15:** Cycloalkane, C_nH_{2n}; **10.16:** keine;

10.17: 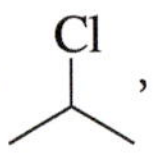

, 2-Chlorpropan; **10.18:** 2-Chlorbutan; **10.19:** 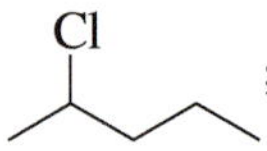

; **10.20:** Chloralkane, $C_nH_{2n+1}Cl$; **10.21:** Chloratom.

(11) **11.1:** $CH_4 + 2\,O_2 \rightarrow CO_2 + 2\,H_2O$;
11.2: $C_6H_{12} + 9\,O_2 \rightarrow 6\,CO_2 + 6\,H_2O$ (C_6H_{12} = Cyclohexan);
11.3: $C_2H_5OH + 3\,O_2 \rightarrow 2\,CO_2 + 3\,H_2O$;
11.4: $2\,H_2 + O_2 \rightarrow 2\,H_2O$;
11.5: Bei der Verbrennung fossiler Energieträger entstehen Kohlendioxid (CO_2) und Wasser. CO_2 ist ein Treibhausgas, es trägt erheblich zur Erwärmung der Erde bei. Der aus Wasser herstellbare Wasserstoff (H_2) gibt bei der Verbrennung wieder Wasser. Umweltfreundlicher geht es nicht.

(12) Konstitutionsisomer bedeutet: gleiche Summenformel, aber andere Strukturformel

12.1:

n-Pentan

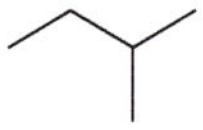
2-Methylbutan

2,2-Dimethylpropan

12.2:

1-Penten

2-Penten

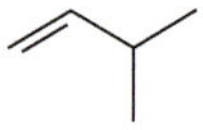
3-Methyl-1-buten

12.3:

1-Brombutan

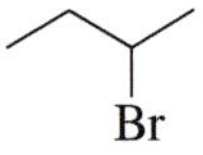

2-Brombutan

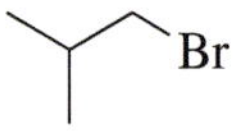

1-Brom-2-methylpropan

(13) **13.1:**

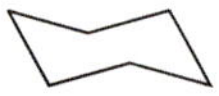

1-Hexen

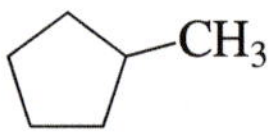

Methylcyclopentan

13.2: $H_3C{-}CH_2{-}OH$ $H_3C{-}O{-}CH_3$
Dimethylether

13.3:

1,4-Dihydroxybenzol (= Hydrochinon)

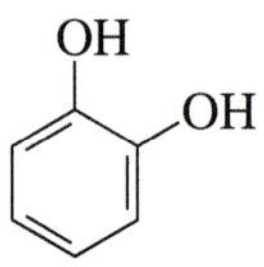

1,2-Dihydroxybenzol (= Brenzkatechin)

(14) **14.1:** $C_4H_8 + 6\ O_2 \rightarrow 4\ CO_2 + 4\ H_2O$ (Kohlendioxid, Wasser)

14.2: 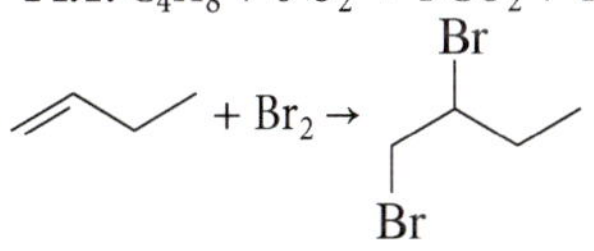 (1,2-Dibrombutan)

14.3: 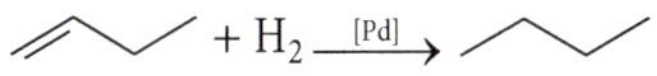 (*n*-Butan)

14.4: 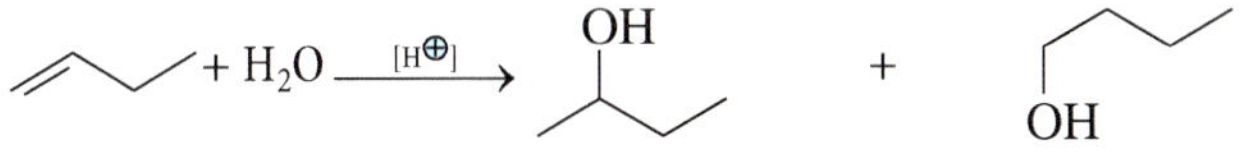

(2-Butanol) begünstigt (1-Butanol)

(15) C
(16) C
(17) **Richtig:** 17.1, 17.4, 17.6, 17.7; **falsch:** 17.2, 17.3, 17.5, 17.8, 17.9.
(18) E
(19) A
(20) Möbelpolitur enthält Benzin (aliphatische Kohlenwasserstoffe), das Lungenschäden verursacht, wenn es beim Erbrechen inhaliert wird. Der Magen muss umgehend ausgepumpt werden.
(21) Aus jedem Kanister eine kleine Menge entnehmen und
21.1: im Freien anzünden, nur Benzin brennt.
21.2: in einem Glas mischen. Es bilden sich zwei Phasen, Benzin schwimmt oben. Alternativ: Der Benzinkanister ist leichter als der Wasserkanister.
21.3: in jeder Probe Haushaltssalz (NaCl) oder Zucker (Saccharose) zu lösen versuchen. Beide Stoffe sind nur in Wasser löslich. Olivenöl löst sich nur in Benzin.
(22) **Richtig:** 22.1, 22.2, 22.4, 22.7, 22.9; **falsch:** 22.3, 22.5, 22.6, 22.8, 22.10.

12 Kinetik chemischer Reaktionen

(1) **1.1:** beschleunigt; **1.2:** erniedrigt, absenkt; **1.3:** verbraucht; **1.4:** Geschwindigkeit; **1.5:** Lage; **1.6:** Ausbeute; **1.7:** unverändert; **1.8:** biologischen; **1.9:** biochemische; **1.10:** Proteine; **1.11:** endergone; **1.12:** exergone; **1.13:** zugeführt; **1.14:** aktiviert; **1.15:** Energie; **1.16:** reaktiv; **1.17:** stabiler; **1.18:** Geschwindigkeit; **1.19:** Edukte; **1.20:** Produkte; **1.21:** erster; **1.22:** zweiter; **1.23:** Kinetik; **1.24:** Reaktionsgeschwindigkeit; **1.25:** Gibbs-Aktivierungsenergie.
(2) D
(3) **Richtig:** 3.1, 3.4, 3.5, 3.6, 3.9, 3.10, 3.12, 3.14; **falsch:** 3.2, 3.3, 3.7, 3.8, 3.11, 3.13.
(4) Die Umwandlung der Edukte in die Produkte während einer chemischen Reaktion verläuft meist in einer Reihe von Schritten, den so genannten Elementarreaktionen. Die Anzahl der an einer Elementarreaktion beteiligten Teilchen definiert die Molekularität einer Reaktion. Bei einer bimolekularen Reaktion sind demnach zwei Teilchen, die gleich oder verschieden sein können, am Prozess beteiligt. Die Molekularität einer Reaktion ergibt sich also aus mechanistischen Überlegungen.
Die Reaktionsordnung ergibt sich dagegen aus der Summe der Exponenten im Geschwindigkeitsgesetz für eine chemische Reaktion. Z.B. kann für die Reaktion A + B → C + D das Geschwindigkeitsgesetz $v = k \cdot [A] \cdot [B]$ gelten. Die Summe der Exponenten (die jeweils experimentell bestimmt werden müssen) ist hier zwei, es handelt sich um eine Reaktion zweiter Ordnung.

(5)

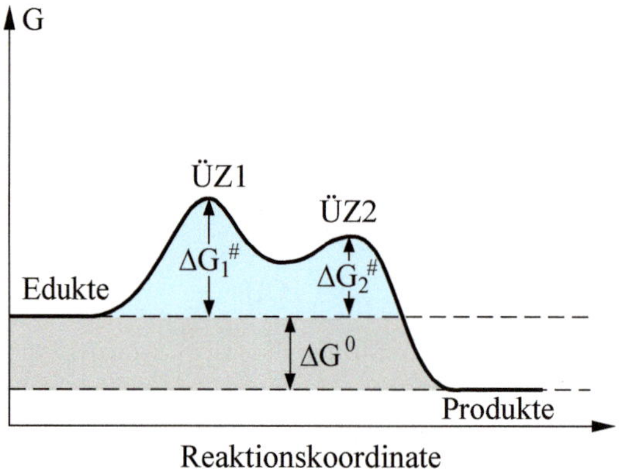

(6) E
(7) E
(8) D
(9) B
(10) B
(11) E
(12) B

13 Verbindungen mit einfachen funktionellen Gruppen

(1) **1.1:** Alkohole; **1.2:** Hydroxygruppe; **1.3:** Methanol; **1.4:** Gift; **1.5:** schädigen; **1.6:** Phenol; **1.7:** Östradiol; **1.8:** Isopropanol; **1.9:** sekundärer Alkohol; **1.10:** Sauerstoffatom; **1.11:** freie; **1.12:** negativ; **1.13:** Wasserstoffbrücken; **1.14:** positiv; **1.15:** höher; **1.16:** hydro-, lipo-; **1.17:** lipo-, hydro-; **1.18:** Steroiden; **1.19:** lipo-; **1.20:** Lipid; **1.21:** Amine; **1.22:** Ammoniak; **1.23:** freies; **1.24:** Proton; **1.25:** Basen.

(2) **2.1:** $CH_3-CH(OH)-CH_3$, sek. Alkohol, 2-Propanol;

2.2: $H_3C-\overline{O}-CH_3$, Ether, Dimethylether; **2.3:** Phenol, 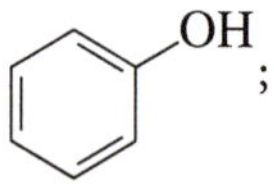 ;

2.4: H_2S, Schwefelwasserstoff; **2.5:** H_3C-CH_2-SH, Thiol (Mercaptan), Ethanthiol;
2.6: $H_3C-S-CH_3$, Thioether, Dimethylsulfid;

2.7: $H_3C-CH_2-NH_2$, prim. Amin, Ethylamin;
2.8: 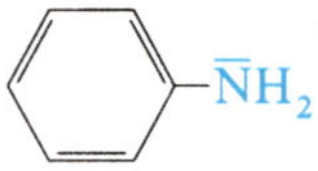 , aromatisches prim. Amin, Anilin; **2.9:** NH_3, Ammoniak.

(3) **3.1:** Phenol, phenol. OH-Gruppe;
3.2: CH_2-OH / $CH-OH$ / CH_2-OH; **3.3:** $CH_3-CH_2-CH(OH)-CH_3$, sek. OH-Gruppe;
3.4: 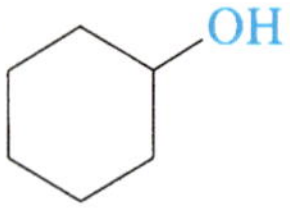 , sek. OH-Gruppe; **3.5:** 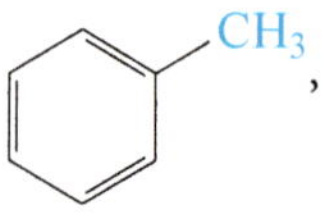 , Methylgruppe;

3.6: 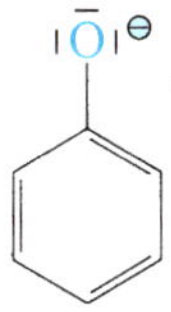, Phenolat-Anion; **3.7:** $H_3C-CH_2-\overline{O}-CH_2-CH_3$, Ethergruppe;

3.8: $H_5C_2-S-S-C_2H_5$, Disulfidbrücke; **3.9:**  $-CH_2-OH$, prim. OH-Gruppe;

3.10: Anilin, prim. Aminogruppe; **3.11:** $CH_3CH_2-NH-CH_2CH_3$, sek. Amin; **3.12:** NH_3, Ammoniak; **3.13:** Adrenalin, sek. Amin; **3.14:** Cholin, prim. OH-Gruppe, quart. Ammoniumgruppe.

(4) **4.1:** Säuren; **4.2:** aufnehmen; **4.3:** Base; **4.4:** amphoteren; **4.5:** Wasser; **4.6:** Elektronen; **4.7:** mehrere; **4.8:** ungenügend; **4.9:** stabiler; **4.10:** -ärmer; **4.11:** einem; **4.12:** sauer; **4.13:** Phenolat-; **4.14:** mesomerie; **4.15:** Protons.

(5) **Lösungswort:** Sinnvolle Verwendung von Antibiotika.

(6) **6.1:** zwei, $M_r = 62$, M_r für zwei Sauerstoff: 32, Gehalt Sauerstoff: $32 : 62 \cdot 100 = 51{,}6\%$;
6.2: drei, $M_r = 92$, M_r für drei Sauerstoff: 48, Gehalt Sauerstoff 52,2%;
6.3: sechs, $M_r = 180$, M_r für sechs Sauerstoff: 96, Gehalt Sauerstoff: 53,3%.

(7) **Waagrecht: 1:** Cholesterin, **5:** Adrenalin, **8:** Fett, **9:** Thiol, **10:** primaer, **11:** amphoter, **13:** Butan, **14:** Bor, **16:** Epimere, **17:** Glycerin, **18:** nucleophil, **19:** Iod, **20:** Ethyl, **22:** Enzym, **27:** Derivate, **29:** tertiaer, **32:** Stellung, **35:** Triosen, **36:** osen, **37:** Druck, **38:** Lys, **39:** Ethin, **40:** Zn, **41:** Na, **42:** Neon; **senkrecht: 1:** Coffein, **2:** Lithium, **3:** Ether, **4:** sekundaer, **6:** Alken, **7:** Isopropanol, **10:** Protein, **11:** Amid, **12:** Phenol, **15:** Aldehyd, **16:** Ester, **21:** Keton, **23:** Nernst, **24:** Menthol, **25:** Steran, **26:** Arsen, **28:** Valenz, **30:** Arene, **31:** Amine, **33:** Gase, **34:** tri.

(8)

8.1: 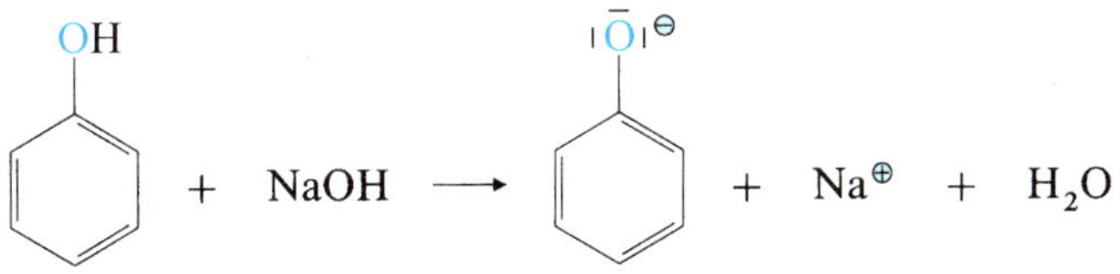

Neutralisation/ Säure-Base-Reaktion

8.2: $2\ CH_3-CH_2-OH + 2\ Na \rightarrow 2\ Na^{\oplus} + 2\ CH_3-CH_2-O^{\ominus} + H_2$ (Gesamtprozess)
Es laufen zwei Teilreaktionen ab:

$H_3C-CH_2-OH \longrightarrow H_3C-CH_2-\overline{\underline{O}}|^{\ominus} + H^{\oplus}$ (Säure/Base-Reaktion)

$2\ H^{\oplus} + 2\ Na \longrightarrow 2\ Na^{\oplus} + H_2$ (Redoxreaktion);

8.3:

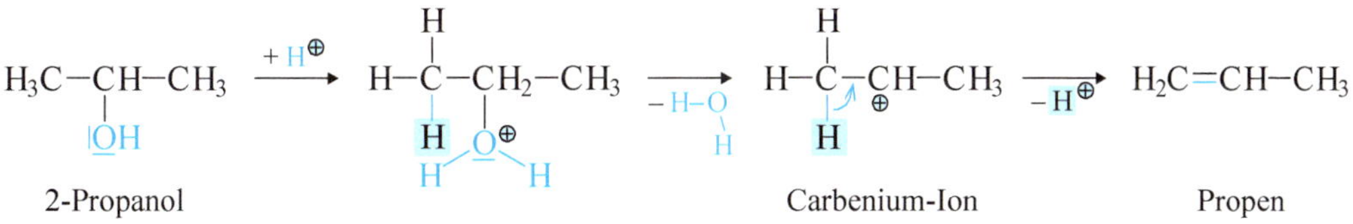

2-Propanol Carbenium-Ion Propen

Dehydratisierung (Eliminierung), es entstehen Propen und Wasser.

8.4: $H_3C-CH=CH-CH_3 + H_2O \rightarrow H_3C-CH_2-CH(OH)-CH_3$

Hydratisierung (Addition), es entsteht 2-Butanol.

8.5: $CH_3-CH_2-CH_2-NH_2 + H^{\oplus} \rightarrow CH_3-CH_2-CH_2-NH_3^{\oplus}$, Protonierung, Säure-Base-Reaktion, es entsteht das Propylammonium-Ion;

8.6: $CH_3–CH_2–I + KOH \rightarrow CH_3–CH_2–OH + KI$, nucleophile Substitution, es entstehen Ethanol und Kaliumiodid;
8.7: $2\,CH_3–CH_2–SH \rightarrow CH_3–CH_2–S–S–CH_2–CH_3 + 2\,H$, Oxidation (Dehydrierung), es entstehen Diethyldisulfid und Wasserstoff, der das Oxidationsmittel reduziert.

(9) **Richtig:** 9.1, 9.2, 9.3, 9.6, 9.7, 9.8, 9.9, 9.10; **falsch:** 9.4, 9.5, 9.11, 9.12.
(10) D
(11) A
(12) B
(13) D
(14) C
(15) E
(16) **16.1:** Ethanol; **16.2:** 4; **16.3:** ein; **16.4:** 0,25; **16.5:** halber; **16.6:** ein; **16.7:** Unterkühlung; **16.8:** erweitert; **16.9:** Wärme-; **16.10:** Körpertemperatur; **16.11:** Ethanolabbau; **16.12:** $NAD^{\oplus}$; **16.13:** nicht.
(17) C
(18) B

14 Aldehyde und Ketone

(1) **1.1:** Carbonyl; **1.2:** Aldehyd; **1.3:** Keto; **1.4:** Oxidation; **1.5:** Aldehyde; **1.6:** zwei; **1.7:** Carbonsäuren; **1.8:** Wasser; **1.9:** H-Atome; **1.10:** sekundären; **1.11:** Ketone; **1.12:** Nucleophilen; **1.13:** elektrophiles; **1.14:** nucleophiles; **1.15:** α-C-Atom; **1.16:** Acidität; **1.17:** Keto-Enol; **1.18:** Wasser; **1.19:** acetal; **1.20:** Iminen; **1.21:** Aldol; **1.22:** Aldol-Kondensation.

(2) **2.1:** 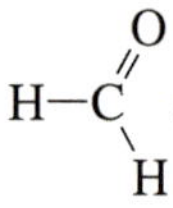 ; Ethanal (= Acetaldehyd); 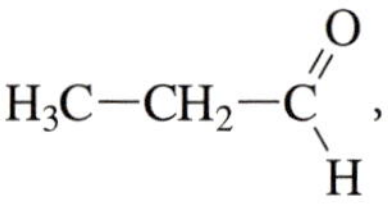 , Propanal;
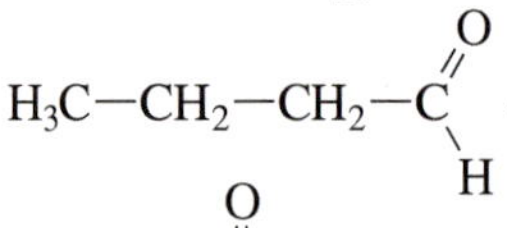 , Butanal
2.2: 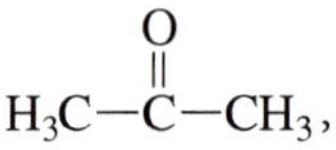, Propanon (= Aceton); 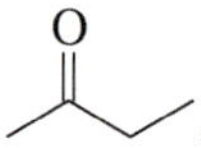, Butanon; 2-Pentanon;
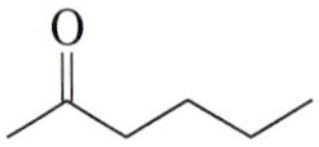, 2-Hexanon; $C_nH_{2n}O$
2.3: 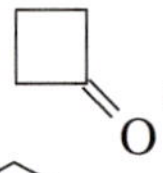, Cyclobutanon; Cyclopentanon; 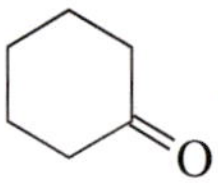, Cyclohexanon;
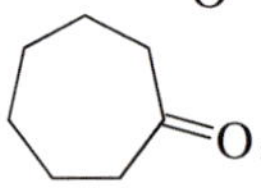, Cycloheptanon; $C_nH_{2n-2}O$

(3) **3.1:** B; **3.2:** A; **3.3:** C; **3.4:** A; **3.5:** D; **3.6:** B, C und E; **3.7:** B, D und F; **3.8:** E; **3.9:** B, C; **3.10:** E; **3.11:** G; **3.12:** F; **3.13:** Duftstoffe
(4) **4.1:** $H_3C–CH_2–CH_2OH$, 1-Propanol (= *n*-Propanol);
4.2: 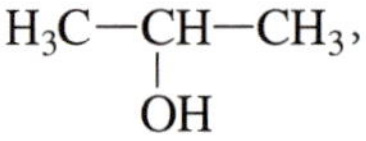, 2-Propanol (= Isopropanol);
4.3: $CH_2=CH–CH_2OH$, Allylalkohol, Alkenol;
4.4: $H_3C–O–CH_2–CH_3$ Methoxyethan (= Ethylmethylether);
4.5: 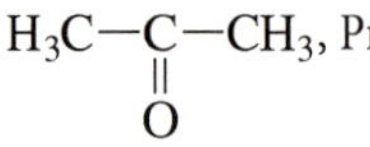, Propanon (= Aceton);

4.6: 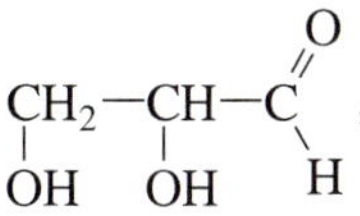 , Aldotriose;

4.7: 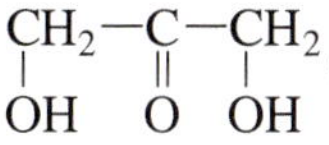 , Ketotriose

(5) **5.1:** 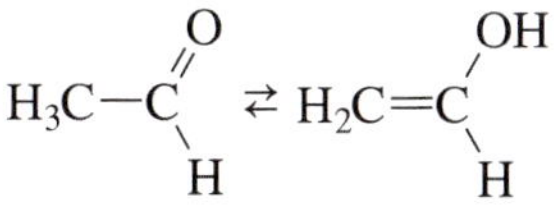

5.2: 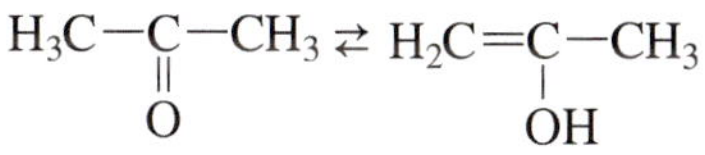

5.3: 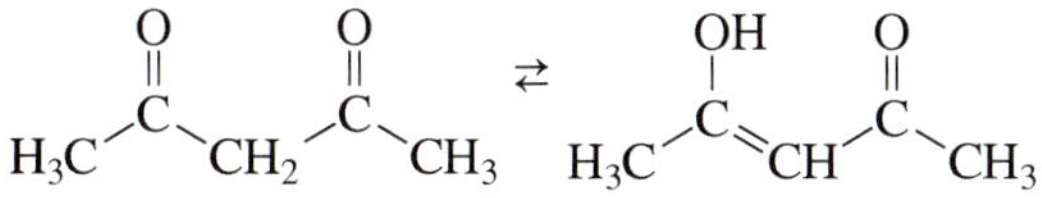

5.4: 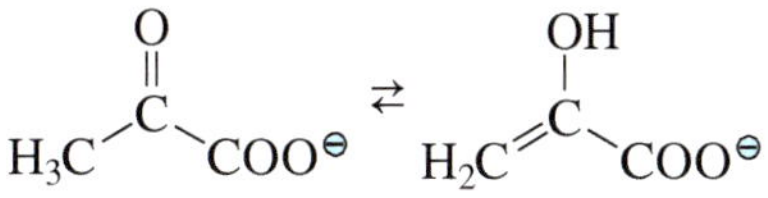

(6) **6.1:** $H_3C–CH_2OH$; **6.2:** 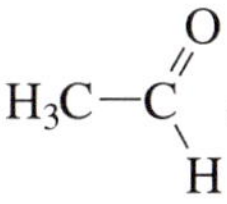 ; **6.3:** + H_2O; **6.4:** –2 H; **6.5:** Essigsäure; **6.6:** Dehydrierung (= Oxidation).

(7) **7.1:** $H_3C–CH_2–COOH$, Propionsäure, Carbonsäure;

7.2: 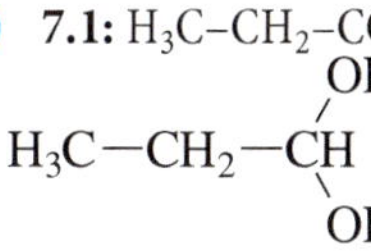 , Propanal-hydrat, Aldehydhydrat;

7.3: 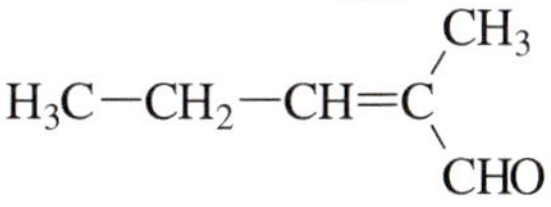 , 2-Methyl-pent-2-enal, α, β-ungesättigter Aldehyd;

7.4: 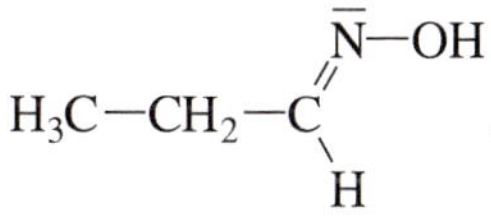 , Propanaloxim, Oxim;

7.5: $H_3C–CH_2–CH_2OH$, *n*-Propanol, primärer Alkohol.

(8) **8.1:** 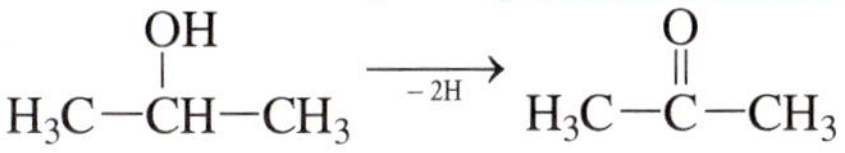 Propanon (= Aceton)

8.2: 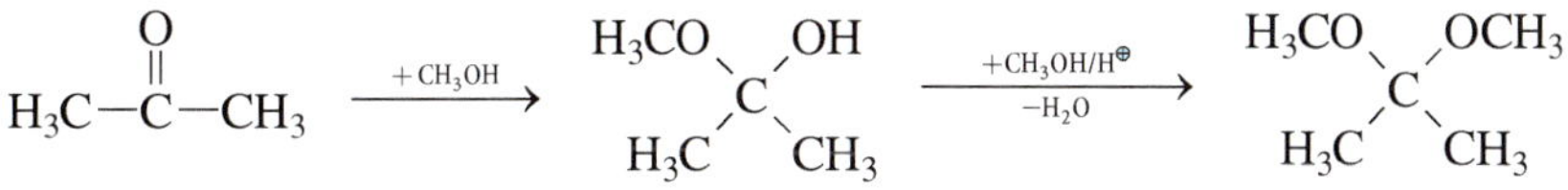 ;

Halbacetal, Acetal

8.3: 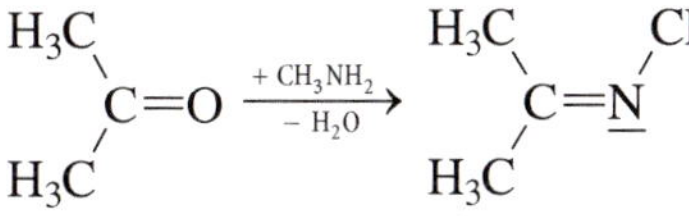 Acetonmethylimin

8.4: 2 $H_3C–CHO$ → 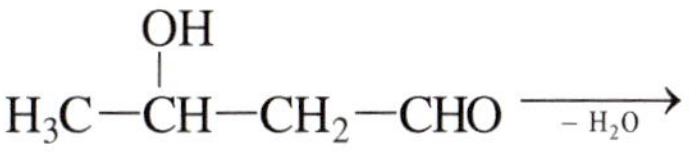 $H_3C–CH=CH–CHO$ Crotonaldehyd (= 2-Butenal)

(9) **9.1:** Formaldehyd/Formalin, H-CHO; **9.2:** Acetaldehyd, $H_3C–CHO$; **9.3:** Propionaldehyd, $H_3C–CH_2–CHO$; **9.4:** Aceton, 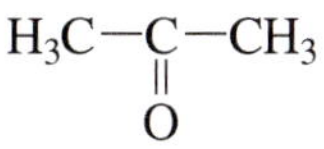

(10) 10.2, 10.3 und 10.5
(11) B
(12) B
(13) D
(14) D
(15) **Richtig:** 15.1, 15.3, 15.5, 15.7, 15.8, 15.10, 15.11, 15.12; **falsch:** 15.2, 15.4, 15.6, 15.9, 15.13.

Hinweis: Wie Retinal in den Sehprozess eingebunden ist, wird im Lehrbuch (10. Auflage) auf Seite 276 erläutert.

(16) B
(17) C

15 Chinone

(1) **1.1:** zwei; **1.2:** zwei; **1.3:** *ortho*; **1.4:** *para*; **1.5:** K; **1.6:** Ubichinon; **1.7:** Elektronen; **1.8:** reversibel; **1.9:** Nernst; **1.10:** pH-Wert.

(2) **2.1:** D

Rechenweg: Aus 1 mol Hydrochinon kann maximal 1 mol Benzochinon entstehen. Molmasse (M_m) von Hydrochinon: 110 g/mol, 55,0 g entsprechen $n = m/M = 55/110 = 0{,}5$ mol. 32,4 g 1,4-Benzochinon ($M_m = 108$ g/mol entsprechen $n = 32{,}4/108 = 0{,}3$ mol). Ausbeute: 0,5 mol = 100%; 0,3 mol = 0,3/0,5 · 100 = **60%**.

2.2: C

Rechenweg:

$$E = E^0 + \frac{0{,}06}{2}\log\frac{[\text{Hydrochinon}]}{[\text{Chinon}]} - 0{,}06\,\text{pH};\ E = E^0 - 0{,}06\,\text{pH};\ E = 0{,}70 - 0{,}30 = \mathbf{0{,}4\ V}.$$

(3)

3.1:

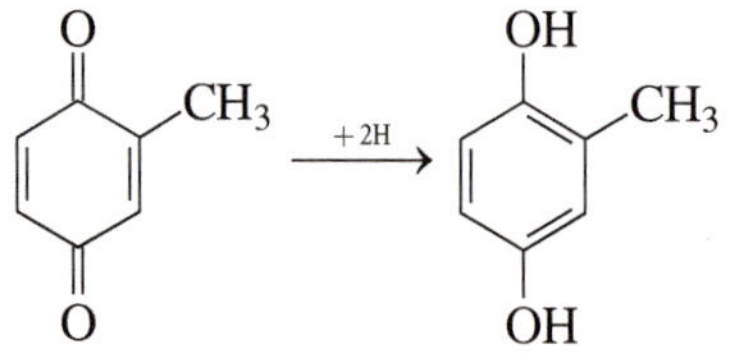

1,4-Dihydroxy-2-methyl-benzol (= 2-Methylhydrochinon)

3.2:

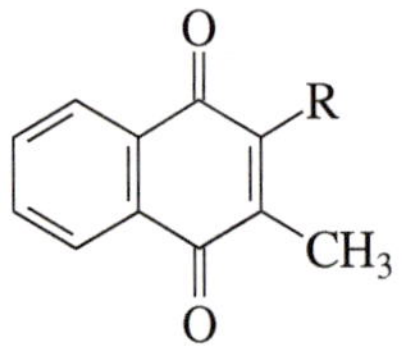

+ 2 H, es entsteht Vitamin K.

(4) B
(5) B
(6) C
(7) D
(8) E

16 Carbonsäuren und Carbonsäurederivate

(1) **1.1:** Fettsäuren; **1.2:** Carboxyl; **1.3:** H; **1.4:** Proton; **1.5:** Carboxylat; **1.6:** Aldehyden; **1.7:** Wasser; **1.8:** H; **1.9:** homologen; **1.10:** Alkansäuren; **1.11:** Ameisensäure; **1.12:** Essigsäure; **1.13:** Propansäure; **1.14:** Butansäure; **1.15:** Buttersäure; **1.16:** Fettsäuren; **1.17:** Palmitinsäure; **1.18:** Stearinsäure; **1.19:** Wasser; **1.20:** Benzin, Cyclohexan oder Chloroform; **1.21:**

fest; **1.22:** ungesättigte; **1.23:** flüssig; **1.24:** Speiseölen, Lipidmembranen; **1.25:** Benzoesäure; **1.26:** $C_7H_6O_2$; **1.27:** Konservierungsmittel; **1.28:** Benzaldehyd; **1.29:** Benzyl; **1.30:** C_7H_8O.

(2) **2.1:** Methansäure; **2.2:** H–COOH; **2.3:** CH_2O_2; **2.4:** Natriumformiat; **2.5:** $H–COO^{\ominus}$; **2.6:** Ethansäure; **2.7:** $H_3C–COOH$; **2.8:** $C_2H_4O_2$; **2.9:** Natriumacetat; **2.10:** $H_3C–COO^{\ominus}$; **2.11:** Butandisäure; **2.12:** $HOOC–CH_2–CH_2–COOH$; **2.13:** $C_4H_6O_4$; **2.14:** Natriumsuccinat; **2.15:** $^{\ominus}OOC–CH_2–CH_2–COO^{\ominus}$; **2.16:** Octadecansäure; **2.17:** $H_3C–(CH_2)_{16}–COOH$; **2.18:** $C_{18}H_{36}O_2$; **2.19:** Fettsäure, wasserunlöslich/hydrophob; **2.20:** Natriumstearat; **2.21:** $H_3C–(CH_2)_{16}–COO^{\ominus}$.

(3) **3.1:** zwei; **3.2:** drei;
3.3: HOOC–COOH, Ethandisäure (= Oxalsäure); $HOOC–CH_2–COOH$, Propandisäure (= Malonsäure); $HOOC–CH_2–CH_2–COOH$, Butandisäure (= Bernsteinsäure); $HOOC–CH_2–CH_2–CH_2–COOH$, Pentandisäure (= Glutarsäure)

3.4: 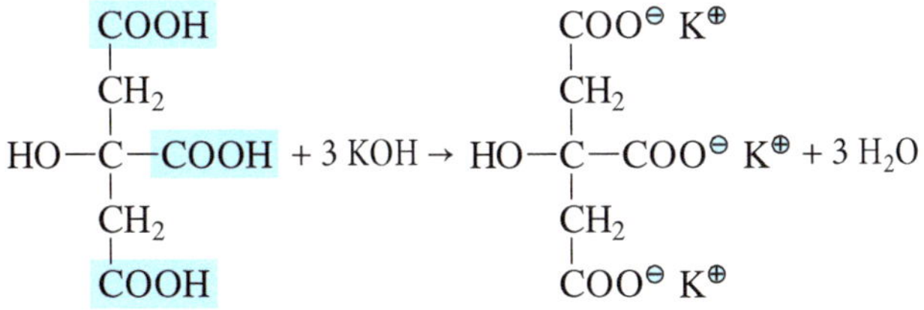

3.5: 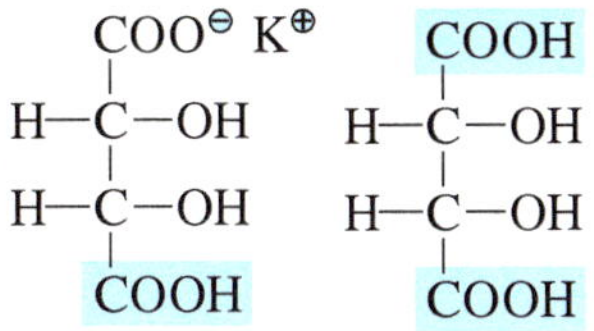 2,3-Dihydroxybutandisäure

3.6: 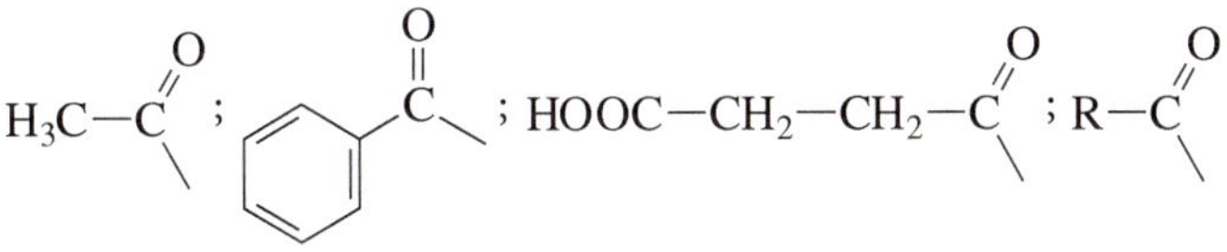

(4) **4.1:** γ-Aminobuttersäure; **4.2:** $HOOC–CO–CH_2–COOH$; **4.3:** α-Ketogruppe, zwei Carboxylgruppen; **4.4:** Oxalacetat/Intermediat im Citratzyklus; **4.5:** Fumarsäure; **4.6:** olefinische Doppelbindung, zwei Carboxylgruppen; **4.7:** α-Hydroxybuttersäure (= Äpfelsäure); **4.8:** α-Hydroxygruppe, zwei Carboxylgruppen; **4.9:** Malat/Intermediat im Citratzyklus; **4.10:** Malonsäure; **4.11:** zwei Carboxylgruppen; **4.12:** Malonat/als Malonyl-CoA Intermediat der Fettsäurebiosynthese; **4.13:** *cis*-9-Octadecensäure, $H_3C–(CH_2)_7–CH{=}CH–(CH_2)_7–COOH$; **4.14:** olefinische Doppelbindung (*cis*- bzw. *Z*-konfiguriert), Carboxylgruppe; **4.15:** Oleat/Baustein von Membranlipiden; **4.16:** *cis,cis*-9,12-Octadecadiensäure, $H_3C–(CH_2)_4–CH{=}CH–CH_2–CH{=}CH–(CH)_7–COOH$; **4.17:** zwei nicht konjugierte, *cis*- (bzw. *Z*-) konfigurierte olefinische Doppelbindungen, Carboxylgruppe; **4.18:** Linolat/essenzielle Fettsäure, Baustein von Membranlipiden.

(5) **5.1:** -ziehende; **5.2:** Basen; **5.3:** Salze; **5.4:** Wasser;

5.5: $Cl—CH_2—COO^{\ominus}$, Chloracetat; **5.6:** 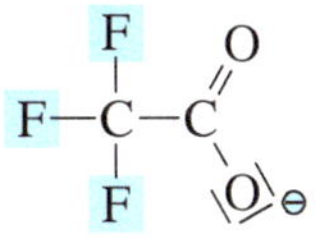 Trifluoracetat

5.7: $HOOC—COO^{\ominus}$, Hydrogenoxalat;

5.8: $CH_3—CH(OH)—COO^{\ominus}$, Lactat;

5.9: $H_3\overset{\oplus}{N}—CH_2—COO^{\ominus}$, Glycin-Zwitterion.

(6) **6.1:** $COO^{\ominus}$ $K^{\oplus}$; **6.2:** Niederschlag löst sich auf; **6.3:** Kaliumbenzoat ist wasserlöslich, weil die geladene und damit polare Carboxylatgruppe die Eigenschaften mehr bestimmt als der hydrophobe Phenylrest, 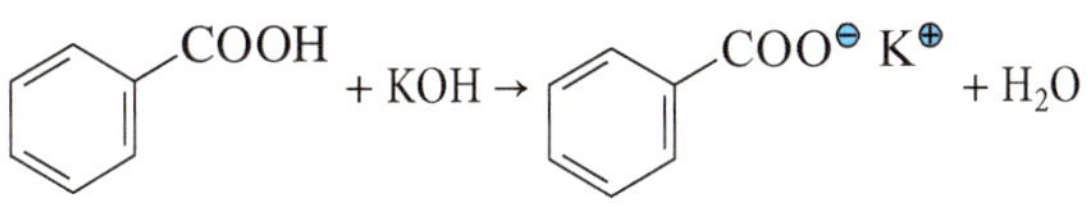

6.4: COOH + KCl;
6.5: es bildet sich wieder ein weißer Niederschlag;
6.6: Benzoesäure ist wasserunlöslich (hydrophob), $C_6H_5–COO^{\ominus}\ K^{\oplus} + HCl \rightarrow C_6H_5–COOH + KCl$;
6.7: die Verbindung löst sich nicht;
6.8: Triacylglycerine (Neutralfette) sind wegen der langen Kohlenwasserstoffketten hydrophob;
6.9: $CH_2–CH–CH_2$ (je OH OH OH) und $C_{17}H_{35}–COO^{\ominus}\ K^{\oplus}$ (dreimal);
6.10: die Lösung wird klar;
6.11: Die Esterbindungen werden alkalisch verseift, die Salze der Fettsäuren bilden in wässriger Lösung Mizellen (scheinbare Löslichkeit), Glycerin ist wasserlöslich;
6.12: die Verbindung löst sich;
6.13: Triacylglycerine sind lipophil und lösen sich deshalb in unpolaren Lösungsmitteln.

(7) **Richtig:** 7.1, 7.3, 7.6, 7.9, 7.10, 7.11, 7.12, 7.14, 7.16; **falsch:** 7.2, 7.4, 7.5, 7.7, 7.8, 7.13, 7.15.

(8)
8.1: ; **8.2:** ; **8.3:** ; **8.4:**
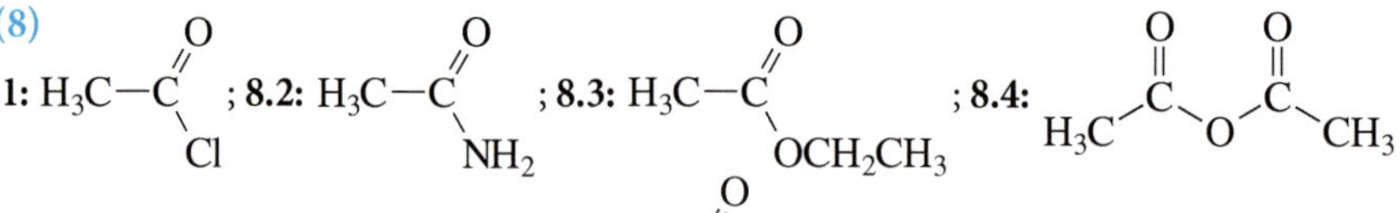

(9) a) $H_3C–COCl + H_3C–CH_2OH \rightarrow$ 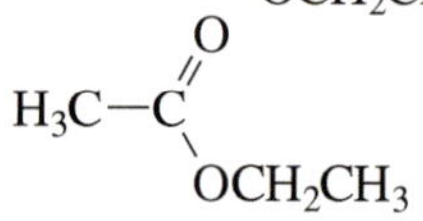 + HCl
Ethylacetat

b) $H_3C–COCl + H_2O \rightarrow H_3C–COOH + HCl$
Essigsäure

Rechenwege:

9.1: a) Aus Acetylchlorid (M_m = 78,5 g/mol ≡ 78.5 mg/mmol) entsteht Ethylacetat (M_m = 88 g/mol ≡ 88 mg/mmol). Wie viel mmol Acteylchlorid liegen vor? (m = Masse in g oder mg, M_m = Molmasse in g/mol oder mg/mmol, n = Stoffmenge in mol oder mmol).

$\frac{m}{M_m} = n;\ n = \frac{157}{78,5} = 2$ mmol Acetylchlorid, daraus entstehen 2 mmol Ethylacetat bei 100% Umsatz.

$n \cdot M_m = m;\ m = 2 \cdot 88 =$ **176 mg Ethylacetat**

b) Aus 157 mg (= 2 mmol) Acetylchlorid entstehen 2 mmol Essigsäure (M_m = 60 g/mol ≡ 60 mg/mmol).

$n \cdot M_m = m;\ m = 2 \cdot 60 =$ **120 mg Essigsäure**

9.2: Es entstehen nur 75%, d.h. nur 1,5 mmol Ethylacetat (75% von 176 mg sind **132 mg Ethylacetat**). Entsprechend sind 1,5 mmol Essigsäure dann **90 mg**.

9.3:
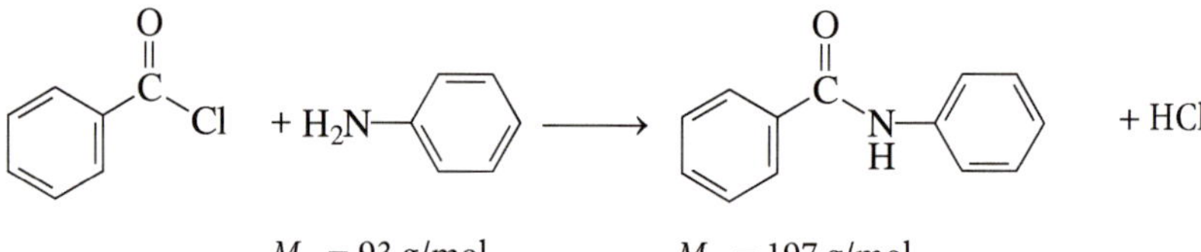

M_m = 93 g/mol M_m = 197 g/mol

Anilin: $\frac{m}{M_m} = n;\ n = \frac{325\ mg}{93\ mg/mmol} = 3,5$ mmol.

Wie viel mg sind 3,5 mmol Benzoesäureanilid? $n \cdot M_m = m;\ m = 3,5 \cdot 197 = 689,5$ mg (= 100%)

$80\% = \frac{689,5}{100} \cdot 80 =$ **551,6 mg** Benzosäureanilid werden erhalten.

9.4: Dinatriummalonat $Na^{\oplus}\ {}^{\ominus}OOC-CH_2-COO^{\ominus}\ Na^{\oplus}$ (M_m = 148 g/mol ≡ 148 mg/mmol). Eine 5 mM Lösung enthält 5 mmol/L, das sind 5 · 148 mg = 740 mg/L. Da nur 10 mL Enzymlösung vorliegen, müssen 740 : 100 = **7,4 mg** Dinatriummalonat eingewogen werden.

9.5: 1 mL enthält 20 mg Dinatriummalonat: $\frac{1\ \text{mL}}{20\ \text{mg}} = \frac{x\ \text{mL}}{7{,}4\ \text{mg}}$; $x = \frac{7{,}4}{20}$ = **0,37 mL** der Lösung.

(10) D

Rechenweg: HOOC–COOH + 2 NaOH → NaOOC–COONa + H_2O

M_m(Oxalsäure) = 90 g/mol

45 g Oxalsäure sind 0,5 mol. Für die Neutralisation wird aber 1 mol NaOH benötigt, da die Oxalsäure zweiprotonig ist. 1 mol NaOH sind 40 g NaOH. Also können nur 2, 3 und 5 richtig sein.

(11) **11.1:**

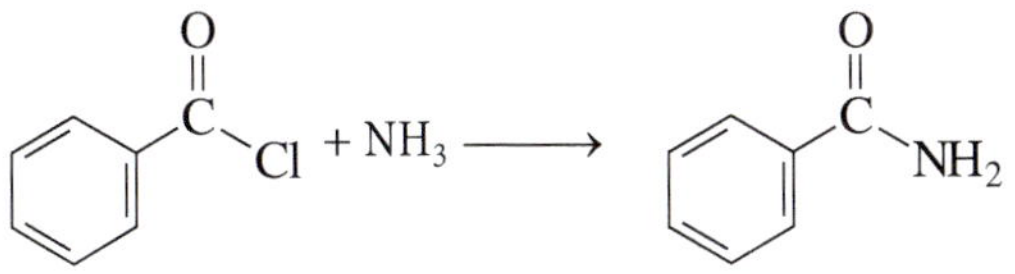

Benzoesäureamid (= Benzamid)

11.2: $CH_3COOH + NH_3 \rightarrow CH_3COO^{\ominus}\ NH_4^{\oplus}$

Ammoniumacetat, d.h., es entsteht das Ammoniumsalz der Essigsäure und niemals das Essigsäureamid.

11.3: $CH_3–CH_2–CH_2–COOH + CH_3OH \longrightarrow CH_3–CH_2–CH_2–COOCH_3 + H_2O$

Buttersäure (riecht widerwärtig) — Buttersäuremethylester (riecht nach Ananas)

11.4:

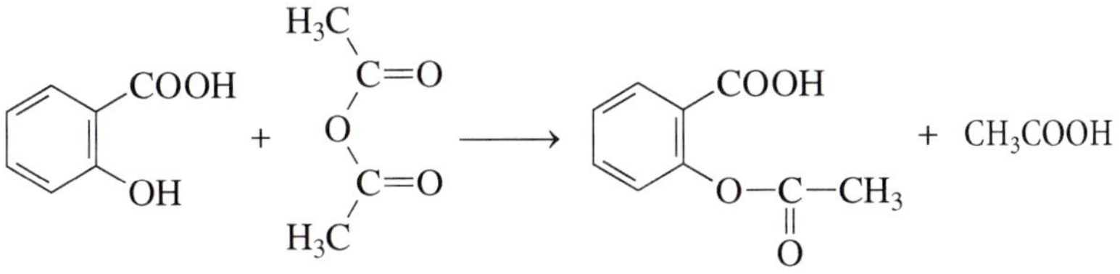

Aspirin (= Acetylsalicylsäure) — Essigsäure

11.5:

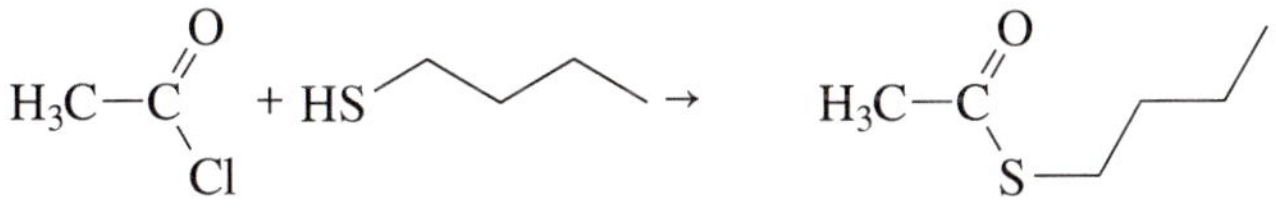

Essigsäurebutylthioester

(12) **1:** Benzoat, **2:** Reduktion, **3:** Harnstoff, **4:** Carboxylat, **5:** Anion, **6:** reversibel, **7:** Benzamid, **8:** nucleophil, **9:** Pyruvat, **10:** Formiat, **11:** Mizellen, **12:** Aspirin, **13:** Oelsaeure, **14:** Succinat, **15:** Lacton, **16:** Anhydrid, **17:** Milchsaeure, **18:** Mesomerie, **19:** Thioester, **20:** Citrat, **21:** Seifen, **22:** resistent. **Lösungswort:** Butansäurepentylester.

(13) $\underset{OH}{CH_2}-\underset{OH}{CH}-\underset{OH}{CH_2} + R^1–COO^{\ominus} + R^2–COO^{\ominus} + R^3–COO^{\ominus}$

Die Carboxylatgruppen der Fettsäure-Anionen sind durch die negative Ladung und die Mesomeriestabilisierung nicht mehr elektrophil, d.h., ein Angriff durch die OH-Gruppen (nucleophile) des Glycerins ist nicht möglich.

(14) C
(15) A
(16) B
(17) D
(18) E
(19) E

(20) **20.1:** Antibiotikum; **20.2:** Bakterien; **20.3:** Lactam; **20.4:** Amid; **20.5:** Carboxyl; **20.6:** positiver; **20.7:** Zellwand; **20.8:** giftig (toxisch); **20.9:** allergisch; **20.10:** Lactamasen; **20.11:** resistent; **20.12:** Resistenz; **20.13:** größeren; **20.14:** häufige; **20.15:** falsche, ungezielte.

L

17 Derivate anorganischer Säuren

(1) **1.1:** Kohlensäure; **1.2:** H_3PO_4; **1.3:** Schwefelsäure; **1.4:** drei; **1.5:** drei; **1.6:** Protonen; **1.7:** Dihydrogenphosphat; **1.8:** Hydrogenphosphat; **1.9:** Phosphat; **1.10:** kleiner; **1.11:** kleiner; **1.12:** erste; **1.13:** Proton; **1.14:** zweite; **1.15:** Kohlensäure; **1.16:** Harnstoff; **1.17:** ester; **1.18:** Anhydride.

(2) **2.1:** 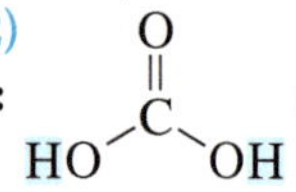 ; **2.2:** 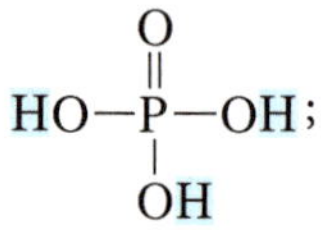 ; **2.3:** 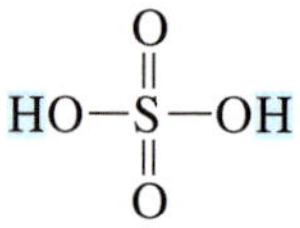

2.4: Schwefelsäure, weil das Schwefelatom zweimal an einer S=O-Doppelbindung beteiligt ist, die einen starken -I-Effekt auf die OH-Gruppen hat.

(3) **3.1:** 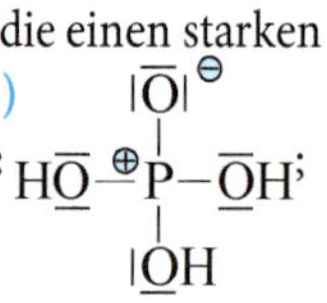 ; **3.2:** 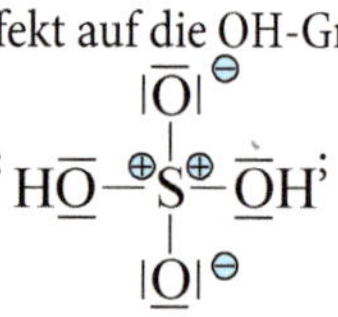 ; **3.3:** 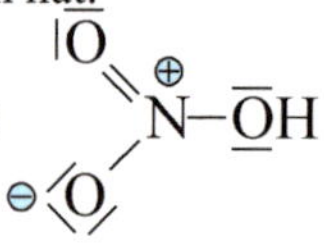

(4) B

(5) **5.1:** 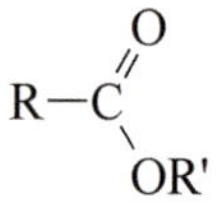 ; **5.2:** 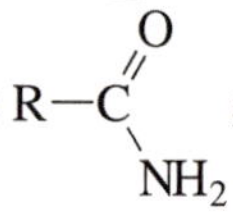 ; **5.3:** 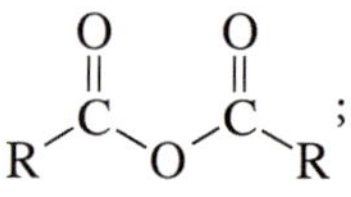 ; **5.4:** 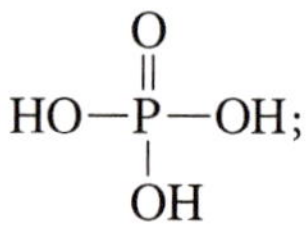 ;

5.5: 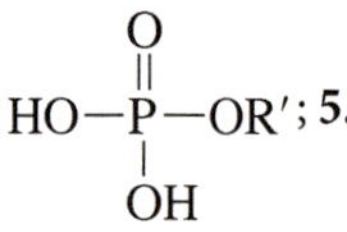 ; **5.6:** 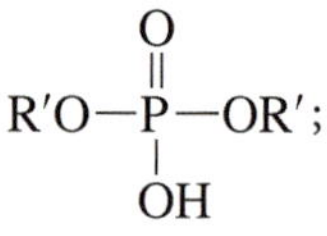 ; **5.7:** 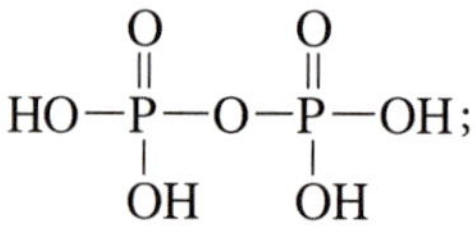 ;

5.8: 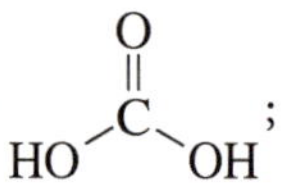 ; **5.9:** 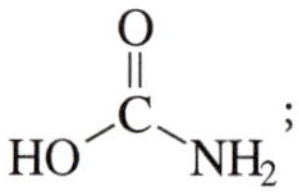 ; **5.10:** 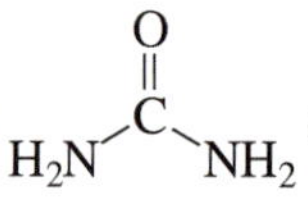 ;

5.11: Die Anhydride 5.3 und 5.7, sie werden von Nucleophilen (z.B. Ammoniak oder Wasser) leicht angegriffen, weil der abzuspaltende Rest (Acetat bzw. Dihydrogenphosphat) eine gute Abgangsgruppe ist.

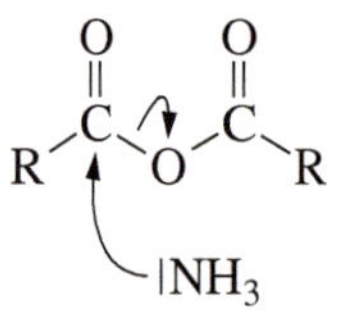

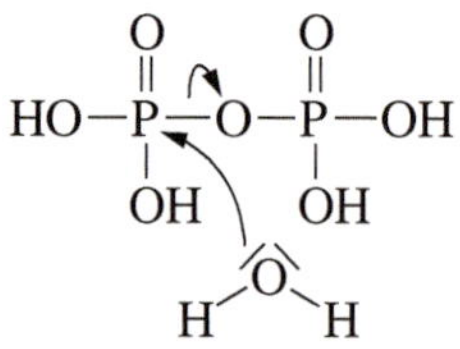

(6) B

(7) **7.1:** Gemischtes Anhydrid (oben), Ester (unten); **7.2:** zweimal Anhydrid, einmal Ester (an der Ribose); **7.3:** Gemischtes Anhydrid; **7.4:** zweimal Ester; **7.5:** viermal Ester; **7.6:** Gemischtes Anhydrid (zum Sulfat), zweimal Ester; **7.7:** Alle Anhydride, d.h. die Verbindungen 7.1, 7.2, 7.3 und 7.6; **7.8:** Glycerin, Phosphorsäure, Cholin, 2 Moleküle einer Fettsäure mit 16 oder 18 C-Atomen.

(8) **8.1:** Schwefelsäure; **8.2:** acide; **8.3:** wasserlöslich/hydrophil; **8.4:** Sulfonsäure; **8.5:** Derivate;

8.6: 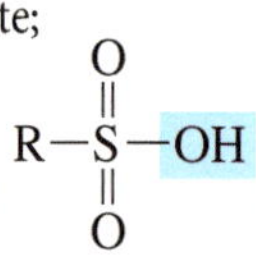 ; **8.7:** 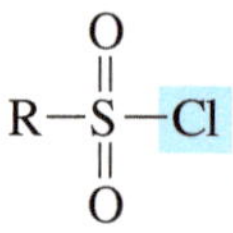 ; **8.8:** 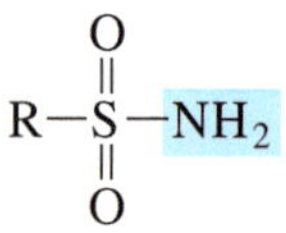

(9) **9.1:** 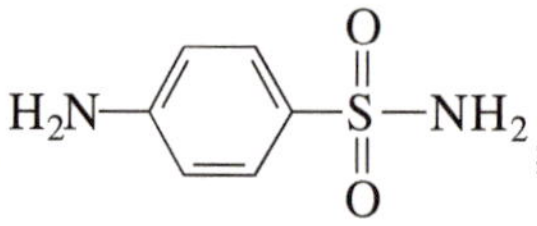 ; **9.2:** 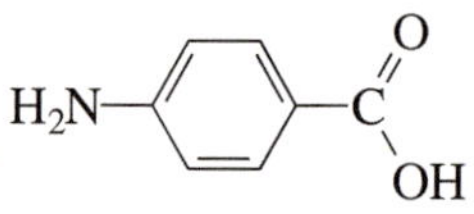

(10) B
(11) B
(12) A

18 Stereochemie

(1) **1.1:** Spiegelbild; **1.2:** nicht; **1.3:** symmetrie; **1.4:** Aufbau; **1.5:** Hände; **1.6:** Moleküle; **1.7:** Chiralität; **1.8:** Milchsäure; **1.9:** *sp*^{3}; **1.10:** tetraedrisches; **1.11:** verschiedene; **1.12:** zwei; **1.13:** Isomeren; **1.14:** Enantiomere; **1.15:** chiral; **1.16:** Chiralitätszentrum/asymmetrisches C-Atom; **1.17:** chiral; **1.18:** Bausteinen; **1.19:** chiralen/molekularen; **1.20:** Spiegelbild; **1.21:** nicht; **1.22:** Schloss-.

(2) C

(3) **3.1:** C; **3.2:** C

(4) **4.1:** D bzw. *R*

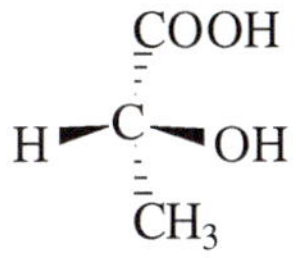

4.2: D bzw. *R*

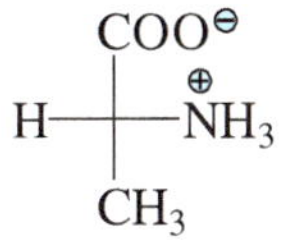

4.3: L bzw. *S*

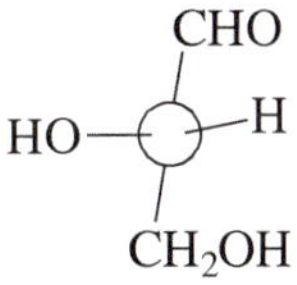

4.4: Das Spiegelbild ist mit dem Bild identisch, weil die Aminosäure Glycin kein Chiralitätszentrum enthält.

(5) **5.1:** Schreibweise, **5.2:** Konfiguration; **5.3:** drei-; **5.4:** tetraedrischen; **5.5:** Regeln; **5.6:** längste; **5.7:** senkrecht; **5.8:** höchsten; **5.9:** oben; **5.10:** waagrecht; **5.11:** D/L; **5.12:** Zucker; **5.13:** rechts; **5.14:** L; **5.15:** links.

(6) **Richtig:** 6.1, 6.2, 6.3, 6.5, 6.8, 6.11, 6.12, 6.13; **falsch:** 6.4, 6.6, 6.7, 6.9, 6.10, 6.14.

(7) **7.1:** Ein 1:1-Enantiomerengemisch (= Racemat) wird durch geeignete Methoden (z.B. Chomatographie an chiralem Trägermaterial) in die einzelnen Enantiomeren getrennt.

7.2: Die Lösung einer Verbindung dreht die Ebene des linear polarisierten Lichts einer bestimmten Wellenlänge. Die Verbindung liefert einen Drehwert, den man normiert als spezifische Drehung bezeichnet. Die Verbindung ist damit optisch aktiv.

7.3: Weinsäure hat zwei Chiralitätszentren, es sollte daher formal 2^2 (= 4) Stereoisomere (**A** bis **D**) von ihr geben.

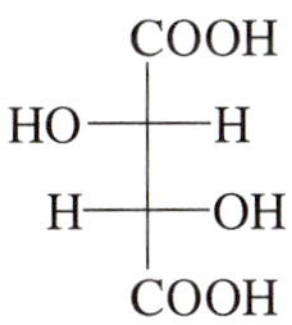

A

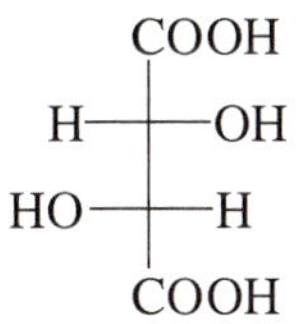

B

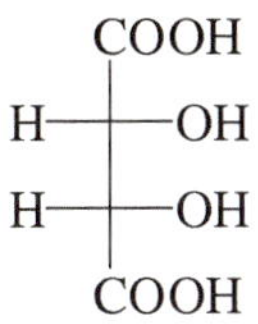

C

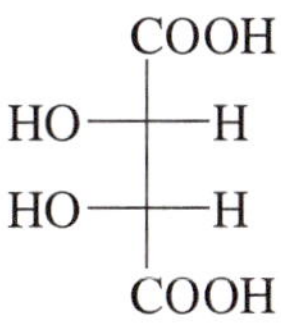

D

Von diesen sind **A** und **B** Enantiomere, während **C** und **D** identisch sind. Denn **C** und **D** haben im Molekül eine Spiegelebene, d.h., **C** und **D** lassen sich durch Drehung um 180° zur Deckung bringen. Sie sind somit definitionsgemäß nicht chiral und auch nicht optisch aktiv. Solche Stereoisomeren bezeichnet man als *meso*-Form. Es gibt von der Weinsäure daher nur **drei** Stereoisomere, eine D/L-Form (entsprechend **A** und **B**) und eine *meso*-Form.

(8) A

(9) **1:** chiral; **2:** enantiomer; **3:** Fischer; **4:** Diastereomere; **5:** Isomere; **6:** Konformation; **7:** Prioritaet. **Lösungswort:** Racemat.

(10) **10.1:** Isomere; **10.2:** Stereoisomere; **10.3:** Konstitutionsisomere; **10.4:** Konformere; **10.5:** Konfigurationsisomere; **10.6:** Enantiomere; **10.7:** Diastereomere; beide Kästen sind mit 10.5 (Konfigurationsisomere) verbunden.

(11) **11.1:** A, B, C, D und E; **11.2:** B, C, D und E; **11.3:** nur E.

(12) A

(13) D

L

19 Aminosäuren und Peptide

(1) **1.1:** COOH, **1.2:** Carboxyl; **1.3:** L; **1.4:** Glycin; **1.5:** kein; **1.6:** NH_2; **1.7:** COOH; **1.8:** Ampholyte; **1.9:** Zwitter; **1.10:** 20 (und zwei seltene); **1.11:** isoelektrischen; **1.12:** pK_s; **1.13:** isoelektrische; **1.14:** pH-Wert; **1.15:** neutral/ungeladen; **1.16:** Wanderung; **1.17:** sauren; **1.18:** sauren; **1.19:** Glutaminsäure; **1.20:** Basische; **1.21:** Lysin/Arginin; **1.22:** neutrale; **1.23:** Glycin/Alanin; **1.24:** charakteristischen.

(2) **2.1:** Proteinogene Aminosäuren, die nicht vom menschlichen Organismus hergestellt werden können und mit der Nahrung aufgenommen werden müssen; **2.2:** Die mit der Nahrung aufgenommenen Proteine (Eiweiße) müssen in der Aminosäurezusammensetzung ausgewogen sein, z.B. enthalten die Proteine des Weizens zu wenig Lysin; **2.3:** Lysin, Phenylalanin, Tryptophan, u.a.

(3) **3.1:** 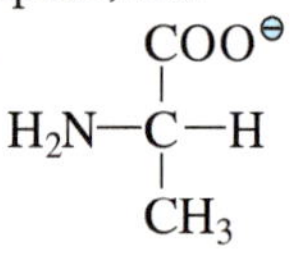 ; **3.2:** 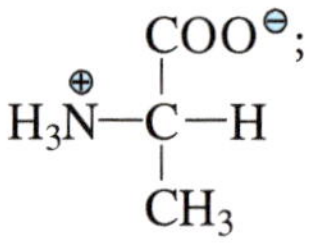 ; **3.3:** 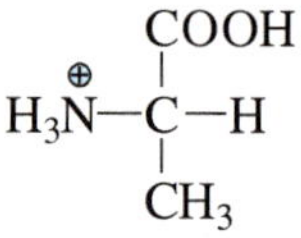

3.4: zur Anode, (+)-Pol; **3.5:** wandert nicht; **3.6:** zur Kathode, (–)-Pol

(4) 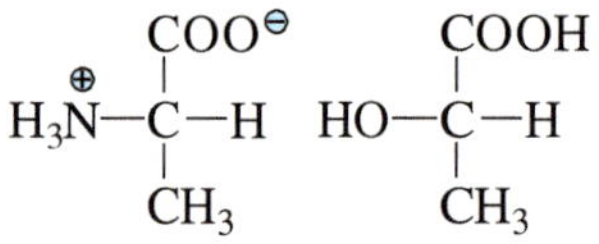

Positiv und negativ geladene Gruppen des Zwitterions zeigen starke elektrostatische Wechselwirkungen zu Nachbarmolekülen. Diese sind stärker als die Wasserstoffbrückenbindungen der Milchsäuremoleküle untereinander, was zum hohen Schmelzpunkt der Aminosäure führt. Die Molmassen sind mit M_m= 89 (Alanin) bzw. 90 g/mol (Milchsäure) nahezu gleich.

(5) **5.1:** Ala; **5.2:** Phe; **5.3:** Lys; **5.4:** Cys; **5.5:** Glu;

5.6: 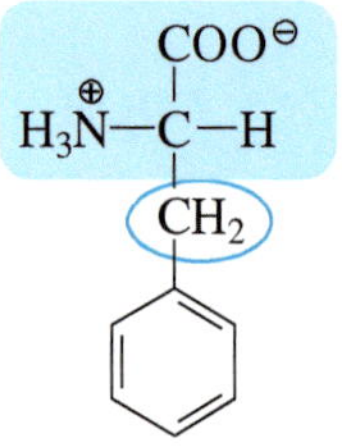 ; **5.7:** 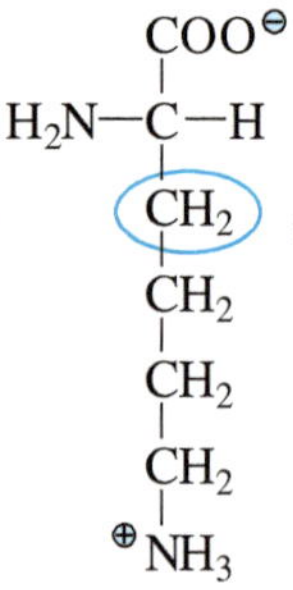 ; **5.8:** 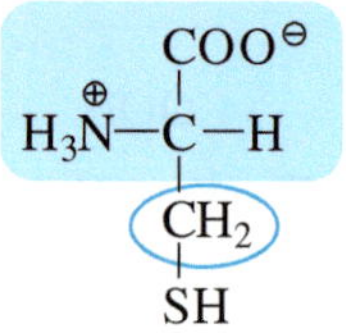 ; **5.9:** 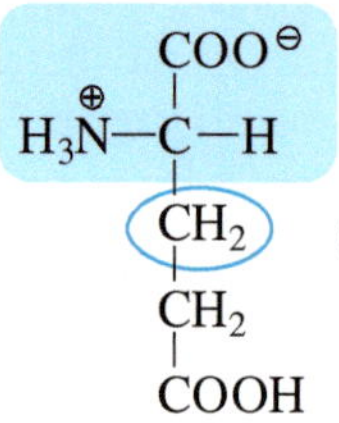 ;

5.10: Alle positiv, denn alle Aminosäuren sind vollständig protoniert. Lysin ist sogar zweifach positiv geladen, weil beide Aminogruppen als $-NH_3^{\oplus}$ vorliegen. Die Carboxlgruppe ($-COO^{\ominus}$) liegt in allen Beispielen protoniert, d.h. als Carboxylgruppe (–COOH) vor; **5.11:** Ala, Phe und Cys negativ, Glu zweifach negativ, Lysin neutral (pH_I = 9,7);

5.12: keine; **5.13:** keine; **5.14:** zur Kathode, (–)-Pol; **5.15:** keine; **5.16:** zur Anode, (+)-Pol; **5.17:** neutral; **5.18:** neutral; **5.19:** basisch; **5.20:** neutral; **5.21:** sauer.

(6) **6.1:**

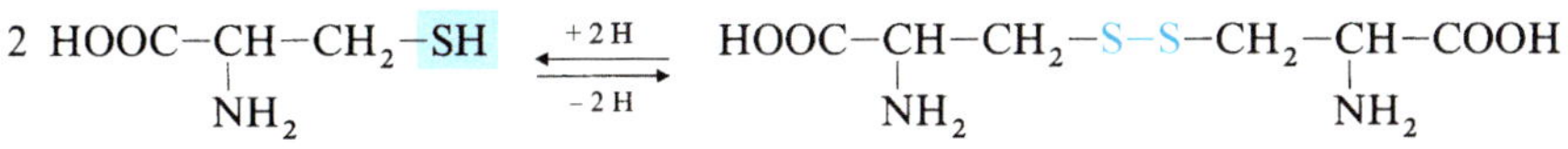

6.2:

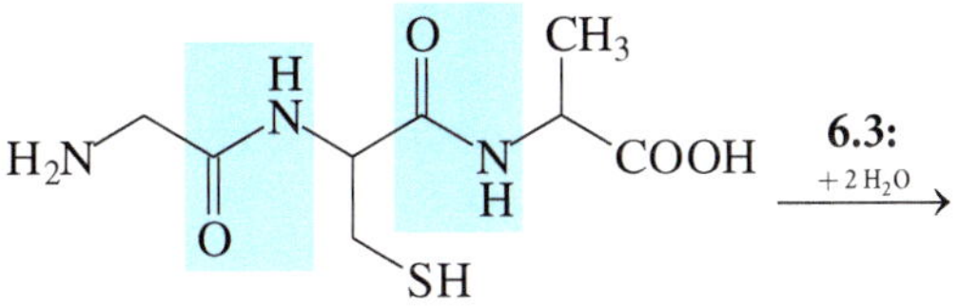

6.3:

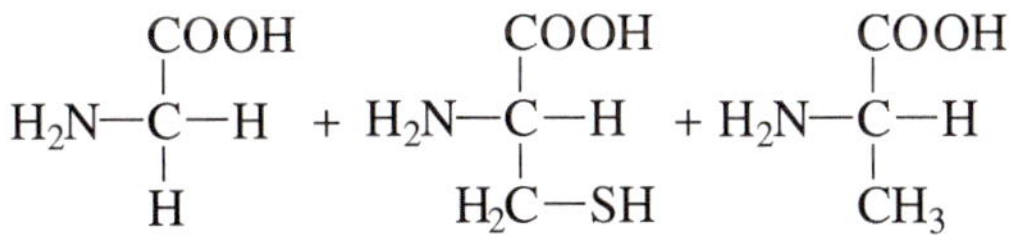

(7) **7.1:** $H_3C\text{-}CH(NH_2)\text{-}COOH + NaOH \rightarrow H_3C\text{-}CH(NH_2)\text{-}COO^{\ominus}\,Na^{\oplus} + H_2O$.
In 50 mL einer 0,1 M Lösung sind 0,005 mol Alanin (M_m = 89 g/mol) enthalten. 200 mg NaOH (M_m = 40 g/mol) entsprechen $n = m : M$ = 0,2 g : (40 g/mol) = 0,005 mol. Es erfolgt also eine vollständige Neutralisation. Es entstehen 0,005 mol Natriumalanat (M_m = 111 g/mol); $m = n \cdot M_m$ = 0,005 · 111 = **0,555 g**.

7.2: 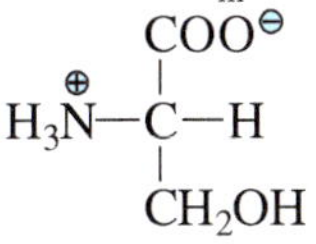 $pH_I = \frac{2,2+9,2}{2} = 5,7$ (Mittelwert der pK_s-Werte);

(8) **8.1:** 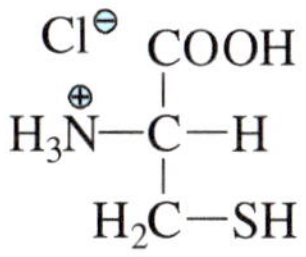

Cysteinhydrochlorid

8.2: 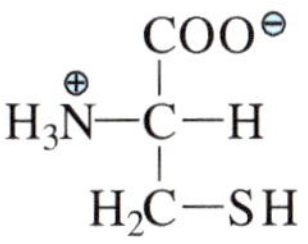

8.3: 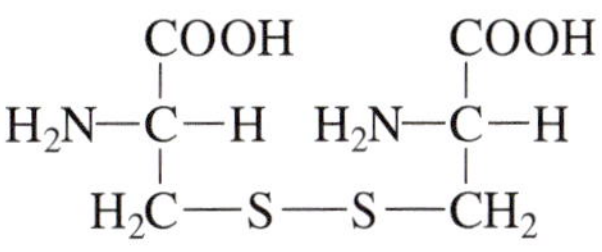

Cystin

8.4: 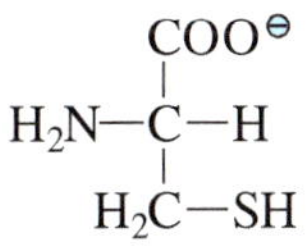

Cystein-Natriumsalz

8.5: 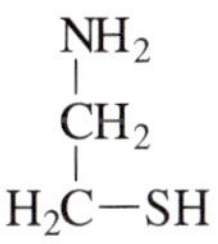

Cysteamin

8.6: H · Cys · Ala · OH;
8.7: H · Ala · Cys · OH

(9) **9.1:** Aminoende 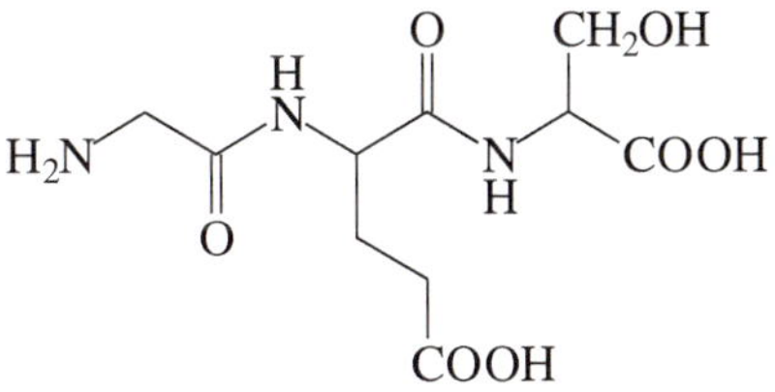 Carboxylende

9.2: 3! = 1 · 2 · 3 = 6; **9.3:** 10! = 10 · 9 · 8 · 7 · 6 · 5 · 4 · 3 · 2 · 1 = 3.628.800 verschiedene Decapeptide.

(10) **10.1:** Säureamid; **10.2:** Wasser; **10.3:** Oligopeptide; **10.4:** Polypeptide; **10.5:** Proteine, Eiweiße; **10.6:** H · (H_2N); **10.7:** rechts; **10.8:** · OH (COOH); **10.9:** H · Ala · Gly · OH; **10.10:** Primär; **10.11:** Sekundär; **10.12:** α-Helix; **10.13:** β-Faltblatt; **10.14:** Tertiär; **10.15:** Disulfidbrücken; **10.16:** Untereinheiten/Ketten; **10.17:** Quartär.

(11) **11.1:** Wasserstoffbrückenbindung; **11.2:** elektrostatische Anziehung (Ionenbindung); **11.3:** Disulfidbrücken (kovalente Bindung); **11.4:** Chelatkomplexe mit Metallionen (koordinative Bindung); **11.5:** hydrophobe Wechselwirkung (van-der-Waals-Kräfte); **11.6:** hydratisierte polare Gruppen (Hydrathülle).

(12) **Richtig:** 12.2, 12.4 (als Heteroatome bezeichnet man die Atome von Elementen, die nicht Kohlenstoff oder Wasserstoff sind), 12.6, 12.7, 12.9, 12.10, 12.13; **falsch:** 12.1, 12.3, 12.5, 12.8, 12.11 (sie gehören zur Sekundärstruktur), 12.12.

(13) 50%. Bei der Reaktion werden $m = 60{,}5$ g Cystein ($M_{m(Cystein)} = 121$ g/mol) also $n = m : M_m = 0{,}5$ mol eingesetzt. Da sich zwei Moleküle Cystein zu einem Molekül Cystin umsetzen, können aus 0,5 mol Cystein maximal 0,25 mol Cystin (100%) entstehen. 30 g Cystin ($M_{m(Cystin)} = 240$ g/mol) entsprechen $n = m : M = 0{,}125$ mol. Die Ausbeute beträgt demnach 50%.

(14) **Richtig:** 14.2, 14.3, 14.6, 14.7, 14.8; **falsch:** 14.1, 14.4, 14.5, 14.9, 14.10.

(15) B

Rechenweg: 10 mL der NaOH-Lösung entsprechen 0,1 mmol NaOH. Da das Glycin-Zwitterion einprotonig ist, werden 0,1 mmol Glycin umgesetzt. 1 mol Glycin sind 75 g, 0,1 mmol sind **7,5 mg**.

(16) E

(17) C

Hinweis: Bei drei verschiedenen Aminosäuren in einem Tripeptid gibt es $3! = 1 \cdot 2 \cdot 3 = 6$ Sequenzsisomere (s. Lehrbuch, 10. Auflage, Seite 354). Bei zwei basischen NH_2-Gruppen, aber nur einer Carboxylgruppe (COOH) liegt der isoelektrische Punkt (pH_I) des Tripeptids im Basischen.

(18) C

(19) D

(20) E

(21) C

(22) **Richtig:** 22.3, 22.4, 22.5, 22.7, 22.8, 22.10, 22.12; **falsch:** 22.1, 22.2, 22.6, 22.9, 22.11, 22.13.

20 Kohlenhydrate

(1) **1.1:** Photosynthese; **1.2:** Kohlendioxid; **1.3:** Wasser; **1.4:** Sauerstoff; **1.5:** Sonnenlicht; **1.6:** Chlorophyll; **1.7:** Cellulose; **1.8:** strukturgebend; **1.9:** Energiequelle; **1.10:** Glykogen; **1.11:** Erkennung; **1.12:** Immun: **1.13:** Blutgruppen; **1.14:** Monosaccharide; **1.15:** $C_n(H_2O)_n$; **1.16:** Zahl; **1.17:** Pentosen; **1.18:** Hexosen; **1.19:** Aldehyd; **1.20:** Keto; **1.21:** Aldosen; **1.22:** Ketosen; **1.23:** Aldose; **1.24:** Dihydroxyaceton; **1.25:** Glucose; **1.26:** süße; **1.27:** Zucker; **1.28:** saccharid; **1.29:** Saccharose; **1.30:** Glucose; **1.31:** Fructose.

(2) **A:** 2.2, 2.3, 2.6, 2.7, 2.9, 2.12, 2.13, 2.14, 2.17, 2.19; **B:** 2.2, 2.3, 2.5, 2.7, 2.9, 2.11, 2.13, 2.14, 2.16, 2.18; **C:** 2.1, 2.4, 2.6, 2.7, 2.10, 2.12, 2.13, 2.14, 2.15, 2.20.

(3) **Richtig**: 3.1, 3.2, 3.3, 3.6, 3.7, 3.10, 3.12, 3.13, 3.14, 3.15; **falsch**: 3.4, 3.5, 3.8, 3.9, 3.11, 3.16, 3.17.

(4) **4.1:** A, B, E; **4.2:** C, D; **4.3:** D; **4.4:** A; **4.5:** A, B; **4.6:** A; **4.7:** D; **4.8:** E; **4.9:** A, B, C, E.

(5) **5.1:**

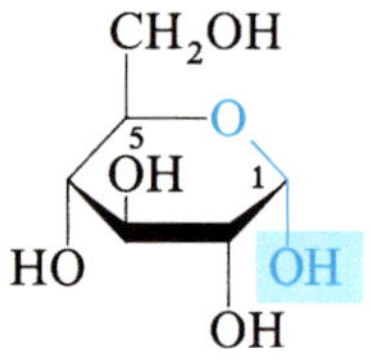

α-D-Glucopyranose

5.2:

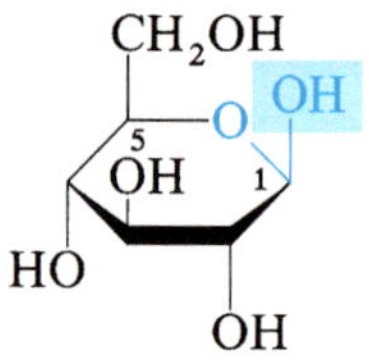

β-D-Glucopyranose

5.3:

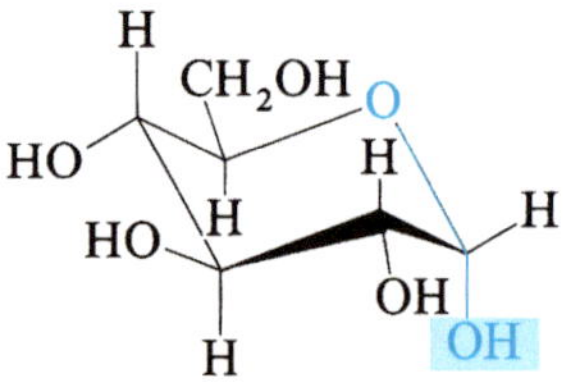

(a)

α-D-Glucopyranose

5.4:

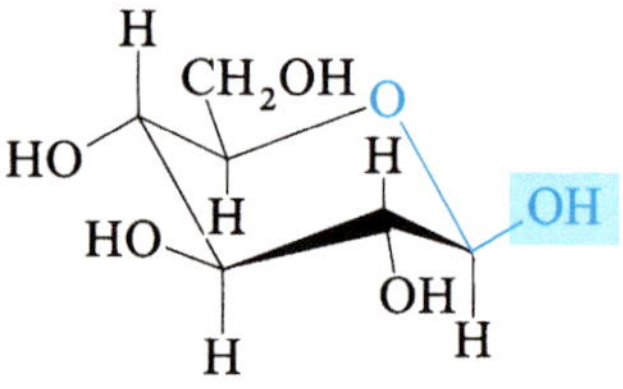

(e)

β-D-Glucopyranose

(6) **6.1:** Bezeichnung für stereoisomere Monosaccharide, die sich in der cyclischen Halbacetalform in der Konfiguration am ehemaligen Carbonyl-C-Atom, dem anomeren Zentrum, unterscheiden (α, β);
6.2: Monosaccharide mit zwei und mehr Chiralitätszentren, die an einem der Chiralitätszentren entgegengesetzte Konfiguration aufweisen;
6.3: Monosaccharide, die als cyclisches Halbacetal vorliegen und dabei einen sechsgliedrigen Ring mit einem Sauerstoffatom ausbilden;
6.4: Monosaccharide, die als cyclisches Halbacetal vorliegen und dabei einen fünfgliedrigen Ring mit einem Sauerstoffatom ausbilden.

(7) **7.1:**

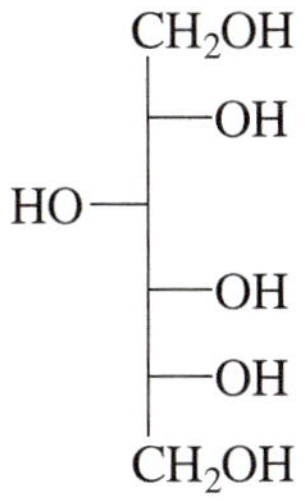

Sorbitol (D-Glucitol)

7.2:

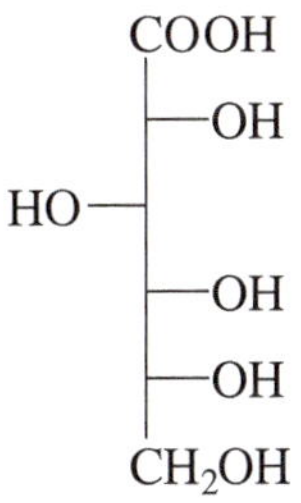

D-Gluconsäure

7.3:

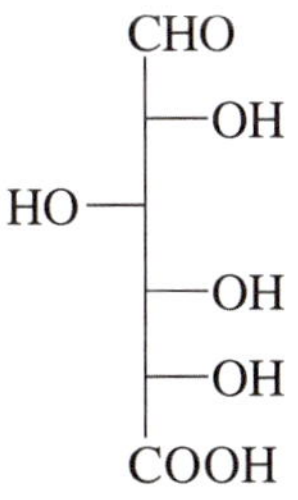

D-Glucuronsäure

7.4:

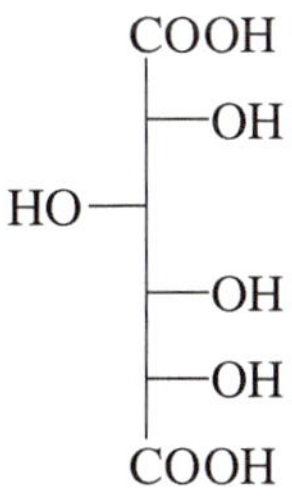

Glucarsäure

(8) **8.1:**

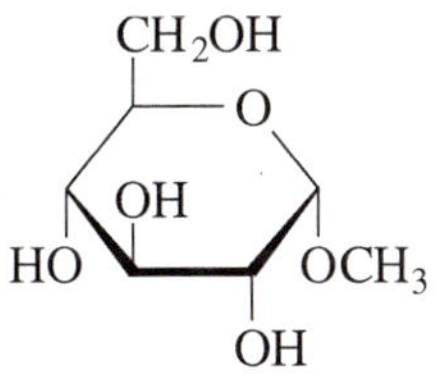

Methyl-α-D-glucopyranosid

8.2:

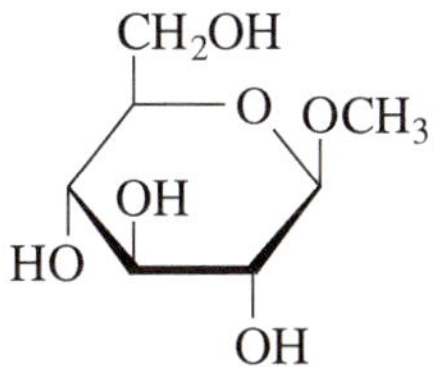

Methyl-β-D-glucopyranosid

(9) B
(10) A
(11) A
(12) **12.1:** Monosacchariden; **12.2:** Kondensation; **12.3:** Disaccharide; **12.4:** anomere; **12.5:** sekundären; **12.6:** Disaccharid; **12.7:** glykosidische; **12.8:** Acetal; **12.9:** Disaccharid; **12.10:** reduzierende; **12.11:** Maltose; **12.12:** D-Glucose; **12.13:** Konfiguration; **12.14:** glykosidischen; **12.15:** α; **12.16:** β-glykosidisch; **12.17:** D-Galactose; **12.18:** glykosidisch; **12.19:** Disaccharid; **12.20:** reduziert; **12.21:** Saccharose; **12.22:** anomeren; **12.23:** reduzierend; **12.24:** α; **12.25:** β.
(13) D
(14) A
Rechenweg: Glucose mit $C_6H_{12}O_6$ hat die relative Molekülmasse von 180. Bei der Oxidation können pro Molekül Glucose 6 CO_2 entstehen. Da nach 2 mol CO_2 gefragt, werden nur 180 : 3 = **60 g** Glucose benötigt.
(15) D
Rechenweg: Glucose $C_6H_{12}O_6$ hat die Molekülmasse 180 g/mol. Im Serum sind 4 mmol/L enthalten. 1 mmol = 180 mg, 4 mmol = 720 mg. Da nicht 1 L, sondern nur 100 mL gefragt sind, errechnet sich 720 : 10 = **72 mg** Glucose.
(16) **Stärke:** 16.1, 16.2, 16.3, 16.4, 16.5, 16.6, 16.7, 16.9, 16.11, 16.12, 16.13, 16.15, 16.17, 16.18, 16.20; **Cellulose:** 16.1, 16.2, 16.3, 16.4, 16.6, 16.8, 16.10, 16.14, 16.16, 16.19.
(17) D (Hinweis ➤ Seite 150)
(18) C
(19) D

Hinweis zu Aufgabe 17:

Eine Hexopyranose oder Hexofuranose enthält fünf Chiralitätszentren, es gibt also jeweils $2^5 = 32$ Stereoisomere.

Ein Disaccharid aus zwei 1,1-glykosidisch verknüpften Hexopyranosen enthält 10 Chiralitätszentren, es gibt also $2^{10} = 1024$ Stereoisomere.

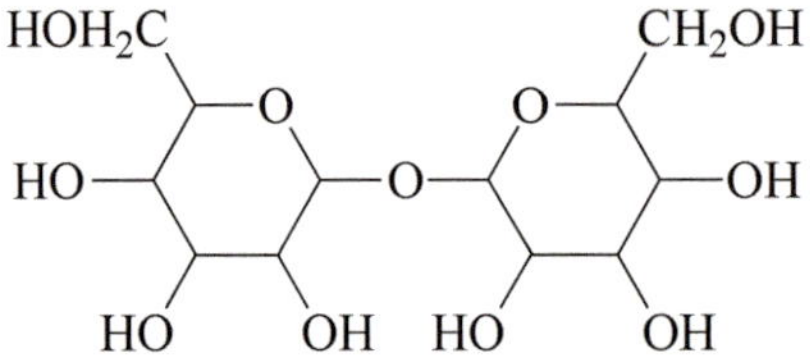

Bei der Verknüpfung von zwei Glucopyranosen gibt es deutlich mehr als vier Möglichkeiten, z.B. 1,1/1,2/1,3/1,4/1,6 jeweils α und β am anomeren C-Atom.

Diese Aufgabe soll zeigen, dass es bei den Di- und Oligosacchariden sehr viel mehr Strukturvarianz gibt, als bei den Di- und Oligopeptiden. Diese Varianz spiegelt sich in der Glykokalix, in der „Zuckerdekoration" auf der Zelloberfläche wider.

(20) **1:** Vitamine; **2:** Ribose; **3:** Fructose; **4:** Furanose; **5:** Sucrose; **6:** Cellobiose; **7**: Heparin; **8:** Mannose; **9:** Amylose; **10:** Galactose; **11:** Anomere; **12:** Cellulose; **13:** Pyranose; **14:** Glykogen. **Lösungswort:** Ascorbinsaeure.

21 Heterocyclen

(1) **1.1:** Sechs; **1.2:** C-Atome; **1.3:** aliphatisch/gesättigt; **1.4:** Benzol; **1.5:** Elemente; **1.6:** Stickstoff; **1.7:** Sauerstoff; **1.8:** Heterocyclen; **1.9:** aromatische; **1.10:** Heteroatome; **1.11:** freier; **1.12:** Carbocyclen; **1.13:** Pyranosen; **1.14:** Histidin, Tryptophan oder Prolin; **1.15:** Code; **1.16:** Hämoglobin; **1.17:** Chlorophyll.

(2) **2.1:** Pyrrolidin; **2.2:** Pyrrol; **2.3:** Tetrahydrofuran; **2.4:** Furan; **2.5:** Thiophen; **2.6:** Imidazol: **2.7:** Thiazol; **2.8:** Pyridin; **2.9:** Pyran; **2.10:** Pyrimidin; **2.11:** Indol; **2.12:** Purin.

(3) **3.1:** 2.2, 2.4, 2.5, 2.6, 2.7, 2.8, 2.10, 2.11, 2.12; **3.2:** 2.3, 2.4, 2.9; **3.3:** 2.5, 2.7; **3.4:** 2.1, 2.2, 2.6, 2.11, 2.12.

(4) **4.1:** sechs; **4.2:** delokalisiert; **4.3:** energie; **4.4:** aromatischen; **4.5:** Elektronenpaar; **4.6:** Stickstoff; **4.7:** sechs; **4.8:** fünf; **4.9:** elektronenreicher; **4.10:** basisch; **4.11:** Proton; **4.12:** Base.

(5) D

(6) B

(7) D

(8) E

(9) D

(10) B

(11) E

(12) D

(13) **Richtig:** 13.2, 13.3, 13.4, 13.5, 13.7, 13.8, 13.12; **falsch:** 13.1, 13.6, 13.9, 13.10, 13.11, 13.13.

22 Medizinisch relevante Werkstoffe

(1) **1.1:** Materialien; **1.2:** Anwendung; **1.3:** Substanzklassen; **1.4:** Metalle; **1.5:** Polymere; **1.6:** Werkstoffe; **1.7:** biologischen; **1.8:** Körpers; **1.9:** Funktionen; **1.10:** Gelenk; **1.11:** Zahn; **1.12:** Material; **1.13:** Kompatibilität; **1.14:** Stabilität; **1.15:** Funktions.

(2) C

(3) **Richtig:** 3.1, 3.4, 3.6, 3.7, 3.9, 3.10; **falsch:** 3.2, 3.3, 3.5, 3.8.

(4) B

(5) C

(6) **6.1:** Das Polymer entsteht unter Wasserabspaltung. Beispiel: Polyester; **6.2:** Das Polymer entsteht, indem sich ein Partner an eine ungesättigte Funktion eines anderen Partners addiert. Die Partner haben jeweils zwei Andockstellen (Diole und Diisocyanate). Beispiel: Urethane; **6.3:** Das Polymer entsteht durch Knüpfung von C-C-Bindungen. Partner sind Olefine. Beispiel PVC oder Teflon; **6.4:** Angabe, wie viel Monomere verknüpft wurden; **6.5:** Polymer aus verschiedenen Bausteinen (Kompositen); **6.6:** Geeignete Komposite werden unter dem Einfluss von Licht bestimmter Wellenlänge polymerisiert. Findet in der Zahnmedizin Anwendung.

(7) E

(8) **8.1:** Knochen; **8.2:** Polyamid; **8.3:** spröde; **8.4:** Korrosion; **8.5:** Chitosan; **8.6:** Bioglas; **8.7:** Legierung; **8.8:** Kollagen; **Lösungswort**: Hydrogel.

23 Spektroskopie in Chemie und Medizin

(1) **1.1:** Wechselwirkungen; **1.2:** Strahlung; **1.3:** Absorption; **1.4:** Emission; **1.5:** Spektroskopie; **1.6:** Strahlung; **1.7:** Wellenlängen; **1.8:** elektromagnetischen; **1.9:** energiereich; **1.10:** zerstören; **1.11:** langwellige; **1.12:** Lösung; **1.13:** kristallin.

(2) **Richtig:** 2.1, 2.3, 2.5, 2.6, 2.9, 2.10, 2.11; **falsch:** 2.2, 2.4, 2.7, 2.8.

(3) **UV:** 3.1, 3.5, 3.6, 3.7, 3.9, 3.11, 3.13, 3.17, 3.18, 3.19; **IR:** 3.3, 3.6, 3.7, 3.12, 3.13, 3.18, 3.19; **NMR:** 3.2, 3.4, 3.7, 3.8, 3.10, 3.13, 3.14, 3.15, 3.16, 3.17, 3.18, 3.19.

(4) **4.1:** Nuclear Magnetic Resonance; **4.2:** Umgebung; **4.3:** Atom; **4.4:** Kernspins; **4.5:** ^{12}C; **4.6:** ^{14}N; **4.7:** ^{1}H; **4.8:** gering; **4.9:** aufwand; **4.10:** homogenes; **4.11:** Radio; **4.12:** magnetischen; **4.13:** Resonanz; **4.14:** chemische; **4.15:** Tetramethylsilan; **4.16:** Intensität; **4.17:** Aufspaltung; **4.18:** Hinweise.

(5) E

(6) B

(7) E

Anhang

A Reaktionsgleichungen und Rechnen

Hinweis: In diesem Kapitel wird versucht, das Aufstellen von Reaktionsgleichungen und das chemische Rechnen anhand einfacher Aufgaben Schritt für Schritt abzuleiten und zu erklären. Dieses Kapitel empfehlen wir als Vorübung, wenn Ihnen die Rechenaufgaben in einzelnen Kapiteln zu schwierig erscheinen oder wenn Ihnen bei den Lösungen nicht alles detailliert genug erklärt wird.

(1) Allgemeine Hinweise zum Aufstellen von Reaktionsgleichungen

Grundsatz: Die Ladungs- und Stoffbilanz muss stimmen. („Was vorne in die Reaktion hineingeht, muss hinten auch wieder herauskommen. Es geht nichts verloren".)

Beispielaufgabe: Die Salzsäure (**a**) des Magensafts reagiert mit dem Ulkustherapeutikum (Antazidum) Magnesium(II)-hydroxid (**b**).

Formulieren Sie die Reaktionsgleichung.

Schritt 1:
Schreiben Sie die chemischen Formeln der beteiligten Ausgangsstoffe, evtl. auch die von bereits genannten Produkten auf. In unserem Beispiel sind nur die Ausgangsstoffe angegeben.
a: HCl, **b:** $Mg(OH)_2$

Schritt 2:
Analysieren Sie, wie sich die Ausgangsstoffe in Wasser verhalten und erkennen Sie deren Reaktionsverhalten.
a: HCl ist eine starke Säure und dissoziiert in Wasser vollständig unter Abgabe eines Protons:
$HCl \rightarrow H^{\oplus} + Cl^{\ominus}$. Dass Protonen in Wasser $H_3O^{\oplus}$-Ionen bilden, ist Ihnen bekannt, bleibt hier jedoch unberücksichtigt.
b: Magnesium(II)-hydroxid ist eine Base und dissoziiert in Wasser.
$Mg(OH)_2 \rightarrow Mg^{2\oplus} + 2\ OH^{\ominus}$
Reaktionstyp: Es befinden sich $H^{\oplus}$- und $OH^{\ominus}$-Ionen im Reaktionsmedium, also findet eine Säure-Base-Reaktion statt, genauer eine Neutralisation gemäß der Gleichung:
$H^{\oplus} + OH^{\ominus} \rightarrow H_2O$

Schritt 3:
Formulieren Sie nun, welche Ausgangsstoffe vorliegen (also **a** + **b**) und welche Produkte daraus hervorgehen.
$H^{\oplus} + Cl^{\ominus} + Mg^{2\oplus} + 2\ OH^{\ominus} \rightarrow H_2O + Mg^{2\oplus} + Cl^{\ominus}$

Schritt 4:
Jetzt gleichen Sie die Zahl der beteiligten Ionen/Moleküle ab, um dem o.g. Grundsatz gerecht zu werden, denn aus dem $Mg(OH)_2$ werden zwei $OH^{\ominus}$-Ionen freigesetzt. Also benötigen Sie zwei $H^{\oplus}$-Ionen, insgesamt also zwei HCl. Entsprechend bilden sich zwei Moleküle Wasser und es bleiben zwei $Cl^{\ominus}$-Ionen übrig.
$2\,H^{\oplus} + 2\,Cl^{\ominus} + Mg^{2\oplus} + 2\,OH^{\ominus} \rightarrow 2\,H_2O + Mg^{2\oplus} + 2\,Cl^{\ominus}$
Prüfen Sie jetzt nochmals nach, ob die Zahl der beteiligten Atome (ohne Rücksicht auf die Ladung) links und rechts übereinstimmt. Also links 4 H, 2 Cl, 1 Mg, 2 O und rechts 4 H, 2 O, 1 Mg, 2 Cl, so stimmt es. Auch die Ladungen sind links und rechts ausgeglichen.

Schritt 5:
Ziehen Sie jetzt die Ionen auf der Produktseite zur Formel des Salzes zusammen, dann ergibt sich eine vergleichsweise einfache Reaktionsgleichung für diese Säure-Base-Reaktion.
$2\,HCl + Mg(OH)_2 \rightarrow 2\,H_2O + MgCl_2$

(2) Aufstellen von Reaktionsgleichungen (mit Extrablatt)

Formulieren Sie für folgende Reaktionen die Reaktionsgleichung und geben Sie jeweils den Reaktionstyp an. Bedenken Sie, dass die Elemente Chlor, Wasserstoff und Sauerstoff nicht atomar, sondern molekular vorliegen.
(2.1) Unter Feuererscheinung reagieren metallisches Natrium und Chlorgas zu Kochsalz.
(2.2) Bei der Knallgasreaktion reagieren Wasserstoff und Sauerstoff zu Wasser.
(2.3) Aus Schwefelsäure sollen Sie Kaliumsulfat (K_2SO_4) herstellen. Was benötigen Sie dazu und wie lautet die Reaktionsgleichung?
(2.4) Metallisches Zink und Salzsäure reagieren unter Gasentwicklung.

(3) Ionenladungen

(3.1) Geben Sie von folgenden Elementen die Ionen an, die typischerweise vorkommen.
K: ______, Mg: ______, Cl: ______, Ca: ______, F: ______, Na: ______, O: ______, Fe: ________,
Br: ______, I: ______, S: ______, Al: ______
(3.2) Schreiben Sie die Anionen mit ihrer Ladung auf, wenn von folgenden Säuren alle Wasserstoffatome als Protonen abgespalten werden.
H_2SO_4: ___________, HCl: ______, HNO_3: ___________, H_3PO_4: ___________, H_2S: ______,
H_2CO_3: ________

(4) Lösen stöchiometrischer Aufgaben

Merke: Das chemische Rechnen (Stöchiometrie) ist viel einfacher, als sich auf den ersten Blick vermuten lässt. Vorab zu lernen ist der Umgang mit der abgekürzten Schreibweise der Moleküle/Salze/Ionen und das Aufstellen von Reaktionsgleichungen unter Nutzung dieser Schreibweise.

(4.1) **Molare Masse:** Die molare Masse (M_m) hat die Einheit g/mol.

Beispielaufgaben: Wie groß ist die molare Masse von Wasser (**a**), Phosphorsäure (**b**), Kochsalz (**c**) und Glucose (**d**)?

Um die Aufgaben zu lösen, müssen Sie von jeder der genannten Verbindungen die Summenformel kennen und von jedem der enthaltenen Elemente die molare Masse.
Letztere entnehmen Sie selbstständig dem Periodensystem, dort ist sie allerdings nur als relative Atommasse (M_r) angegeben.
a: Wasser = (H_2O); $M(H_2O) = 2\,M(H) + M(O) = 2 \cdot 1$ g/mol + 16 g/mol = 18 g/mol
Die molare Masse von Wasser beträgt M_m = 18 g/mol.
b: Phosphorsäure = (H_3PO_4); $M(H_3PO_4) = 3\,M(H) + M(P) + 4\,M(O) = 3 \cdot 1$ g/mol + 31 g/mol + $4 \cdot 16$ g/mol = 98 g/mol
Die molare Masse von Phosphorsäure beträgt M_m = 98 g/mol.

c: Kochsalz (= NaCl); bei Salzen gibt es keine definierten Moleküle, weil die Ionen in einem dreidimensionalen Ionengitter angeordnet sein. Man definiert in diesem Fall die molare Masse durch die Formelmasse von NaCl.
$M(\text{NaCl}) = M(\text{Na}) + M(\text{Cl}) = 23$ g/mol + 35,5 g/mol = 58,5 g/mol
Die molare Masse von Kochsalz beträgt M_m = 58,5 g/mol.
d: Glucose (= $C_6H_{12}O_6$); $M(C_6H_{12}O_6) = 6\,M(\text{C}) + 12\,M(\text{H}) + 6\,M(\text{O}) = 6 \cdot 12$ g/mol + 12 · 1 g/mol + 6 · 16 g/mol = 180 g/mol
Die molare Masse von Glucose beträgt M_m = 180 g/mol.

(4.2) **Masse:** Die Masse (m) einer Verbindung wird in Gramm (g) oder kleineren Einheiten (mg, µg, ng) angegeben.

Beispielaufgaben: **(a)** Wie viel g wiegen 0,75 mol NaCl?
(b) Wie viel mg wiegen 10^{-3} mol HCl?
(c) Eine „potenzierte" Lösung enthält 10^{-10} mol $MgCl_2$, welcher Masse entspricht dies?

A

a: Gegeben ist die Stoffmenge n = 0,75 mol NaCl. Gesucht ist die zugehörige Masse, die sich nach $m = n \cdot M_m$ berechnet. Betrachtet man die Einheiten: m = mol · g/mol = g (mol kürzt sich heraus).
Die molare Masse von NaCl beträgt M_m = 58,5 g/mol (➤ Aufgabe 4.1c).
Die Masse beträgt demnach m = 0,75 mol · 58,5 g/mol = 43,9 g.
0,75 mol NaCl wiegen 43,9 g.
b: Gegeben ist die Stoffmenge $n = 10^{-3}$ mol = 0,001 mol = 1 mmol HCl. Die molare Masse von HCl beträgt $M_m = M(\text{H}) + M(\text{Cl})$ = 1 g/mol + 35,5 g/mol = 36,5 g/mol.
Die gesuchte Masse ist m = 0,001 mol · 36,5 g/mol = 0,0365 g = 36,5 mg HCl.
10^{-3} mol HCl wiegen 36,5 mg.
c: Gegeben ist die Stoffmenge $n = 10^{-10}$ mol $MgCl_2$. Die molare Masse von $MgCl_2$ beträgt $M_m = M(\text{Mg}) + 2\,M(\text{Cl})$ = 24,3 g/mol + 2 · 35,5 g/mol = 95,3 g/mol.
Die gesuchte Masse beträgt $m = 10^{-10}$ mol · 95,3 g/mol = $95{,}3 \cdot 10^{-10}$ g = 9,53 ng (10^{-9} g = 1 ng). 10^{-10} mol $MgCl_2$ wiegen 9,53 ng.

(4.3) **Stoffmenge:** Die Stoffmenge (n) einer Verbindung wird in mol oder kleineren Einheiten (mmol, µmol, nmol) angegeben.

Beispielaufgaben: **(a)** Eine physiologische Kochsalzlösung enthält 9,0 g NaCl pro Liter Wasser. Wie viel mol NaCl sind in einem Liter dieser Lösung enthalten?
(b) Wie viel mol sind 1 L (1000 g) Wasser?
(c) Wie viel mol sind 30 mg Essigsäure?

a: Gegeben ist die Masse m = 9,0 g NaCl in 1 L. Die zugehörige Stoffmenge berechnet sich nach $n = m/M_m$.
Die molare Masse von NaCl beträgt M_m = 58,5 g/mol (➤ Aufgabe 4.1c).
Die gesuchte Stoffmenge beträgt n = 9,0 g/58,5 g/mol = 0,154 mol.
Ein Liter einer physiologischen Kochsalzlösung enthält 0,154 mol NaCl.

Merke: 9,0 g/58,5 g/mol bedeutet mathematisch $\frac{9{,}0\,\text{g}}{58{,}5\,\text{g} \cdot \text{mol}^{-1}} = \frac{9{,}0}{58{,}5}$ mol. Das gilt nachfolgend sinngemäß für ähnliche Ausdrücke.

b: Gegeben ist die Masse m = 1000 g H_2O. Die molare Masse von H_2O beträgt M_m = 18 g/mol (➤ Aufgabe 4.1a). Die gesuchte Stoffmenge beträgt n = 1000 g/18 g/mol = 55,56 mol.
Ein Liter Wasser entspricht 55,56 mol H_2O.
c: Gegeben ist die Masse m = 30 mg Essigsäure (CH_3–COOH). Die molare Masse von Essigsäure beträgt $M_m = 2\,M(\text{C}) + 4\,M(\text{H}) + 2\,M(\text{O})$ = 24 g/mol + 4 g/mol + 32 g/mol = 60 g/mol = $60 \cdot 10^3$ mg/mol. Die gesuchte Stoffmenge beträgt n = 30 mg/$60 \cdot 10^3$ mg/mol = $0{,}5 \cdot 10^{-3}$ mol = 0,5 mmol (10^{-3} mol = 1 mmol). 30 mg Essigsäure entsprechen 0,5 mmol = $0{,}5 \cdot 10^{-3}$ mol.

(4.4) **Teilchenzahl:** Die Teilchenzahl ist durch die Avogadro-Konstante (N_A) bestimmt, die aussagt, dass in 1 mol insgesamt $6{,}02 \cdot 10^{23}$ Teilchen (Moleküle, Ionen) enthalten sind ($N_A = 6{,}02 \cdot 10^{23}\ \text{mol}^{-1}$), eine unvorstellbare große Zahl.

Beispielaufgaben: (**a**) Wie viele Teilchen (Ionen) sind in einem Liter einer physiologischen Kochsalzlösung enthalten?

(**b**) 45 mg Glucose sind in einer Lösung enthalten. Wie viele Moleküle Glucose sind das?

a: Ein Liter physiologische Kochsalzlösung enthält 9,0 g = 0,154 mol NaCl (➤ Aufgabe 4.3a). Die Teilchenzahl beträgt $N = n \cdot N_A = 0{,}154\ \text{mol} \cdot 6{,}02 \cdot 10^{23}\ \text{mol}^{-1} = 0{,}93 \cdot 10^{23}$. Da jedoch beim Lösen von NaCl in Wasser $Na^{\oplus}$- und $Cl^{\ominus}$-Ionen entstehen, also zwei Teilchen, lautet die Teilchenzahl $N = 2 \cdot 0{,}93 \cdot 10^{23} = 1{,}86 \cdot 10^{23}$.
In einem Liter einer physiologischen Kochsalzlösung sind $1{,}86 \cdot 10^{23}$ Ionen enthalten.
b: Gegeben ist die Masse m = 45 mg Glucose. Zunächst muss berechnet werden, welcher Stoffmenge dies entspricht. Dazu benötigen wir die molare Masse M_m = 180 g/mol für Glucose (➤ Aufgabe 4.1d). Die Stoffmenge beträgt $n = 45\ \text{mg}/180 \cdot 10^3\ \text{mg/mol} = 0{,}25 \cdot 10^{-3}\ \text{mol} = 0{,}25\ \text{mmol}$. (Sie müssen hier beachten, dass in Zähler und Nenner dieselbe Massendimension [hier mg] steht, d.h. $180\ \text{g} = 180 \cdot 10^3\ \text{mg}$.) Die Teilchenzahl beträgt $N = 0{,}25 \cdot 10^{-3}\ \text{mol} \cdot 6{,}02 \cdot 10^{23}\ \text{mol}^{-1} = 1{,}51 \cdot 10^{20}$. Hier gilt die Regel: Potenzen werden multipliziert, indem man die Hochzahlen addiert (bei negativen Hochzahlen subtrahiert).
45 mg Glucose entsprechen $1{,}51 \cdot 10^{20}$ Molekülen.

(4.5) **Konzentration:** Die Stoffmengenkonzentration (c) einer Lösung wird in mol/L angegeben. Man spricht auch von der Molarität einer Lösung.

Beispielaufgaben: (**a**) Wie viel molar ist eine Lösung, die 10 g NaOH in 500 mL Wasser enthält?

(**b**) Wie viel molar ist ein Liter einer Lösung mit 30 mg Essigsäure?

a: Gegeben ist die Masse m = 10 g NaOH in 500 mL (= 0,5 L) Wasser. Gesucht ist die Stoffmengenkonzentration, die sich nach $c = n/V$ berechnet (V = Volumen in L). Die molare Masse von NaOH beträgt $M_m = M(\text{Na}) + M(\text{O}) + M(\text{H}) = 23\ \text{g/mol} + 16\ \text{g/mol} + 1\ \text{g/mol} = 40\ \text{g/mol}$. Die Stoffmenge NaOH beträgt $n = m/M_m = 10\ \text{g}/40\ \text{g/mol} = 0{,}25\ \text{mol}$. Nun ergibt sich $c = 0{,}25\ \text{mol}/0{,}5\ \text{L} = 0{,}5\ \text{mol/L}$.
Die NaOH-Lösung ist 0,5 molar, es liegt eine 0,5 M NaOH vor.
b: Gegeben sind 30 mg Essigsäure im Liter. Gesucht ist die Stoffmengenkonzentration. Die molare Masse von Essigsäure beträgt M_m = 60 g/mol (➤ Aufgabe 4.3c). Die Stoffmenge Essigsäure beträgt $n = 30\ \text{mg}/60 \cdot 10^3\ \text{mg/mol} = 0{,}5 \cdot 10^{-3}\ \text{mol} = 0{,}5\ \text{mmol}$. Es folgt $c = 0{,}5\ \text{mmol}/1\ \text{L} = 0{,}5\ \text{mmol/L}$.
Die Essigsäurelösung ist 0,5 millimolar, es liegt eine $0{,}5 \cdot 10^{-3}$ M Essigsäure vor.

(5) Rechnen mit Logarithmen

Beim Berechnen von pH-Werten und Redoxpotenzialen ist der Umgang mit Logarithmen erforderlich. Durch die Anwendung von Logarithmen vereinfachen sich Rechenoperationen, außerdem sind die verwendeten Zahlen kleiner, der Rechenvorgang wird dadurch übersichtlicher. Üblicherweise wird der Logarithmus zur Basis 10 ($^{10}\log$, abgekürzt: lg) verwendet.
Der Rechenvorgang beginnt bei einer vorgegeben Zahl (z.B. 100). Jetzt wechselt man in den „Logarithmen-Modus", d.h., man (bzw. der Taschenrechner) verwandelt die vorgegebene Zahl in eine Potenz mit der Basis 10, aus 100 (= $10 \cdot 10$) wird 10^2. Der Logarithmus von 100 ist dann die Zahl, mit der man die Basis 10 potenzieren muss ($\lg 100 = \log 10^2 = 2$), um 100 zu erhalten. Mit dieser Zahl rechnet man im „Logarithmen-Modus" nun weiter. Am Ende muss man diesen Modus wieder verlassen (man „entlogarithmiert") und kommt zu einer Zehnerpotenz, die sich als Zahlenwert fassen lässt (2 bedeutet 10^2). Die nachfolgenden Beispiele sollen die Regeln beim Rechnen mit Logarithmen näher erläutern.

(5.1) Aus dem Logarithmus vom Produkt zweier Zahlen wird die Summe ihrer Logarithmen.

Allgemein: $x \cdot y$; logarithmiert: $\lg (x \cdot y) = \lg x + \lg y$

Beispiel: $10 \cdot 1000$; logarithmiert: $\lg (10 \cdot 1\,000) = \lg 10^1 + \lg 10^3 = 1 + 3 = 4$;
Die errechnete Hochzahl 4 bedeutet $10^4 = 10\,000$.
Diese Aufgabe hätten Sie auch im Kopf gelöst. Für Aufgaben mit einfachen Zehnerpotenzen benötigt man normalerweise keinen Taschenrechner.

Beispiel (nur mit Taschenrechner zu lösen):

$2 \cdot 375 \cdot 2\,000$; logarithmiert: $\lg 2 + \lg 375 + \lg 2\,000 = 0{,}301 + 2{,}574 + 3{,}301 = 6{,}176$.
(Sie können mit allen Stellen nach dem Komma weiterrechnen oder begrenzen es, wie hier geschehen, auf drei Stellen hinter dem Komma.)
Die errechnete Hochzahl 6,176 bedeutet $10^{6{,}176} = 1\,500\,000 = 1{,}5 \cdot 10^6$.

(5.2) Aus dem Logarithmus vom Quotienten zweier Zahlen wird die Differenz ihrer Logarithmen.

Allgemein: $\frac{x}{y}$; logarithmiert: $\lg \frac{x}{y} = \lg x - \lg y$

Beispiel: $\frac{1000\,000}{100}$; logarithmiert: $\lg (\frac{1000\,000}{100}) = \lg 10^6 - \lg 10^2 = 6 - 2 = 4$;

Die errechnete Hochzahl 4 bedeutet $10^4 = 10\,000$.

Beispiel (nur mit Taschenrechner zu lösen):

$\frac{375}{2\,000}$; logarithmiert $\lg \frac{375}{2\,000} = \lg 375 - \lg 2\,000 = 2{,}574 - 3{,}301 = -0{,}727$

$-0{,}727$ „entlogarithmiert“: $10^{-0{,}727} = 0{,}1875$

(5.3) Der Logarithmus einer Potenz führt dazu, dass man die Hochzahl mit dem Logarithmus der Basis multipliziert. Die Hochzahlen können positiv oder negativ sein, beides führt zu sinnvollen Zahlen.

Allgemein: x^2; logarithmiert: $\lg (x^2) = 2 \cdot \lg x$.
x^{-2}; logarithmiert: $\lg (x^{-2}) = -2 \cdot \lg x$

Beispiel: 10^5; logarithmiert: $5 \cdot \lg 10 = 5 \cdot 1 = 5$
10^{-5}; logarithmiert: $-5 \cdot \lg 10 = -5 \cdot 1 = -5$

Erläuterung: 10^{-5} bedeutet $\frac{1}{10^5}$, also $\frac{1}{100\,000} = 0{,}00001$

Wenn der dekadische Logarithmus ($^{10}\log$, lg) eine negative Zahl ist, haben wir es mit Zahlen kleiner 1 zu tun. Der Logarithmus von 1 ist gleich Null.

Beispiele: $10^3 = 1\,000$; $\lg 10^3 = 3$
$10^0 = 1$; $\lg 10^0 = 0$
$10^{-3} = 0{,}001$; $\lg 10^{-3} = -3$

Beispiel (nur mit Taschenrechner zu lösen):

$2^3 \cdot 5^4 = \lg 2^3 + \lg 5^4 = 3 \cdot \lg 2 + 4 \cdot \lg 5$
$= 3 \cdot 0{,}301 + 4 \cdot 0{,}699$
$= 0{,}903 + 2{,}796 = 3{,}699$
Die errechnete Hochzahl 3,699 bedeutet: $10^{3{,}699} = 5\,000 = 5 \cdot 10^3$

(5.4) **Negativer Logarithmus:** Statt den normalen Logarithmus zu bilden, kann man auch vereinbaren, den negativen Logarithmus zu bilden, man multipliziert dazu mit –1. Dies wird z.B. beim pH-Wert gemacht. Diese Vereinbarung muss beim Rechnen mit solchen Logarithmen natürlich bekannt sein.

Beispiel: Der negative Logarithmus von 10^2: $-\lg(10^2) = -2 \cdot \lg 10 = -2 \cdot 1 = -2$
Der negative Logarithmus von 10^{-2}: $-\lg(10^{-2}) = -(-2) \cdot \lg 10 = 2 \cdot 1 = 2$

Erläuterung: 10^{-2} bedeutet $\frac{1}{100}$ oder 0,01, also eine kleine Zahl. Durch normales Logarithmieren
arbeitet man nur mit der Hochzahl. Es entfallen Bruchstrich oder Komma. Man erhält eine kleine negative Zahl. Negativ logarithmiert, entsteht dagegen eine kleine positive Zahl, die sich besser handhaben lässt (➤ pH-Wert).

Beispiel: Der negative Logarithmus von $\frac{x}{y}$: $-\lg(\frac{x}{y}) = -(\lg x - \lg y) = -\lg x + \lg y = \lg y - \lg x\ (= \lg \frac{y}{x})$.

(6) pH-Wert

Der pH-Wert einer Lösung ist der negative dekadische Logarithmus der Hydroniumionen-Konzentration. $pH = -\lg [H_3O^{\oplus}]$ oder $pH = -\lg c(H_3O^{\oplus})$. Konzentrationsangaben haben die Einheit mol/L, der pH-Wert hingegen ist eine dimensionslose Zahl, die bei verdünnten Säurelösungen positiv, bei sehr konzentrierten aber auch negativ sein kann. Selbst pH = 0 ist eine sinnvolle Angabe, wie folgende Beispiele zeigen:

$[H_3O^{\oplus}] = 10^{-5}$ mol/L; **pH** $= -\lg 10^{-5} = 5$
$= 0{,}01$ mol/L $= 10^{-2}$ mol/L; **pH** $= -\lg 10^{-2} = 2$
$= 0{,}1$ mol/L $= 10^{-1}$ mol/L; **pH** $= -\lg 10^{-1} = 1$
$= 1$ mol/L $= 10^{0}$ mol/L; **pH** $= -\lg 10^{0} = 0$
$= 10$ mol/L $= 10^{1}$ mol/L; **pH** $= -\lg 10^{1} = -1$

Beispielaufgabe: Welchen pH-Wert hat eine 0,01 M Salzsäure?

Salzsäure ist eine starke Säure, sie ist in Wasser vollständig dissoziiert:
$HCl + H_2O \rightleftarrows H_3O^{\oplus} + Cl^{\ominus}$.
Die Säurekonzentration beträgt $c(HCl) = [HCl] = 0{,}01$ mol/L. Wegen der vollständigen Dissoziation gilt $[H_3O^{\oplus}] = 0{,}01$ mol/L $= 10^{-2}$ mol/L; **pH** $= -\lg 10^{-2} = 2$.
Für eine 0,01 M Salzsäure gilt pH = 2.

Beispielaufgabe: Wie viel molar ist eine Salzsäure mit pH = 4?

Da HCl vollständig dissoziiert ist, spiegelt der pH-Wert nicht nur die Hydroniumionen-Konzentration ($c(H_3O^{\oplus}) = [H_3O^{\oplus}]$) wider, sondern zugleich auch die HCl-Konzentration ($c(HCl) = c(H_3O^{\oplus})$).
pH = 4 bedeutet also $[H_3O^{\oplus}] = 10^{-4}$ mol/L.
Die Salzsäure ist 10^{-4} molar, es handelt sich um eine 0,0001 M Salzsäure.

Beispielaufgabe: Wie viel g NaOH benötigen Sie, um 1 L einer Natronlauge mit pH = 12 herzustellen?

NaOH dissoziiert in Wasser vollständig: $NaOH \rightleftarrows Na^{\oplus} + OH^{\ominus}$; d.h., die anfängliche NaOH-Konzentration ist gleich der $OH^{\ominus}$-Konzentration.
Gegeben ist pH = 12. Gesucht ist die Masse an NaOH gemäß $m = n \cdot M_m$.
Die molare Masse M_m beträgt 40 g/mol (➤ Aufgabe 4.5a). Die Stoffmengenkonzentration $c(NaOH)$ ergibt sich aus dem pH-Wert. Da eine Base vorliegt, benötigen wir den pOH-Wert. In wässriger Lösung gilt pH + pOH = 14, d.h. pOH = 14 – pH = 14 – 12 = 2. Der pOH-Wert entspricht dem negativen dekadischen Logarithmus der $OH^{\ominus}$-Ionenkonzentration ($pOH = -\lg [OH^{\ominus}]$).

Für unsere Aufgabe gilt $-\lg\,[OH^{\ominus}] = 2$. Es gilt für $[OH^{\ominus}] = 10^{-2}$ mol/L.
Für die Herstellung von 1 L Natronlauge benötigt man $m = 10^{-2}\,\text{mol} \cdot 40\,\text{g/mol} = 0{,}4\,\text{g NaOH}$.

Lösungen zu Anhang A: Reaktionsgleichungen und Rechnen

(2) **2.1:** $2\,Na + Cl_2 \rightarrow 2\,NaCl$
Hier findet eine Redoxreaktion statt. Natrium gibt ein Elektron ab und wird zu $Na^{\oplus}$ oxidiert, Chlor nimmt Elektronen auf und wird zu $Cl^{\ominus}$ reduziert (➤ Kap. 8).
2.2: $2\,H_2 + O_2 \rightarrow 2\,H_2O$
Hier findet eine Redoxreaktion statt. Wasserstoff wird zu $H^{\oplus}$ oxidiert, Sauerstoff zu $O^{2\ominus}$ reduziert. Zwei $H^{\oplus}$ und ein $O^{2\ominus}$ bilden Wasser. Ein Molekül Sauerstoff nimmt vier Elektronen auf und bildet zwei $O^{2\ominus}$, entsprechend werden zwei Moleküle Wasserstoff benötigt, um insgesamt vier Elektronen zu übertragen und damit die Elektroneutralität zu wahren.
2.3: $H_2SO_4 + 2\,KOH \rightarrow K_2SO_4 + 2\,H_2O$
Hier findet eine Säure-Base-Reaktion statt, genauer gesagt eine Neutralisation. Da nach dem Kaliumsalz gefragt ist, benötigt man Kaliumhydroxid als Base.
2.4: $Zn + 2\,HCl \rightarrow ZnCl_2 + H_2\uparrow$
Hier findet eine Redoxreaktion statt. Zink wird zu $Zn^{2\oplus}$ oxidiert, die Protonen von HCl werden zu Wasserstoff reduziert, der als Gas aus der Lösung entweicht. Die Chlorid-Ionen bleiben unverändert und bilden mit dem entstehenden $Zn^{2\oplus}$ das Salz $ZnCl_2$.
(3) **3.1:** $K^{\oplus}$, $Mg^{2\oplus}$, $Cl^{\ominus}$, $Ca^{2\oplus}$, $F^{\ominus}$, $Na^{\oplus}$, $O^{2\ominus}$, $Fe^{2\oplus}/Fe^{3\oplus}$, $Br^{\ominus}$, $I^{\ominus}$, $S^{2\ominus}$, $Al^{3\oplus}$.
3.2: $SO_4^{2\ominus}$, $Cl^{\ominus}$, $NO_3^{\ominus}$, $PO_4^{3\ominus}$, $S^{2\ominus}$, $CO_3^{2\ominus}$.

B Themenübergreifende Fragen

Hinweis: In diesem Kapitel finden Sie Aufgaben, in denen die Themen der Kapitel 1–23 gemischt und verknüpft werden. Dies entspricht der realen Situation im schriftlichen und mündlichen Examen des ersten Abschnitts der ärztlichen Prüfung. Generell bildet das Detailwissen der einzelnen Kapitel die Grundlage, auf der aufbauend das Wissen vernetzt werden kann, um komplexere Zusammenhänge zu beschreiben und zu verstehen. Bei einigen Fragen gehen wir noch einen Schritt weiter und vernetzen Themen der Chemie mit solchen der Biochemie, um Ihnen zu zeigen, dass die Chemie für Mediziner der Vorbereitung auf die Biochemie und später der klinischen Chemie sowie der Pharmakologie dient. Alle Fragen lassen sich mit Hilfe des Lehrbuchs (10. Aufl.) beantworten.

Multiple Choice

(1) 1 mol H_2O korreliert mit welchen der folgenden Angaben (relative Atommassen: H = 1, O = 16)?

1 1 g H_2O
2 18 g H_2O
3 10^1 Moleküle H_2O
4 $6 \cdot 10^{23}$ Moleküle H_2O
5 1 L H_2O

Welche der Aussagen treffen zu?

A Nur 1, 3 und 5
B Nur 1 und 3
C Nur 2 und 4
D Nur 2, 4 und 5
E Nur 4 und 5

B

Multiple Choice

(2) Wenn man ein Salz in Wasser löst, laufen verschiedene Vorgänge ab. Welche der nachfolgenden Angaben bzw. Begriffe hat **keine** Beziehung zum Lösungsvorgang und seiner Energiebilanz?

A Gitterenergie
B Ionisierungsenergie
C Hydratation
D Größe und Ladung der Ionen des Salzes
E Löslichkeitsprodukt

Multiple Choice

(3) Welche Aussage zur Gleichgewichtskonstanten *K* einer chemischen Reaktion trifft zu?

A *K* ist von der Reaktionstemperatur abhängig.
B Bei gekoppelten Reaktionen errechnet sich das *K* der Gesamtreaktion aus der Summe der Gleichgewichtskonstanten der Einzelreaktionen.
C *K* ist die Differenz aus den Geschwindigkeiten der Hin- und der Rückreaktion.
D *K* ist direkt proportional zum ΔG der betrachteten Reaktion.
E Im Gleichgewicht erreicht *K* den Wert 0.

Multiple Choice

(4) Die chemische Reaktion von A zu B soll nach einer Kinetik erster Ordnung mit der Geschwindigkeitskonstanten *k* ablaufen. Welche Aussage trifft zu?

A *k* wird mit abnehmender Substratkonzentration kontinuierlich kleiner.
B *k* hängt nicht von der Temperatur ab.
C Die Reaktionsgeschwindigkeit $-dA/dt$ bleibt während der gesamten Reaktionszeit konstant.
D Die Halbwertszeit dieser Reaktion errechnet sich als $t_{1/2} = \frac{\ln 2}{k}$.
E Eine Verdoppelung der Konzentration von A führt zu einer Vervierfachung der Reaktionsgeschwindigkeit $-dA/dt$.

Multiple Choice

(5) Ordnen Sie den chemischen Prozessen aus *Liste 1* einen Begriff aus *Liste 2* zu.

Liste 1	Liste 2
1) $NaCl \rightarrow Na^{\oplus} + Cl^{\ominus}$	A) Elektronenaffinität
2) $Na \rightarrow Na^{\oplus} + e^{\ominus}$	B) Redoxreaktion
3) $Cl_2 + 2\ e^{\ominus} \rightarrow 2\ Cl^{\ominus}$	C) Ionisierungsenergie
4) $2\ Na + Cl_2 \rightarrow 2\ NaCl$	D) Neutralisationswärme
5) $Na^{\oplus} + 6\ H_2O \rightarrow [Na(H_2O)_6]^{\oplus}$	E) Dissoziation

Welche Zuordnung trifft **nicht** zu?

A 1–E
B 2–C
C 3–A
D 4–B
E 5–D

Multiple Choice

(6) Welche Aussage zu Natriumhydrogencarbonat ($NaHCO_3$) trifft **nicht** zu?

A In Wasser bilden sich die Ionen $Na^{\oplus}$ und $HCO_3^{\ominus}$.
B Der Kohlenstoff hat die Oxidationsstufe +4.
C Die wässrige Lösung reagiert sauer.
D Beim Übergießen mit HCl bildet sich u.a. CO_2.
E Zusammen mit CO_2 entsteht in wässriger Lösung ein Puffersystem.

Multiple Choice

(7) Der Alkoholgehalt von „Volksheilmitteln“ kann beachtlich sein. Beispielsweise enthält ein Melissengeist mit 75 Vol.% in einer 100-mL-Flasche etwa 60 g Ethanol. Eine 67 kg schwere Frau trinkt die Flasche aus. Im Körper der Frau wird ein Verteilungsvolumen von 40 L für das Ethanol angenommen.
Wie viel Promille Alkohol hat die Frau etwa im Blut?

- A 0,5‰
- B 1,0‰
- C 1,5‰
- D 2,0‰
- E 2,5‰

Multiple Choice

(8) Welche Aussage zur Gleichgewichtsreaktion von CO_2 mit H_2O trifft **nicht** zu?

$CO_2 + x\,H_2O \rightleftarrows y\,HCO_3^{\ominus} + H_3O^{\oplus}$

- A Die stöchiometrischen Faktoren sind $x = 2$ und $y = 1$.
- B $HCO_3^{\ominus}$ ist in dieser Reaktion eine Brönsted-Base.
- C Der gelöste Anteil CO_2 ist vom Partialdruck CO_2 abhängig.
- D Die Lage des Gleichgewichts ist pH-abhängig.
- E Für die wässrige Lösung ergibt sich pH > 7.

Multiple Choice

(9) Die Enzyme im Stoffwechsel sind Biokatalysatoren.
Welche Aussage trifft **nicht** zu?

- A Enzyme sind Proteine mit charakteristischen Aminosäuresequenzen.
- B Die Aktivität vieler Enzyme hängt vom pH-Wert ab.
- C Enzyme verschieben das Gleichgewicht von Stoffwechselreaktionen in Richtung der Produkte.
- D Enzyme beeinflussen die Aktivierungsenergie von Stoffwechselreaktionen.
- E Enzyme sind in der Regel substratspezifisch.

Multiple Choice

(10) Vergleichen Sie Glycerin und Glycin.
Welche der Aussagen trifft zu?

- A Beide enthalten drei C-Atome.
- B Beide haben einen isoelektrischen Punkt.
- C Beide enthalten Stickstoff.
- D Glycerin ist Baustein von Lipiden.
- E Glycin ist Baustein der DNA.

Multiple Choice

(11) Welche Aussage zu den Verbindungen Malonsäure, Maleinsäure und Malat trifft **nicht** zu?

- A Malat ist das Anion der Malonsäure.
- B Malat und Maleinsäure enthalten vier C-Atome.
- C Das (*E*)-Isomere der Maleinsäure heißt Fumarsäure.
- D Durch Hydrierung der Doppelbindung von Maleinsäure entsteht Bernsteinsäure.
- E Malat enthält ein Chiralitätszentrum.

Multiple Choice

(12) Welche Aussage zu den Begriffen amphoter, amphiphil, amphipatisch und amorph trifft **nicht** zu?

- A Phospholipide sind amphiphil.
- B $HCO_3^{\ominus}$ ist amphoter.
- C Ein geschliffener Diamant ist amorph.
- D Eine Aminosäure am isoelektrischen Punkt ist amphoter.
- E Amphiphil und amphipatisch werden synonym verwendet.

Multiple Choice

(13) Für bestimmte aromatische Reste werden die Bezeichnungen Phenyl-, Benzyl- bzw. Benzoyl- verwendet.

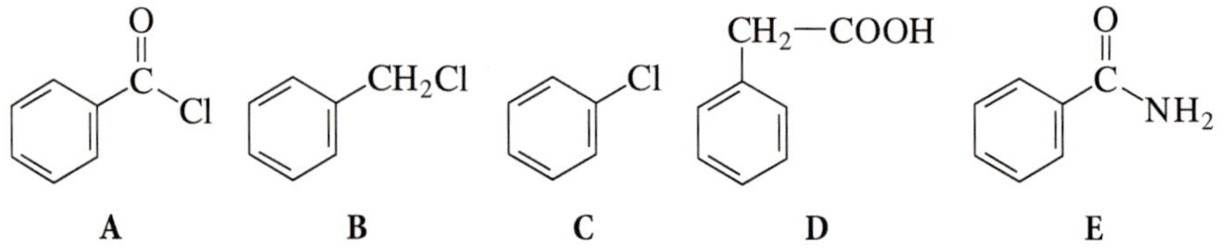

Welche der Verbindungen **A** bis **E** enthalten

(13.1) einen Phenylrest? ____________

(13.2) einen Benzylrest? ____________

(13.3) einen Benzoylrest? ____________

Multiple Choice

(14) Die Verbindungen der *Liste 1* enthalten ein bestimmtes Metall-Ion in einem Chelatkomplex gebunden. Ordnen Sie die Metall-Ionen der *Liste 2* den Verbindungen zu.

Liste 1	Liste 2
1) Chlorophyll	A) $Co^{3\oplus}$
2) Vitamin D	B) $Fe^{2\oplus}$
3) Hämoglobin	C) $Mg^{2\oplus}$
4) Vitamin B_{12}	D) $Ca^{2\oplus}$
5) Cytochrom c	

Welche Zuordnung trifft **nicht** zu?

A 1–C
B 2–D
C 3–B
D 4–A
E 5–B

Multiple Choice

(15) Die Shikimisäure (**S**) ist eine Zwischenstufe in der Biosynthese aromatischer Verbindungen.

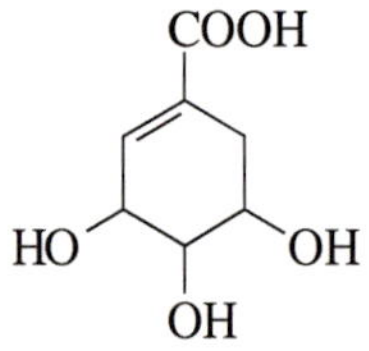

Welche der folgenden Aussagen trifft **nicht** zu?

A **S** entfärbt elementares Brom.
B **S** ist ein dreiwertiger Alkohol.
C Durch zweimalige Dehydratisierung kann aus **S** eine Phenolcarbonsäure entstehen.
D **S** enthält drei Chiralitätszentren.
E **S** ist ein Enol.

Multiple Choice

(16) Ein wichtiger Schritt in der Glykolyse ist die Isomerisierung von Glucose-6-phosphat zu Fructose-6-phosphat.
Bei den beiden Verbindungen handelt es sich um

- A Diastereomere.
- B Konstitutionsisomere.
- C Konformere.
- D Enantiomere.
- E Tautomere.

Multiple Choice

(17) Welche Aussage zu Phospholipiden trifft **nicht** zu?

- A Phospholipide sind Bausteine von biologischen Membranen.
- B Phospholipide enthalten veresterte Phosphorsäure als Strukturelement.
- C Phospholipide werden in Gegenwart von NaOH gespalten.
- D Lecithin ist ein typisches Phospholipid.
- E Phospholipide bilden in wässriger Lösung bevorzugt Mizellen.

Multiple Choice

(18) Welche der folgenden Reaktionen ist **keine** Oxidation?

- A *n*-Propanol → Propionaldehyd
- B Ethen → Ethan
- C $Fe^{2\oplus} \rightarrow Fe^{3\oplus}$
- D sekundärer Alkohol → Keton
- E Cystein → Cystin

Multiple Choice

(19) Welche der folgenden Verbindungen enthält Phosphorsäureester-Bindungen?

- A DNA
- B Vitamin C
- C Cholesterin
- D Adenosin
- E Triacylglycerin

Multiple Choice

(20) Vergleichen Sie die Aminosäuren Glycin und Lysin.
Welche Aussage trifft **nicht** zu?

- A Der isoelektrische Punkt ist verschieden.
- B Beide können ein Zwitterion bilden.
- C Beide enthalten ein Chiralitätszentrum.
- D Lysin ist eine basische Aminosäure.
- E Beide sind proteinogen.

Multiple Choice

(21) Welche Aussage zur abgebildeten Substanz trifft **nicht** zu?

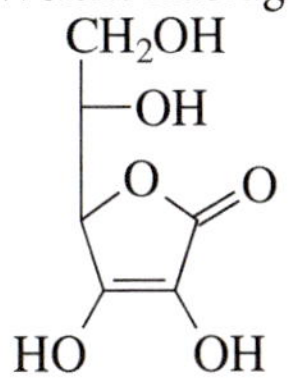

- A Sie ist ein Lacton.
- B Sie kann am Endiol-Strukturteil leicht reduziert werden.
- C Sie enthält eine sekundäre OH-Gruppe.
- D Sie enthält eine primäre OH-Gruppe.
- E Sie ist ein Antioxidans.

Multiple Choice

(22) Aufgrund der folgenden experimentellen Befunde sollen Sie die funktionelle Gruppe einer unbekannten organischen Verbindung **X** herausfinden.

1. Die Oxidation von **X** führt zur Verbindung **Y**, die bei Zugabe von ammoniakalischer Silbersalzlösung **keinen** Silberspiegel bildet.
2. Verbindung **Y** gibt mit Hydroxylamin ein Oxim.

Zu welcher Verbindungsklasse gehört die Verbindung **X**?

A Carbonsäure
B primärer Alkohol
C sekundärer Alkohol
D Aldehyd
E Keton

Multiple Choice

(23) Welche Reaktion erfolgt **nicht** unter Wasserabspaltung?

A 2 Moleküle Monosaccharid → Disaccharid
B Carbonsäure und Alkohol → Carbonsäureester
C 2 Moleküle Aminosäure → Dipeptid
D 2 Moleküle Essigsäure → Acetanhydrid
E offenkettige D-Glucose → α-D-Glucopyranose

Zuordnen

(24) In der ersten Spalte finden Sie eine Aussage zu einer Reaktion oder eine Reaktionsangabe. Kreuzen Sie an, ob die Reaktion endergon oder exergon ist. Es kann auch sein, dass Sie aufgrund der Angaben keine Entscheidung treffen können.

		Endergon	Exergon	Beides möglich
(24.1)	Reaktion läuft freiwillig ab.			
(24.2)	$\Delta G > 0$			
(24.3)	Aufbrechen eines Ionengitters			
(24.4)	Hydratation von Ionen			
(24.5)	Neutralisation			
(24.6)	Hydrierung einer olefinischen Doppelbindung			
(24.7)	Knallgasreaktion			
(24.8)	C_6H_{12} und Luftsauerstoff			
(24.9)	Veresterung einer Carbonsäure			
(24.10)	Hydrolyse von ATP			
(24.11)	Abbau von Glucose zu Pyruvat			
(24.12)	Aufbau von Glykogen aus Glucose			
(24.13)	Umwandlung von Pyruvat in Phosphoenolpyruvat			
(24.14)	Reduktion von Luftstickstoff zu Ammoniak			
(24.15)	Bildung von Glucose aus CO_2 und Wasser			
(24.16)	Hydrolyse von Acetyl-CoA			
(24.17)	Oxidation von $Fe^{2\oplus}$ zu $Fe^{3\oplus}$			

Multiple Choice

(25) Welche Aussage zur abgebildeten Strukturformel des Phosphodiesterase-Inhibitors Vardenafil trifft zu?

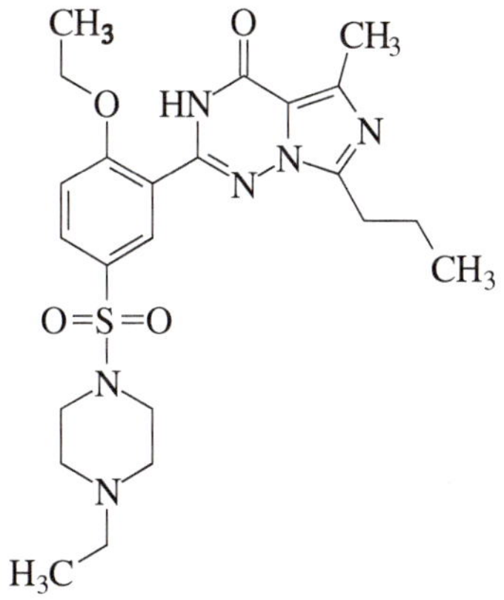

Die Verbindung enthält

- A eine Sulfonsäureamidgruppe.
- B zwei Chiralitätszentren.
- C einen Thiazolring.
- D eine Thioesterbindung.
- E die Aminosäure Lysin als Strukturelement.

Multiple Choice

(26) Der erste Reaktionsschritt bei der typischen Umsetzung eines Aldehyds mit einem primären Amin ist

- A eine Protonenübertragung vom Aldehyd auf das Amin.
- B eine Wasserabspaltung.
- C die Oxidation des Aldehyds zur Carbonsäure.
- D die Addition des Amins an die C=O-Doppelbindung.
- E der nukleophile Angriff des Amins auf das α-C-Atom.

Medizin und Alltag

(27) Suxamethoniumchlorid (**S**) wird zur Muskelrelaxation eingesetzt.

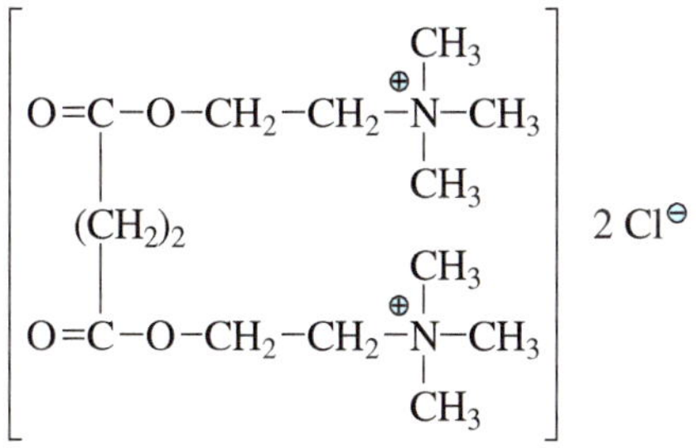

Welche der folgenden Aussagen trifft **nicht** zu?

- A **S** gehört zur Lipidklasse der Diacylglycerine.
- B Der aus **S** bei der Hydrolyse freigesetzte Alkohol ist Cholin.
- C Bei der Säurekomponente in **S** handelt es sich um Bernsteinsäure.
- D **S** enthält zwei Carbonsäureestergruppen.
- E **S** ist ein quartäres Ammoniumsalz.

Zuordnen

(28) Nachfolgend finden Sie die Strukturformeln von drei Antibiotika. Machen Sie bitte kenntlich (durch Einrahmen), wo sich in diesen Molekülen Säureamidgruppen befinden!

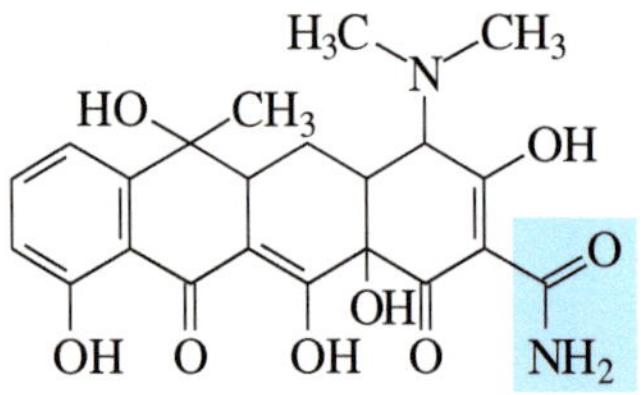

Tetracyclin

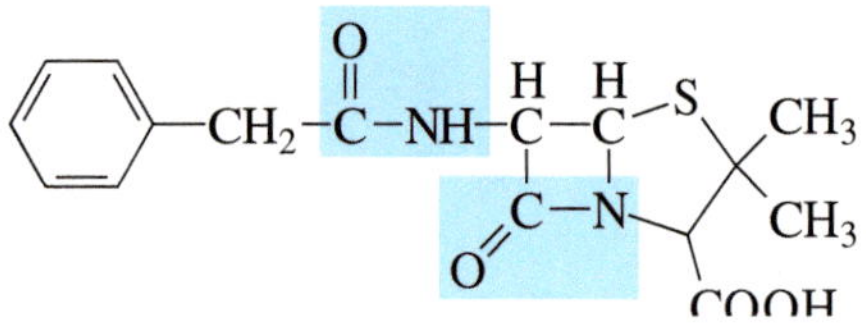

Penicillin G

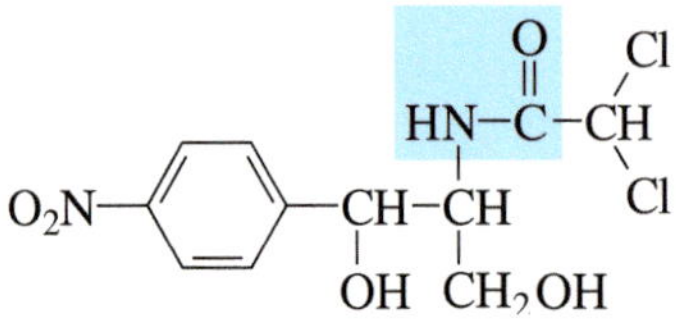

Chloramphenicol

Kreuzen Sie nachfolgend an, welches der Antibiotika die angegebene funktionelle Gruppe enthält.

		Tetracyclin	Penicillin G	Chloramphenicol
(28.1)	sekundärer Alkohol			
(28.2)	tertiärer Alkohol			
(28.3)	phenolische OH-Gruppen			
(28.4)	tertiäres Amin			
(28.5)	Enol			
(28.6)	Keton			
(28.7)	Carboxylgruppe			
(28.8)	Lactam			
(28.9)	Nitrogruppe			
(28.10)	hydrierter Thiazolring			
(28.11)	Phenylacetylrest			
(28.12)	Dichloracetylrest			
(28.13)	mehr als zwei Chiralitätszentren			

Lösungen zu Anhang B: Themenübergreifende Fragen

(1) C
(2) B

Hinweis: Die Ionisierungsenergie ist aufzuwenden, um aus einem Atom oder Molekül ein Elektron herauszulösen. Es entsteht ein Kation. Ein Salz besteht schon aus Ionen, sie werden beim Lösen in Wasser nicht erst gebildet.

(3) A

Hinweis: Diese Aufgabe ist schwer. Sie müssen sicher wissen, dass K temperaturabhängig ist. B ist falsch, weil dort „Summe" steht, richtig wäre „Produkt". C ist falsch, weil dort „Differenz" steht, richtig wäre „Quotient". D ist falsch, weil $\Delta G \sim \ln K$, direkt proportional wäre $\Delta G \sim K$. E ist falsch, weil eine Konstante konstant ist, im Gleichgewicht ist $\Delta G = 0$.

(4) D
(5) E

Hinweis: Der Prozess 5) ist eine Hydratation und führt zu einem Aquakomplex, dabei wird die Hydratationsenergie frei. Hier läuft keine Säure-Base-Reaktion ab, im Sinne einer Neutralisation durch Protonenübertragung.

(6) C
(7) C

Rechenweg: 60 g Ethanol verteilen sich auf 40 L. In 1 L (= 1000 g) sind dann $\frac{60\text{ g}}{40} = 1{,}5$ g Ethanol enthalten, das sind 1,5‰.

(8) E
(9) C
(10) D

Hinweis: Die Namen Glycerin und Glycin kann man leicht verwechseln. Da es sich um einfache, biochemisch wichtige Verbindungen handelt, wird erwartet, dass Sie die Formeln und damit die Substanzklasse kennen.

Glycerin: 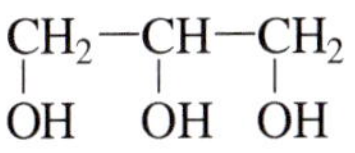

Glycin: 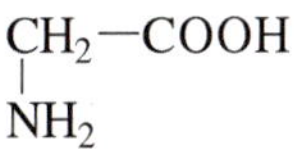

Glycerin, der einfachste dreiwertige Alkohol, ist ein Lipidbaustein. Glycin, die einfachste Aminosäure. Sie ist ein Proteinbaustein, sie ist proteinogen.

(11) A

Hinweis: Malat ist das Anion der Apfelsäure und spielt im Citratzyklus eine Rolle. Das Anion der Malonsäure heißt Malonat.

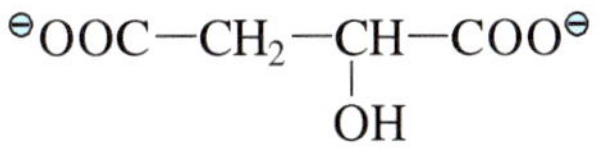

Malat (C_4)

$HOOC-CH_2-COOH$

Malonsäure (C_3)

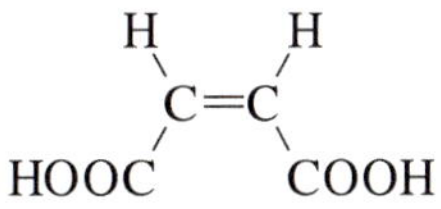

Maleinsäure (C_4)

(12) C

Hinweis: Diamant ist eine kristalline Modifikation des Kohlenstoffs, d.h., die C-Atome sind im Diamantgitter regelmäßig angeordnet. Amorph bedeutet, dass es *keine* regelmäßige Anordnung der Bausteine gibt.

(13) **13.1:** alle; **13.2:** B und D; **13.3:** A und E.
(14) B

Hinweis: Vitamin D bzw. die daraus hervorgehenden Wirkformen unterstützen die $Ca^{2\oplus}$-Aufnahme in das Knochengerüst, sind jedoch keine Chelatoren für $Ca^{2\oplus}$.

(15) E

Hinweis: Ein Enol enthält das Strukturelement 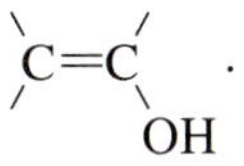 .

(16) B
(17) E
(18) B
(19) A
(20) C

Hinweis: Glycin ist die einzige proteinogene Aminosäure ohne ein Chiralitätszentrum (➤ Strukturformel in der Lösung von Aufgabe 10).

(21) B

Hinweis: Das abgebildete Vitamin C wird am Endiol leicht oxidiert, d.h., es macht z.B. hochreaktive Sauerstoffradikale unschädlich, es ist somit ein typisches Antioxidans.

(22) C
(23) E

Hinweis: Bei der Bildung des Halbacetals aus der offenkettigen D-Glucose wird kein Wasser abgespalten, die OH-Gruppe an C-5 addiert sich an die Carbonylgruppe des Aldehyds.

(24) **Endergon:** 24.2, 24.3, 24.12, 24.13, 24.15; **exergon:** 24.1, 24.4, 24.5, 24.6, 24.7, 24.8, 24.10, 24.11, 24.14 (➤ Kap. 6, Aufgabe 8), 24.16; **beides möglich:** 24.9, 24.17.

Hinweis: Bei Gleichgewichtsreaktionen wie der Veresterung bzw. der Oxidation von Ionen hängt die Thermodynamik der Prozesse von der Konzentration der Reaktionspartner ab.

(25) A
(26) D
(27) A
(28)

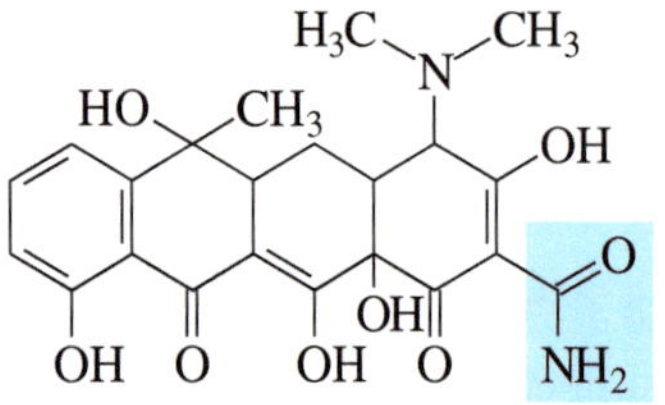

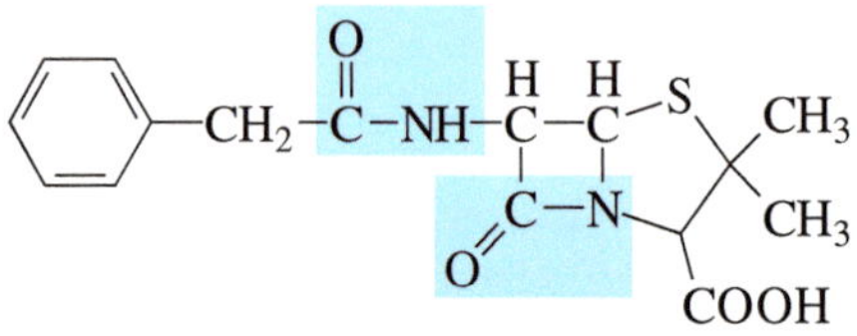

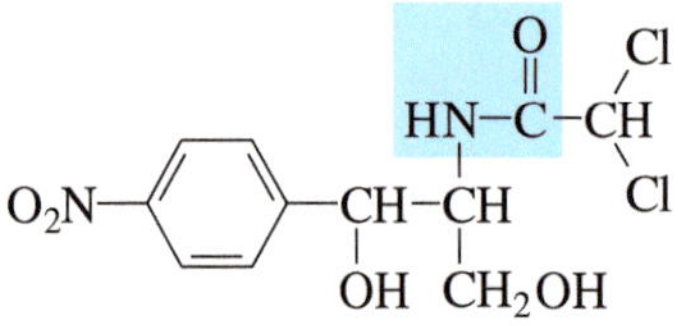

Tetracyclin: 28.2, 28.3, 28.4, 28.5, 28.6, 28.13.
Penicillin G: 28.7, 28.8, 28.10, 28.11, 28.13.
Chloramphenicol: 28.1, 28.9, 28.12.

C Medizin und Chemie

Hinweis: Hier finden Sie ein neues Fragenformat, das Ihre Kompetenzen als angehender Arzt/angehende Ärztin überprüfen möchte. Die nachfolgenden 25 Fragen sind thematisch ungeordnet und fachübergreifend.
Das bisherige Multiple-Choice-Fragenformat mit einer richtigen Antwort neben vier falschen führt mit einer gewissen prüfungstaktischen Intelligenz auch bei geringer Sachkenntnis zum Erfolg. Außerdem werden die Fächer z.T. streng getrennt abgefragt, wodurch das „Schubladenlernen" gefördert wird und kaum Zusammenhänge sichtbar werden. Da die Prüfungsanforderungen auf das Lernverhalten zurückkoppeln, befindet sich die Medizinerausbildung seit Jahren in einer Sackgasse.
Ziel sollte ein **integratives Medizinstudium** sein, in dem Sie früh lernen, die wissenschaftsbasierten Sachverhalte verschiedener Fächer zu vernetzen. Integration bedeutet jedoch nicht, auf die Grundlagen einzelner Fächer zu verzichten. Vielmehr geht es darum, bei der Vermittlung chemischer Sachverhalte den Bezug zur Medizin deutlich zu machen. Dies stellt an die Lehrenden sowohl in der Chemie/Biochemie als auch in der Medizin erhöhte Anforderungen. Mit anderen Worten: Die Kompetenzen, über die Medizinstudierende am Ende einzelner Ausbildungsabschnitte verfügen sollen, muss man auch von den Lehrenden verlangen können. Da liegt die eigentliche Herausforderung bei der Reform des Medizinstudiums.
Als Fragentyp für unser Anliegen wählen wir **Multiple Choice^{forte}.** Sie wissen nicht, wie viele der Angaben zu einer Frage richtig oder falsch sind, d.h. ohne ein fachübergreifendes Verständnis können Sie diese Fragen nicht beantworten.
Wir möchten Ihnen einen Vorgeschmack davon geben, was durch eine integratives Studium erreicht werden kann. Die **Chemie,** eines der Grundlagenfächer in der Medizin, wird in diesem Kontext **als hilfreich und notwendig erkannt, sobald sie richtig gelehrt wird.** Dies zeigen wir hier exemplarisch, denn die Fragen sind so gewählt, dass sich diese mit Hilfe des Lehrbuchs „Chemie für Mediziner" (10. Auflage), insbesondere mit den dort integrierten „Medizinkästen" beantworten lassen. Damit Sie nicht lange suchen müssen, geben wir Ihnen dazu Seitenhinweise.

Frage 1

Chemisch-medizinische Zusammenhänge den Wasserhaushalt betreffend

Der Mensch kann lange Zeit ohne Nahrung auskommen, aber Wasser braucht er täglich. Wasser ist ein echtes Lebensmittel.
Prüfen Sie, welche der folgenden Angaben richtig oder falsch sind!

		Richtig	Falsch
(1.1)	Der Wassergehalt des Körpers beträgt maximal 55 %.		
(1.2)	Der Wasserbedarf des Menschen kann auch durch Meerwasser gedeckt werden.		
(1.3)	Wasser ist ein Dipolmolekül und bildet intermolekulare H-Brücken.		
(1.4)	H-Brücken haben mit 20 kJ/mol etwa die Stärke einer kovalenten C–H-Bindung.		
(1.5)	Wassermoleküle bilden Assoziate und Cluster, wodurch sich der hohe Siedepunkt erklären lässt.		
(1.6)	Die aus Phospholipiden aufgebaute Bilayer-Zellmembran kann das Wasser in beiden Richtungen ungehindert passieren.		
(1.7)	Aquaporine sind Membranproteine, die ein selektives „Wasserleitungssystem" darstellen.		
(1.8)	Nicht nur H_2O-Moleküle, sondern auch $H_3O^{\oplus}$-Ionen können die Aquaporine passieren.		
(1.9)	Die Bildung der Aquaporine, die die Rückresorption von Wasser in den Nieren ermöglichen, wird durch Vasopressin reguliert.		
(1.10)	Löst man ein Salz in Wasser, werden nur die Kationen hydratisiert.		
(1.11)	Die Entfernung der Hydrathülle von Ionen erfordert Energie.		
(1.12)	Die im Zytoplasma der Zellen enthaltenen Moleküle, z.B. Glucose, Aminosäuren, Enzyme, sind hydratisiert.		
(1.13)	Entfernt man von Enzymen die Hydrathülle, so bleibt ihre enzymatische Aktivität erhalten.		

		Richtig	Falsch
(1.14)	Galle ist eine kolloidale Körperflüssigkeit mit einem Wassergehalt von ca. 80 %.		
(1.15)	Blut ist eine homogene Körperflüssigkeit mit einem Wassergehalt von 98 %.		
(1.16)	Ein regulierter Wasserfluss im menschlichen Körper ist für die Aufrechterhaltung des Liquors unerlässlich.		

Die Antwort finden Sie im Lehrbuch (10. Auflage) auf den Seiten 56 bis 58, 62, 64, 68, 71, 98 und 99.

C

forte

Chemisch-medizinische Zusammenhänge das Blut betreffend

Frage 2

„Blut ist ein ganz besonderer Saft", sagt Mephisto zu Faust vor der ‚Vertragsunterzeichnung'. Was zeichnet das Blut naturwissenschaftlich gesehen aus?
Prüfen Sie, ob die folgenden Angaben richtig oder falsch sind!

		Richtig	Falsch
(2.1)	Ein normalgewichtiger Mensch (70 kg) enthält etwa 10 L Blut.		
(2.2)	Blut ist eine heterogene Körperflüssigkeit.		
(2.3)	Das Metalloprotein Hämoglobin (Hb) ist Bestandteil der Erythrocyten.		
(2.4)	Die Bindung von Sauerstoff an das $Fe^{2\oplus}$ im Hämoglobin (Hb) verursacht einen Wertigkeitswechsel zu $Fe^{3\oplus}$.		
(2.5)	Bei 150 g Hb pro Liter Blut wird 10-mal mehr Sauerstoff gebunden, als sich physikalisch im Blut löst.		
(2.6)	Arterielles Blut hat eine etwas hellere Rotfärbung als venöses.		
(2.7)	Täglich werden etwa 10^5 Erythrocyten neu gebildet.		
(2.8)	Sinkt der Sauerstoffpartialdruck in den Lungenalveolen und im Blut unter 5,3 kPa, so spricht man von einer Hyperventilation.		
(2.9)	Steigt der pH-Wert des arteriellen Blutes über pH = 7,43, so spricht man von einer Azidose.		
(2.10)	Hämoglobin besteht aus vier Protein-Untereinheiten mit je einem $Fe^{2\oplus}$-Ion im Zentrum eines Tetrapyrrol-Ringsystems.		
(2.11)	Die Glykokalix der Erythrocyten ist bei allen Menschen gleich.		
(2.12)	Die Basis der Glykokalix sind Oligosaccharide.		
(2.13)	Die Ionenanteile im Blutplasma entsprechen in etwa denen des Meerwassers.		
(2.14)	Albumin im Blutplasma ist allein für die Pufferkapazität des Blutes verantwortlich.		
(2.15)	Vitamin K wird für die Blutgerinnung benötigt.		

Die Antworten finden Sie im Lehrbuch (10. Aufl.) auf den Seiten 66, 100, 132, 171, 173, 395 und 399

forte

Bildung von Harnstoff durch Hydrolyse

Frage 3

In den Leberzellen wird Harnstoff durch Hydrolyse eines Vorläufers freigesetzt.
Prüfen Sie, ob die folgenden Angaben richtig oder falsch sind!

		Richtig	Falsch
(3.1)	Der Vorläufer ist Ornithin.		
(3.2)	Der Vorläufer ist Citrullin.		
(3.3)	Der Vorläufer ist eine proteinogene Aminosäure.		
(3.4)	Der Vorläufer ist eine neutrale Aminosäure.		
(3.5)	Der Vorläufer enthält eine Guanidylgruppe.		
(3.6)	Die Hydrolyse bedarf des Enzyms Arginase.		
(3.7)	Die Hydrolyse bedarf einer Transaminase.		
(3.8)	Die Hydrolyse bedarf des Enzyms Urease.		
(3.9)	Die Hydrolyse ist der letzte Schritt im Harnstoffzyklus.		

Die Antwort finden Sie im Lehrbuch (10. Aufl.) auf Seite 314/315.

Frage 4

Beziehung von Vitamin A zum Sehprozess

Der Mensch kann auf der Netzhaut (Retina) Lichteindrücke empfangen und verarbeiten. Dabei spielen ein Vitamin A-Derivat und das Membranprotein Opsin eine Rolle. Durch kovalente Verknüpfung der beiden entsteht Rhodopsin.
Prüfen Sie, ob die folgenden Angaben richtig oder falsch sind!

		Richtig	Falsch
(4.1)	all-*trans*-Retinal wird an einen Lysinrest des Opsins gebunden.		
(4.2)	11-*cis*-Retinol wird als Ester an das Opsin gebunden.		
(4.3)	11-*cis*-Retinsäure wird als Säureamid an das Opsin gebunden.		
(4.4)	Durch Licht wird 11-*cis*-Retinal an das Opsin als Imin gebunden.		
(4.5)	Durch Licht wird die 11-*cis*-Bindung im Rhodopsin zur all-*trans*-Form isomerisiert.		
(4.6)	Durch Licht wird die molekulare Geometrie des Rhodopsins verändert.		
(4.7)	11-*cis*-Retinal im Rhodopsin wird enzymatisch zu all-*trans*-Retinal isomerisiert.		
(4.8)	Im Photorezeptor des Rhodopsins spielen konjugierte Doppelbindungen die entscheidende Rolle.		
(4.9)	11-*cis*-Retinal und all-*trans*-Retinal sind geometrische Isomere.		

Die Antwort finden Sie im Lehrbuch (10. Aufl.) auf Seite 276.

Frage 5

Regulierung des Blut-pH-Wertes

Der pH-Wert des Blutes beträgt pH = 7,4 mit einer natürlichen Schwankungsbreite von ±0,03.
Prüfen Sie, ob die folgenden Angaben richtig oder falsch sind!

		Richtig	Falsch
(5.1)	Die Säure-Base-Gleichgewichte im Blut sind reversibel.		
(5.2)	Hyperventilation führt zu einer respiratorischen Azidose.		
(5.3)	Metabolische Azidosen können bei *Diabetes mellitus* auftreten.		
(5.4)	In den Erythrocyten erfolgt die Pufferung überwiegend durch Albumin.		
(5.5)	Im Blutplasma erfolgt die Pufferung überwiegend durch Hämoglobin.		
(5.6)	Der Kohlensäure-Puffer im Blut ermöglicht die rasche Regulierung des pH-Werts.		
(5.7)	Bei 37 °C und pH = 7,4 ist die CO_2-Konzentration höher als die von Hydrogencarbonat.		
(5.8)	Die Konzentration von CO_2 im Blut hängt vom Partialdruck in der Atemluft ab.		
(5.9)	Der Kohlensäure-Puffer ist ein geschlossenes Puffersystem.		

Die Antwort finden Sie im Lehrbuch (10. Auflage) auf den Seiten 131/132.

Frage 6

Grundlegendes zum Mikrobiom des Menschen

Die Gesamtheit der Mikroorganismen (Bakterien und Pilze) in und am menschlichen Körper bezeichnet man als **Mikrobiom des Menschen.**
Prüfen Sie, ob die folgenden Angaben richtig oder falsch sind!

		Richtig	Falsch
(6.1)	Bakterien verfügen über einen vielfältigen Stoffwechsel, der den Umweltbedingungen optimal angepasst ist.		
(6.2)	Die Mehrzahl der Bakterien leben auf der Haut.		
(6.3)	Die Anzahl der Bakterienzellen der Darmflora ist größer als die der Körperzellen des Menschen.		

		Richtig	Falsch
(6.4)	Die Gesamtmasse der Bakterien im Darm beträgt ca. 100 mg.		
(6.5)	An der Darmflora sind über 1000 Bakterienarten beteiligt.		
(6.6)	Das Mikrobiom dient dem Menschen im Sinne einer Symbiose.		
(6.7)	Menschen können auch ohne eine Darmflora leben.		
(6.8)	Die Darmflora steht über Signale mit dem Gehirn in Verbindung.		
(6.9)	Die Darmflora ist ohne Einfluss auf die Gesundheit.		
(6.10)	Die Zusammensatzung des Mikrobioms ist bei allen Menschen gleich.		
(6.11)	Antibiotika beeinträchtigen die Darmflora erheblich.		

Die Antwort finden Sie im Lehrbuch (10. Auflage) auf Seite 22 und 293.

forte

Nebenwirkungen einer Antibiotika-Behandlung

Frage 7

Eine schwere *Pseudomonas*-Infektion wurde mit Gentamicin behandelt. Der Patient klagt im Anschluss über Schwindel und Gleichgewichtsstörungen. Er bittet den Arzt um Aufklärung. Prüfen Sie, ob die folgenden Angaben richtig oder falsch sind!

		Richtig	Falsch
(7.1)	Gentamicin ist ein Aminoglykosid-Antibiotikum.		
(7.2)	Die beobachtete Nebenwirkung ist für alle Antibiotika typisch.		
(7.3)	Der Gehirnstoffwechsel wird massiv gestört.		
(7.4)	Gentamicin ist bekanntermaßen ototoxisch.		
(7.5)	Gentamicin lagert sich im Innenohr ab.		
(7.6)	Das Löslichkeitsprodukt von Calciumcarbonat wird verändert.		
(7.7)	Calciumcarbonat lagert sich als Calcit verstärkt im Innenohr ab.		
(7.8)	Kleine Salzkristalle (Otokonien) im Innenohr werden partiell aufgelöst.		
(7.9)	Die Lymphe im Innenohr fließt aus und lässt Kristalle zurück.		

Die Antwort finden Sie im Lehrbuch (10. Auflage) auf Seite 34.

forte

Struktur, Biosynthese und Bedeutung des Thyroxins

Frage 8

Die Schilddrüsenhormone Thyroxin (T_4) und Triiodthyronin (T_3) regulieren den Grundumsatz und damit auch den Wärmehaushalt des Körpers.
Prüfen Sie, ob die folgenden Angaben richtig oder falsch sind!

		Richtig	Falsch
(8.1)	Iod ist als Spurenelement für die Schilddrüsenhormone von Bedeutung.		
(8.2)	T_3 entsteht aus T_4 durch Verlust eines Iodatoms.		
(8.3)	In T_3 und T_4 liegt Iod als Iodid vor.		
(8.4)	T_4 hat eine höhere biologische Aktivität als T_3.		
(8.5)	L-Thyroxin ist eine proteinogene Aminosäure.		
(8.6)	L-Thyroxin enthält eine Diphenylether-Struktur.		
(8.7)	T_4 wird ausgehend von Adrenalin aufgebaut.		
(8.8)	Ausgangspunkt für die Bildung von T_4 ist Thyreoglobulin, ein tyrosinreiches Protein.		
(8.9)	Die Reaktion von Iod am Benzolring der Tyrosin-Seitenketten durch eine Peroxidase ist eine Substitution.		
(8.10)	Iodmangel führt zu einer Hypothyreose.		

Die Antwort finden Sie im Lehrbuch (10. Auflage) auf den Seiten 351/352.

Frage 9

Metalloenzyme spielen im Stoffwechsel eine wichtige Rolle.
Prüfen Sie, ob die folgenden Angaben richtig oder falsch sind!

forte – Struktur und Funktion von Metalloenzymen

		Richtig	Falsch
(9.1)	Etwa ein Drittel aller Enzyme enthalten Ionen von Übergangsmetallen.		
(9.2)	Proteine mit ihren funktionellen Gruppen treten als Chelatoren auf.		
(9.3)	Wichtige Zentralionen sind in der Regel dreiwertig.		
(9.4)	Der Wertigkeitswechsel des Zentralions wirkt sich auf die Funktion aus.		
(9.5)	Verliert ein Metalloenzym sein Zentralion, bleibt die Funktion in abgeschwächter Form erhalten.		
(9.6)	Ersetzt man in Metalloenzymen $Fe^{2\oplus}$ durch $Co^{2\oplus}$, bleibt die Funktion erhalten.		
(9.7)	$Fe^{2\oplus}$ entsteht aus Eisen durch Abgabe der $3s^2$-Elektronen.		
(9.8)	Die Zentralionen $Fe^{2\oplus}$ und $Cu^{2\oplus}$ unterscheiden sich in der Besetzung der $3d$-Orbitale.		
(9.9)	Carboanhydrase enthält $Mn^{2\oplus}$ als Zentralion.		
(9.10)	Carboanhydrase katalysiert die Reaktion $CO_2 + H_2O \rightleftarrows H^{\oplus} + HCO_3^{\ominus}$.		
(9.11)	Carboanhydrase beschleunigt nur die Hinreaktion des o.g. Gleichgewichtes.		
(9.12)	Carboanhydrase sorgt in der Lunge für eine geregelte Abgabe von CO_2.		

Die Antwort finden Sie im Lehrbuch (10. Auflage) auf den Seiten 170/171.

Frage 10

An der inneren Mitochondrienmembran befinden sich neben der ATP-Synthase die an der Atmungskette beteiligten Enzyme.
Prüfen Sie, welche der folgenden Angaben richtig oder falsch sind!

forte – Chemisch-biochemische Grundlagen der Atmungskette

		Richtig	Falsch
(10.1)	Die Elektronen werden vom NADH über die Elektronentransportkette zum Sauerstoff geleitet.		
(10.2)	NADH hat ein stark positives Normalpotenzial ($E^{0'}$).		
(10.3)	Der Citratzyklus in der Matrix stellt größere Mengen NADH bereit.		
(10.4)	Am Elektronenfluss sind die redoxaktiven Proteinkomplexe I bis IV beteiligt.		
(10.5)	Die Elektronen fließen gemäß der Spannungsreihe bergauf.		
(10.6)	Die bei der Oxidation von NADH frei werdende Energie wird in einem Protonengradienten gespeichert.		
(10.7)	Der pH-Wert ist im Intermembranraum größer als in der Matrix.		
(10.8)	Am Elektronentransport sind u.a. Ubichinon, Eisen-Schwefel-Proteine und Cytochrome beteiligt.		
(10.9)	Der Komplex IV (Cytochrom-c-Oxidase) enthält Redoxzentren, die neben $Fe^{2\oplus}$- auch $Cu^{2\oplus}$-Ionen enthalten.		
(10.10)	Kohlenmonoxid (CO) fördert den Elektronentransport in der Atmungskette.		
(10.11)	Cyanid ($CN^{\ominus}$) hemmt den Elektronentransport in der Atmungskette.		
(10.12)	Bei Sauerstoffmangel treten Veränderungen in der Funktion der Mitochondrien auf.		

		Richtig	Falsch
(10.13)	Degenerative Erkrankungen können mit der oxidativen Schädigung der Mitochondrien durch ROS einhergehen.		
(10.14)	Der Rückfluss überschüssiger Elektronen durch die ATP-Synthase führt zur Bildung von ATP.		
(10.15)	Die Reaktion ADP + P_i + $H^{\oplus}$ → ATP + H_2O ist exergon.		
(10.16)	Aus 1 mol NADH entsteht maximal 1 mol ATP.		
(10.17)	Der Wirkungsgrad der Energiegewinnung in den Mitochondrien ist höher als bei einem Verbrennungsmotor.		

Die Antwort finden Sie im Lehrbuch (10. Auflage) auf Seite 156 bis 158.

forte

Chemisch-medizinische Einordnung von Cholesterin

Frage 11

Cholesterin spielt als Zellmembranbaustein und als Biosynthesevorläufer der Steroidhormone eine wichtige Rolle im menschlichen Körper.
Prüfen Sie, welche der folgenden Angaben richtig oder falsch sind!

		Richtig	Falsch
(11.1)	Cholesterin ist ein Eicosanoid.		
(11.2)	Das C-Gerüst des Cholesterins wird aus Isopren-Einheiten gebildet.		
(11.3)	Cholesterin enthält eine tertiäre Alkoholgruppe.		
(11.4)	Cholesterin enthält eine C = C-Doppelbindung.		
(11.5)	Cholesterin ist lipophil.		
(11.6)	Cholesterin enthält mehrere Chiralitätszentren.		
(11.7)	Wasserstoffbrücken stabilisieren die Konformation des tetrazyklischen Grundgerüsts.		
(11.8)	Das Cholesterin im Körper entsteht z.T. in der Leber und wird z.T. mit der Nahrung zugeführt.		
(11.9)	Aus Cholesterin entstehen u.a. Testosteron und Östradiol.		
(11.10)	Cholesterin ist Vorläufer von Vitamin A.		
(11.11)	Aus Cholesterin können Gallensäuren entstehen.		
(11.12)	Cholesterin wird von den Lipoproteinen HDL und LDL im Blut gebunden und transportiert.		
(11.13)	Cholesterin ist ein Antioxidans.		
(11.14)	Hemmstoffe der Cholesterinbiosynthese können das Herzinfarktrisiko senken.		
(11.15)	Eine niedrige LDL-Konzentration im Blut begünstigt die Arteriosklerose.		

Die Antwort finden Sie im Lehrbuch (10. Auflage) auf den Seiten 207, 234/235 und 337.

forte

Chemisch-medizinischer Zusammenhang zwischen Serotonin und Melatonin

Frage 12

Serotonin und Melatonin sind Gewebshormone und Neurotransmitter mit weitreichender physiologischer Bedeutung.
Prüfen Sie, welche der folgenden Angaben richtig oder falsch sind!

		Richtig	Falsch
(12.1)	Serotonin ist ein biogenes Amin.		
(12.2)	Vorläufer des Serotonins ist Tyrosin.		
(12.3)	Serotonin und Melatonin enthalten einen Imidazolring.		
(12.4)	Melatonin entsteht aus Serotonin durch N-Acetylierung und O-Methylierung der funktionellen Gruppen.		
(12.5)	Melatonin entsteht überwiegend in der Leber.		
(12.6)	Melatonin wird überwiegend am Tag gebildet.		

		Richtig	Falsch
(12.7)	Melatonin steuert beim Menschen den zirkadianen Rhythmus.		
(12.8)	Bei depressiven Erkrankungen werden Medikamente eingesetzt, die die Serotoninkonzentration lokal erhöhen.		
(12.9)	Bei einem hohen Melatonin-Serumspiegel steht viel Insulin zur Verfügung.		
(12.10)	Melatonin beeinflusst Lernprozesse und das Gedächtnis.		

Die Antwort finden Sie im Lehrbuch (10. Auflage) auf Seite 404/405.

Frage 13

forte

Bedeutung essenzieller Fettsäuren

Bei der Ernährung und im Stoffwechsel spielen ungesättigte Fettsäuren eine wichtige Rolle. In der „Gesundheitspresse" werden Linol- und Linolensäure besonders häufig genannt. Prüfen Sie, welche der folgenden Angaben richtig oder falsch sind!

		Richtig	Falsch
(13.1)	α-Linolensäure enthält konjugierte Doppelbindungen.		
(13.2)	α-Linolensäure (18:3) wird in Linolsäure (18:2) umgewandelt.		
(13.3)	Die Bezeichnung Omega-3 bei der α-Linolensäure besagt, dass sich zwischen dem dritten und vierten C-Atom der Kette (von der Methylgruppe an gezählt) eine Doppelbindung befindet.		
(13.4)	Linolsäure ist eine Omega-6 Fettsäure.		
(13.5)	Beide Fettsäuren bezeichnet man als essenziell, weil sie für den Aufbau von Phospholipiden benötigt werden.		
(13.6)	Beide Fettsäuren entstehen im Körper aus Ölsäure (18:1).		
(13.7)	Beide Fettsäuren enthalten nur *cis*-Doppelbindungen.		
(13.8)	Als Bausteine von Phospholipiden erhöhen beide die Fluidität von Zellmembranen und beeinflussen deren Funktion.		
(13.9)	Aus Linolsäure (18:2) kann Arachidonsäure (20:4) entstehen, die Ausgangspunkt für die Biosynthese verschiedener Gewebshormone (z.B. Prostaglandine) ist.		
(13.10)	Eicosanoide enthalten 20 C-Atome		
(13.11)	Omega-3 Fettsäuren senken das Herzinfarktrisiko.		
(13.12)	Aspirin® (ASS) fördert die Biosynthese der Eicosanoide		

Die Antwort finden Sie im Lehrbuch (10. Auflage) auf den Seiten 297/298, 301/302 und 305.

Frage 14

forte

Diabetes und Insulin

Durch Bewegungsarmut und Überernährung, vor allem zu viel Zucker, Fett und Salz sind Stoffwechselerkrankungen auf dem Vormarsch. Eine davon, die zunehmend auch Menschen unter 50 J. betrifft, ist *Diabetes mellitus*.
Prüfen Sie, welche der folgenden Angaben richtig oder falsch sind!

		Richtig	Falsch
(14.1)	Bei *Diabetes mellitus* liegt der Blutzuckerspiegel nüchtern oberhalb von 100 mg/dL.		
(14.2)	Nur Typ-1-Diabetes kann mit Insulin behandelt werden.		
(14.3)	Insulin ist ein exokrines Peptidhormon.		
(14.4)	Insulin wird in den Inselzellen der Bauchspeicheldrüse gebildet.		
(14.5)	Insulin besteht aus zwei Peptidketten, die durch Disulfidbrücken verknüpft sind.		
(14.6)	Das therapeutisch verwendete Humaninsulin wird vollsynthetisch hergestellt.		
(14.7)	Kleine Änderungen in der Aminosäuresequenz des Insulins verändern dessen Eigenschaften.		

		Richtig	Falsch
(14.8)	Typ-2-Diabetes basiert auf einer Insulinresistenz und Störungen bei der Insulinsekretion.		
(14.9)	Bewusstlosigkeit kann typischerweise nur bei einer Hyperglykämie auftreten.		
(14.10)	Insulin wird in der Regel oral verabreicht.		
(14.11)	Der Tagesbedarf an Insulin beträgt 0,3–0,5 IE pro kg Körpergewicht, was je nach Reinheit 1–2 mg Insulin entspricht (1 IE = 0,04167 mg Insulin).		
(14.12)	Insulin wirkt über Rezeptoren an den Nervenzellen im Gehirn.		
(14.13)	Insulin bewirkt die Aufnahme von Glucose in die Zellen, es fördert die Glykogenbildung in der Leber und hemmt sowohl die Gluconeogenese als auch die Lipolyse.		

Die Antwort finden Sie im Lehrbuch (10. Auflage) auf den Seiten 367 bis 369.

Chemisch-medizinische Einordnung von Acetylsalicylsäure (ASS)

Frage 15

Nach einem Herzinfarkt und einem Aufenthalt in der Reha erhält der Patient ein Rezept für ASS 100. Er fragt seinen Hausarzt, was chemisch zu dem Präparat zu sagen ist und wie es wirkt.
Prüfen Sie, ob die folgenden Angaben richtig oder falsch sind!

ASS® (= Acetylsalicylsäure)

		Richtig	Falsch
(15.1)	wird aus Pilzen und Bakterien isoliert.		
(15.2)	hat den systematischen Namen 2-(Acetyloxy)benzoesäure.		
(15.3)	enthält eine freie phenolische OH-Gruppe.		
(15.4)	enthält eine als Ester gebundene Acetylgruppe.		
(15.5)	enthält eine freie Carboxylgruppe.		
(15.6)	hemmt die Biosynthese der Arachidonsäure.		
(15.7)	hemmt die Biosynthese des Cholesterins.		
(15.8)	hemmt das Enzym Cyclooxygenase (COX-1 und COX-2).		
(15.9)	überträgt den Acetylrest auf die Seitenkette eines Serins im aktiven Zentrum von COX.		
(15.10)	fördert die Bildung von Thromboxan aus Arachidonsäure.		
(15.11)	hemmt die Thrombozytenaggregation.		
(15.12)	fördert die Sauerstoffaufnahme im Blut.		
(15.13)	reduziert die Gerinnungsfähigkeit des Blutes.		
(15.14)	beugt einem Herzinfarkt vor.		
(15.15)	gehört zu den unentbehrlichen Arzneimitteln der WHO.		

Die Antwort finden Sie im Lehrbuch (10. Auflage) auf den Seiten 301/302.

Chemisch-medizinische Einordnung von Digitalisglykosiden

Frage 16

Einem Herzpatienten werden Digitalisglykoside verordnet.
Prüfen Sie, ob folgende Angaben richtig oder falsch sind!

Digitalisglykoside

		Richtig	Falsch
(16.1)	sind Naturstoffe aus dem Fingerhut.		
(16.2)	werden heute synthetisch gewonnen.		
(16.3)	enthalten ein abgewandeltes Steroidgerüst mit anhängenden Zuckerresten.		

		Richtig	Falsch
(16.4)	enthalten α-glykosidische Bindungen.		
(16.5)	steigern die Kontraktionskraft des Herzens.		
(16.6)	steigern die Herzfrequenz.		
(16.7)	senken den Cholesterinspiegel im Blut.		
(16.8)	haben eine positiv inotrope Wirkung.		
(16.9)	führen bei einer Überdosierung zu schweren Herzrhythmusstörungen.		

Die Antwort finden Sie im Lehrbuch (10. Auflage) auf Seite 390.

Frage 17

forte

Chemische-biochemische Einordnung verschiedener Lipide

Lipide sind u.a. Bausteine der Zellmembran und haben ganz unterschiedliche Strukturen, Eigenschaften und Funktionen.

Prüfen Sie, welche der folgenden Angaben richtig oder falsch sind!

Als Hilfestellung ist die Formel für Sphingosin gegeben:

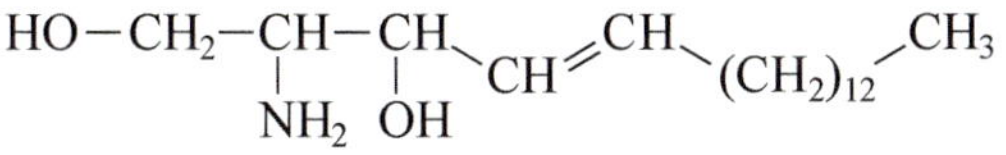

		Richtig	Falsch
(17.1)	Glycerophospholipide enthalten Glycerin-3-phosphat als Baustein.		
(17.2)	Glycerophospholipide enthalten ausschließlich ungesättigte Fettsäuren.		
(17.3)	Die ungesättigten Fettsäuren der Lipide sind *trans*-konfiguriert.		
(17.4)	Lecithine sind amphipathische Moleküle.		
(17.5)	Lecithine enthalten Cholin als Baustein.		
(17.6)	Lecithine bilden in wässriger Lösung bevorzugt Mizellen.		
(17.7)	Die Triebkraft für die Ausbildung von Lipid-Doppelschichten im Zellmilieu sind hydrophobe Wechselwirkungen zwischen den Fettsäureketten.		
(17.8)	Spaltprodukte des Membranbausteins Phosphatidylinositol-4,5-bisphosphat (PIP_2) sind für die zelluläre Signalübertragung wichtig.		
(17.9)	Glykolipide kommen u.a. im Gehirn und im Nervengewebe vor.		
(17.10)	Sphingosin enthält 18 C-Atome.		
(17.11)	Sphingosin enthält eine primäre Aminogruppe.		
(17.12)	Ceramid ist ein Fettsäureester des Sphingosins.		
(17.13)	Ganglioside enthalten Ceramid, das an der primären OH-Gruppe mehrere Zuckerreste trägt.		
(17.14)	Glykolipide sind Bausteine der Glykokalix.		

Die Antworten finden Sie im Lehrbuch (10. Auflage) auf den Seiten 304/305, 316/317 und 394.

Frage 18

forte

Bildung von Magensäure im chemisch-medizinischen Kontext

Die Magendrüsen (Belegzellen, Parietalzellen) produzieren Salzsäure (HCl), die in das Magenlumen abgegeben wird.

Prüfen Sie, ob folgende Angaben richtig oder falsch sind.

		Richtig	Falsch
(18.1)	Pro Tag werden 2–3 L Magensaft gebildet.		
(18.2)	Der Magensaft im leeren Magen hat einen pH-Wert von 0,8 bis 1,5.		
(18.3)	HCl liegt im Magensaft als Molekül vor mit einer stark polarisierten Atombindung.		
(18.4)	Protonen diffundieren freiwillig aus den Magendrüsen in das Magenlumen.		

		Richtig	Falsch
(18.5)	Die Bildung von Magensäure ist ein endergoner Vorgang.		
(18.6)	An der Bildung von HCl ist ATP beteiligt.		
(18.7)	Die für die HCl-Bildung benötigten $Cl^{\ominus}$-Ionen kommen mit der Nahrung in den Magen.		
(18.8)	Die luminale Plasmamembran enthält verschiedene Ionenkanäle.		
(18.9)	Inhibitoren der Protonenpumpe stimulieren die Produktion von Magensäure.		
(18.10)	Parietalzellen sind vor dem aggressiven Magensaft durch ihre Glykokalix geschützt.		
(18.11)	Stress und Ernährung sind ohne Einfluss auf die Bildung von Magensäure.		
(18.12)	Auch in der Niere gibt eine dem Magensaft vergleichbare Säurebildung.		
(18.13)	Die Überproduktion von Magensäure führt zu Gastritis.		
(18.14)	Antiazida finden bei der Übersäuerung des Magens Anwendung.		
(18.15)	Die Magenschleimhaut kann durch ein Infektion mit *Helicobacter pylori* in ihrer Funktion beeinträchtigt werden.		

Die Antworten finden Sie im Lehrbuch (10. Auflage) auf Seite 123.

Chemische Einordnung eines Arzneistoffes

Frage 19

Die nachfolgende Verbindung wurde als Medikament zur Behandlung von Multipler Sklerose (MS) neu zugelassen.

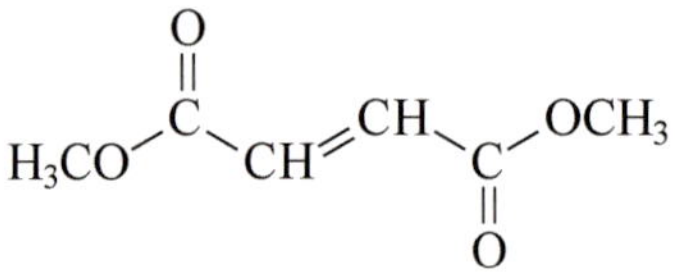

Es handelt sich um den Dimethylester welcher Säure?

- **A** Acetessigsäure
- **B** Maleinsäure
- **C** Bernsteinsäure
- **D** Fumarsäure
- **E** Oxalessigsäure

Die Antworten finden Sie im Lehrbuch (10. Auflage) auf Seite 292 und 296.

Nuklearchemische Grundlagen eines wichtigen Diagnoseverfahrens

Frage 20

Bei der Positronen-Emissions-Tomographie (PET) werden radioaktive Isotope als Tracer eingesetzt, die durch ihre Strahlung pathologische Veränderungen in der Funktion von Gewebe und Organen anzuzeigen.
Prüfen Sie, welche der folgenden Angaben richtig oder falsch sind!

		Richtig	Falsch
(20.1)	PET basiert auf einer $\beta^{\oplus}$-Strahlung.		
(20.2)	Positronen stoßen im Gewebe auf Elektronen und löschen sich gegenseitig aus.		
(20.3)	Gemessen wird die sogenannte „Vernichtungsstrahlung", eine energiearme γ-Strahlung.		
(20.4)	Radioisotope, die Positronen emittieren, kommen in der Natur vor.		
(20.5)	Positronen stammen aus der Elektronenhülle des verwendeten Radioisotops.		
(20.6)	Durch die Abgabe von Positronen erfolgt eine Elementumwandlung.		
(20.7)	Radioisotope, die Positronen emittieren, sind z.B. ^{3}H oder ^{14}C.		
(20.8)	Radioisotope, die Positronen emittieren, sind z.B. ^{18}F oder ^{68}Ga.		

		Richtig	Falsch
(20.9)	Kohlenstoff-11 ($^{11}_{6}C$) emittiert Positronen und wird zu Bor-11 ($^{11}_{5}B$).		
(20.10)	PET ermöglicht eine funktionelle Bildgebung.		
(20.11)	Wird PET zur Diagnose eingesetzt, erübrigt sich eine Computer-Tomographie (CT).		
(20.12)	Wichtige klinische Anwendungen von PET liegen in der Onkologie, Kardiologie und Neurologie.		

Die Antwort finden Sie im Lehrbuch (10. Auflage) auf den Seiten 23–25 und 431.

Frage 21

forte

Chemische Einordnung eines Arzneistoffes

Eine Mutation der Isocitratdehydrogenase (IDH) führt zur Anreicherung folgender Verbindung, die als Tumormarker Hinweise auf verschiedene Krankheitsbilder gibt.

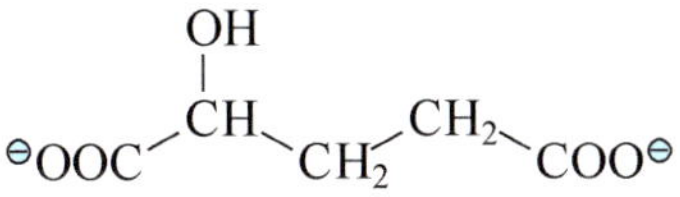

Welche Antwort trifft **nicht** zu?

- A Die Verbindung ist das Anion einer Dicarbonsäure.
- B Es handelt sich um 2-Hydroxyglutarat.
- C Die Verbindung entsteht durch Reduktion von α-Ketoglutarat.
- D Von der Verbindung existieren Enantiomere.
- E Die Verbindung wird leicht decarboxyliert.

Die Antworten finden Sie im Lehrbuch (10. Auflage) auf den Seiten 296 und 331.

Frage 22

forte

Chemisch-medizinische Aspekte das Nicotin betreffend

Das giftige Alkaloid der Tabakpflanze, das Nicotin, hat folgende Struktur:

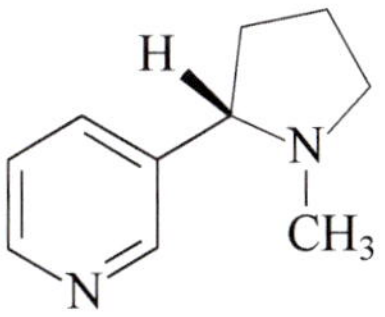

Tabakrauch ist krebserzeugend und schafft eine Nicotin-Abhängigkeit.
Prüfen Sie, ob folgende Angaben zur Struktur des Nicotins und zur Wirkung von Nicotin im Tabakrauch richtig oder falsch sind!

		Richtig	Falsch
(22.1)	Nicotin enthält einen Pyridinring.		
(22.2)	Nicotin ist ein sekundäres Amin.		
(22.3)	Der Pyrrolidinring im Nicotin kommt auch im Prolin vor.		
(22.4)	Nicotin hat die (*S*)-Konfiguration.		
(22.5)	Nicotin ist wie Nicotinamid im $NAD^{\oplus}$ redoxaktiv.		
(22.6)	Im Tabakrauch findet man neben Nicotin und Kohlenmonoxid mehr als tausend andere Substanzen.		
(22.7)	In der Glutzone einer Zigarette entstehen radioaktive Stickstoffisotope.		
(22.8)	Nicotin im Tabakrauch wird in der Leber in Benzpyren umgewandelt.		
(22.9)	Nicotin gelangt von der Lunge ins Blut und von dort direkt ins Gehirn und Nervensystem.		
(22.10)	Nicotin im Tabakrauch trennt DNA-Stränge in den Alveolen.		
(22.11)	Nicotin bindet an sog. Acetylcholin-Rezeptoren.		
(22.12)	Einige Stoffe im Tabakrauch sind karzinogen, z.B. Nitrosamine und Benzpyren.		
(22.13)	Tabakmosaikviren im Tabak verstärken die karzinogene Wirkung.		

		Richtig	Falsch
(22.14)	Tabakrauch fördert die Ausbildung eines Lungenemphysems.		
(22.15)	Nicotin kann auch über die Haut aufgenommen werden.		

Die Antworten finden Sie im Lehrbuch (10. Auflage) auf den Seiten 212, 248, 332 und 401–403.

forte

Thermodynamik einer zentralen biochemischen Gleichgewichts-Reaktion

Frage 23

Bei der Glykolyse wird Fructose-1,6-bisphosphat enzymatisch in Dihydroxyacetonphosphat und Glycerinaldehyd-3-phosphat gespalten. Die beiden Triosen stehen durch die Triosephosphat-Isomerase miteinander im Gleichgewicht, das weit auf der Seite von Dihydroxyacetonphosphat liegt (96 : 4).
Prüfen Sie, ob die folgenden Angaben richtig oder falsch sind!

		Richtig	Falsch
(23.1)	Die Gleichgewichtskonstante *K* ist größer als Null.		
(23.2)	Im Gleichgewichtszustand ist $\Delta G = 0$.		
(23.3)	Für die Gleichgewichtsreaktion ist $\Delta G^{0'}$ kleiner als Null.		
(23.4)	Bei einer Isomerisierung ist der Entropie-Anteil praktisch gleich Null.		
(23.5)	Die Gleichgewichtseinstellung ist an die Hydrolyse von ATP gekoppelt.		
(23.6)	Die Isomerase verschiebt das Gleichgewicht nach rechts.		
(23.7)	Nur Glycerinaldehyd-3-phosphat wird in der Glykolyse weiter umgesetzt, es muss dazu aus dem Gleichgewicht entfernt werden.		
(23.8)	Das Enzym, das die Bildung der beiden Triosen ermöglicht, heißt Aldolase.		

Die Antworten finden Sie im Lehrbuch (10. Auflage) auf den Seiten 91–93, 279 und 373.

forte

Chemisch-biochemische Bedeutung des Schwefels im Stoffwechsel

Frage 24

Im Stoffwechsel ist an vielen Stellen Schwefel beteiligt, der wie Sauerstoff in Gruppe 16 des Periodensystems steht, aber weniger elektronegativ ist als dieser. Die Tendenz zur kovalenten Bindung auf der Basis von sechs Valenzelektronen ist ähnlich wie beim Sauerstoff, insbesondere die Bindungen zum Kohlenstoff sind jedoch weniger fest und der Schwefel kann seine Oxidationsstufe (Oxidationszahl) von −2 im Schwefelwasserstoff (H_2S) bis +6 in der Schwefelsäure (H_2SO_4) verändern. Biochemisch bedeutsam ist der Schwefel in seiner reduzierten Form als Thioalkohol (R–SH), Thioether (R–S–R) und Disulfid (R–S–S–R).
Prüfen Sie, ob die folgenden Angaben richtig oder falsch sind!

		Richtig	Falsch
(24.1)	Eingeatmet ist Schwefelwasserstoff (H_2S) unbedenklich.		
(24.2)	H_2S wird in geringer Menge im Körper gebildet und dient als Botenstoff.		
(24.3)	Schwefel ist mit 0,2 % am Aufbau des Körpers beteiligt.		
(24.4)	Der Schwefel im Körper stammt überwiegend aus den Aminosäuren Cystein und Methionin.		
(24.5)	Beide schwefelhaltigen Aminosäuren sind essenziell.		
(24.6)	Methionin enthält eine SH-Gruppe.		
(24.7)	S-Adenosylmethionin (SAM) kann eine Methylgruppe auf nucleophile Gruppen (z.B. –OH, $–NH_2$) übertragen.		
(24.8)	Die SH-Gruppe im Cystein kann reduziert werden, es entsteht Cystin.		
(24.9)	Disulfide sind wie Peroxide explosiv.		
(24.10)	Durch die Ausbildung von Disulfidbrücken wird die Tertiärstruktur von Proteinen stabilisiert.		
(24.11)	Das redoxaktive Peptid Glutathion enthält drei Aminosäuren u.a. Methionin.		

		Richtig	Falsch
(24.12)	Glutathion kann reaktive Sauerstoffspezies (ROS) abfangen.		
(24.13)	Ein schwefelhaltiges, redoxaktives Coenzym ist die Liponsäure.		
(24.14)	Werden die Disulfidbrücken im Insulin reduktiv geöffnet, bleibt die Wirkung erhalten.		
(24.15)	Das Faserprotein α-Keratin der Haare enthält viel Cystein.		
(24.16)	Disulfidbrücken stabilisieren die Faserstruktur der Haare und können durch Wasserstoffperoxid geöffnet werden.		
(24.17)	Coenzym A enthält eine endständige SH-Gruppe.		
(24.18)	Coenzym A ist redoxaktiv und fängt Radikale (z.B. ROS) ab.		
(24.19)	Acetyl-Coenzym A (Acetyl-SCoA) ist ein Thioester.		
(24.20)	Gibbs-Energie ($\Delta G^{0'}$) der Hydrolyse von Acetyl-SCoA entspricht der von ATP.		
(24.21)	Carbonsäurethioester (Acyl-SCoA) spielen beim Abbau von Fettsäuren (β-Oxidation) eine Rolle.		
(24.22)	Die Fettsäuresynthese ist eine einfache Umkehrung der β-Oxidation.		
(24.23)	Der Citratzyklus beginnt mit der Reaktion von Oxalacetat und Acetyl-SCoA.		
(24.24)	Eisen-Schwefel-Cluster sind Bestandteil von Enzymen der Atmungskette.		
(24.25)	Eisen-Schwefel-Proteine werden für den Transport von Protonen durch die innere Mitochondrienmembran benötigt.		
(24.26)	Eisen-Schwefel-Proteine in der Atmungskette werden für die Weiterleitung von Elektronen auf dem Weg von NADH zum Sauerstoff benötigt.		
(24.27)	In den Eisen-Schwefel-Proteinen schirmt der Schwefel das Eisen vor einem Angriff des Sauerstoffs ab.		
(24.28)	Der charakteristische Geruch von Knoblauch basiert auf schwefelhaltigen Inhaltsstoffen.		
(24.29)	Neurotransmitter enthalten neben Stickstoff häufig auch Schwefel.		
(24.30)	Schwefelwasserstoff ist bei Raumtemperatur gasförmig und riecht nach faulen Eiern.		

Die Antworten finden Sie im Lehrbuch (10. Auflage) auf den Seiten 57/58, 141/142, 243–246, 307/308, 321, 354/355, 364/365, 368, 400.

Frage 25

forte

Chemisch-medizinische Aspekte der Pulsoxymetrie

Pulsoxymetrie ist ein nicht invasives Verfahren, um vitale Daten wie Puls und Sauerstoffsättigung des Blutes bei einem Patienten zu erfassen. Die Messung erfolgt mit einem Clip (Klebesensor) vorzugsweise an einer Fingerspitze, einem Zeh oder Ohrläppchen.
Ein Pulsoxymeter ist ein Photometer, welches mit Licht in zwei Wellenlängenbereichen arbeitet (660–680 nm und 905–920 nm). In einem Bereich absorbiert oxygeniertes Hämoglobin (HbO_2) besser als desoxygeniertes Hämoglobin (Hb), im anderen Bereich ist es umgekehrt. Bestimmt wird ein Differenzwert und mit Hilfe einer Referenztabelle erhält man einen prozentualen Wert für die Sauerstoffsättigung.
Welche Antwort trifft **nicht** zu?

- A Die Sauerstoffsättigung liegt bei Gesunden im Bereich 96–100%.
- B HbO_2 absorbiert im sichtbaren Rotbereich stärker als Hb.
- C Hb absorbiert im nahen Infrarotbereich schwächer als HbO_2.
- D Durch Messung bei zwei Wellenlängen können störende Einflüsse, wie z.B. die Lichtabsorption durch die Haut, weitgehend ausgeschaltet werden.
- E Pulsoxymetrie kann bei CO-Vergiftungen zu falschen Werten führen.

Die Antworten finden Sie im Lehrbuch (10. Auflage) auf den Seiten 172, 399 und 421–424.

Lösungen zu Anhang C: Medizin und Chemie

(1) **Richtig:** 1.3, 1.5, 1.7, 1.9, 1.11, 1.12, 1.14, 1.16; **falsch:** 1.1, 1.2, 1.4, 1.6, 1.8, 1.10, 1.13, 1.15.

(2) **Richtig:** 2.2, 2.3, 2.5, 2.6, 2.10, 2.12, 2.13, 2.15; **falsch:** 2.1, 2.4, 2.7, 2.8, 2.9, 2.11, 2.14.

Hinweis: Die Angabe 2.7 ist falsch, es werden $2 \cdot 10^{11}$ Erythrocyten täglich gebildet; eine unvorstellbar große Zahl.

(3) **Richtig:** 3.3, 3.5, 3.6, 3.9; **falsch:** 3.1, 3.2, 3.4, 3.7, 3.8.

(4) **Richtig:** 4.5, 4.6, 4.8, 4.9; **falsch:** 4.1, 4.2, 4.3, 4.4, 4.7.

(5) **Richtig:** 5.1, 5.3, 5.6, 5.8; **falsch:** 5.2, 5.4, 5.5, 5.7, 5.9.

(6) **Richtig:** 6.1, 6.3, 6.5, 6.6, 6.8, 6.11; **falsch:** 6.2, 6.4, 6.7, 6.9, 6.10.

Hinweis: Das Mikrobiom des Menschen ist erst in den letzten Jahren ins Blickfeld der Medizin gerückt. Insbesondere die Darm-Gehirn-Kommunikation ist nur anfänglich erforscht.

(7) **Richtig:** 7.1, 7.4, 7.8; **falsch:** 7.2, 7.3, 7.5, 7.6, 7.7, 7.9.

Hinweis: Gentamycin gehört wie Streptomycin und Kanamycin zu den Aminoglykosid-Antibiotika. Diese enthalten basische Aminogruppen und Zuckerbausteine.

(8) **Richtig:** 8.1, 8.2, 8.6, 8.8, 8.9, 8.10; **falsch:** 8.3, 8.4, 8.5, 8.7, 8.11.

(9) **Richtig:** 9.1, 9.2, 9.4, 9.8, 9.10, 9.12; **falsch:** 9.3, 9.5, 9.6, 9.7, 9.9, 9.11.

(10) **Richtig:** 10.1, 10.3, 10.4, 10.6, 10.8, 10.9, 10.11, 10.12, 10.13, 10.17; **falsch:** 10.2, 10.5, 10.7, 10.10, 10.14, 10.15, 10.16.

(11) **Richtig:** 11.2, 11.4, 11.5, 11.6, 11.8, 11.9, 11.11, 11,12, 11,14; **falsch:** 11.1, 11.3, 11.7, 11.10, 11.13, 11.15.

(12) **Richtig:** 12.1, 12.4, 12.7, 12.8, 12.10; **falsch:** 12.2, 12.3, 12.5, 12.6, 12.9.

(13) **Richtig:** 13.3, 13.4, 13.7, 13.8, 13.9, 13.10, 13.11; **falsch:** 13.1, 13.2, 13.5, 13.6, 13.12.

Hinweis: 13.5 ist falsch, weil die Begründung nicht der Definition für „essenziell" entspricht.

(14) **Richtig:** 14.1, 14.4, 14.5, 14.7, 14.8, 14,11, 14.13; **falsch:** 14.2, 14.3, 14.6, 14.9, 14.10, 14.12.

(15) **Richtig:** 15.2, 15.4, 15.5, 15.8, 15.9, 15.11, 15.13, 15.14, 15.15; **falsch:** 15.1, 15.3, 15.6, 15.7, 15.10, 15.12

(16) **Richtig:** 16.1, 16.3, 16.5, 16.8, 16.9; **falsch:** 16.2, 16.4, 16.6, 16.7.

(17) **Richtig:** 17.1, 17.4, 17.5, 17.7, 17.8, 17.9, 17.10, 17.13; **falsch:** 17.2, 17.3, 17.6, 17.11, 17.12, 17.14.

(18) **Richtig:** 18.1, 18.2, 18.5, 18.6, 18.8, 18.10, 18.13, 18.14, 18.15; **falsch:** 18.3, 18.4, 18.7, 18.9, 18.11, 18.12.

(19) D

(20) **Richtig:** 20.1, 20.2, 20.3, 20.6, 20.8, 20.9, 20.10, 20.12; **falsch:** 20.4, 20.5, 20.7, 20.11.

(21) E

(22) **Richtig:** 22.1, 22.3, 22.4, 22.6, 22.9, 22.11, 22.12, 22.14, 22.15; **falsch:** 22.2, 22.5, 22.7, 22.8, 22.10, 22.13.

Hinweis: 1) Benzpyren entsteht in der Glutzone einer Zigarette durch unvollständige Verbrennung organischer Substanzen. 2) Das Tabakmosaikvirus (TMV) infiziert Tabakpflanzen und richtet ökonomischen Schaden an. Erkrankte Pflanzen werden nicht zu Tabak verarbeitet. Für den Menschen ist das Virus unbedenklich.

(23) **Richtig:** 23.2, 23.4, 23.7, 23.8; **falsch:** 23.1, 23.3, 23.5, 23.6.

(24) **Richtig:** 24.2, 24.3, 24.4, 24.7, 24.10, 24.12, 24.13, 24.15, 24.17, 24.19, 24.20, 24.21, 24.23, 24.24, 24.26, 24.27, 24.28, 24.30; **falsch:** 24.1, 24.5, 24.6, 24.8, 24.9, 24.11, 24.14, 24.16, 24.18, 24.22, 24.25, 24.29.

(25) B

Nachwort

Wenn Sie bis hierher durchgehalten haben, verdient dies unsere uneingeschränkte Anerkennung. Wir haben es Ihnen wirklich nicht leicht gemacht und wünschen uns, dass Ihnen hinsichtlich der Grundlagen in der Chemie so leicht keiner mehr etwas vormachen kann. Sobald Sie die wesentlichen Inhalte verstanden haben, werden Sie bemerken, dass Sie mit dem von uns aufgespannten Netzwerk einen anderen Zugang zu Ihrem Studienfach erhalten. In Verbindung mit einem Praktikum, das die Chemie durch Experimente erlebbar und erfahrbar macht, können Sie für sich einen Kompentenzgewinn verbuchen, der sich im späteren Beruf auszahlt. Aber das ist Ihnen ohnehin längst klar, sonst wären Sie gar nicht bis zu diesem Nachwort vorgedrungen. Es ist müßig, sich über die „Verwegenheit der Ahnungslosen" zu beklagen, die gesunde Alternative besteht darin, sein Leben im Privaten wie im Beruflichen zielvoll zu führen. Und damit sind wir wieder beim Unterschied zwischen einem Zauberer und einem Medizinmann (➤ Seite 52).

Ihr Autorenteam

Worüber wir uns schon lange wundern

Seit über 40 Jahren werden die Lerninhalte aus dem ersten Abschnitt des Medizinstudiums durch 320 Single-Choice-Aufgaben abgefragt. Anfangs hatten diese Fragen verschiedene Formate, welche die Studierenden durch Ideenreichtum herausforderten. Durch die Einmischung der Verwaltungsgerichte wurden diese Formate so stark eingeschmolzen, dass es heute nur noch Aufgaben gibt, bei denen eine richtige Antwort neben vier falschen Angaben herauszufinden ist. Die Wahrscheinlichkeit, eine Aufgabe ohne Sachkenntnis durch Raten zu lösen, beträgt 20 %.

Bei den aktuellen Überlegungen zur Reform des Medizinstudiums wird betont, dass das Abfragen von Lerninhalten getrennt nach Fächern zu vermeiden ist. **Auch besteht Konsens, dass der Anspruch der Wissenschaftlichkeit ein Kernaspekt der Ausbildung bleibt.** Dieser Anspruch gilt auch und in besonderer Weise für die Prüfungen. Deshalb sollten die Prüfungsfragen stets Brücken zur Medizin schlagen, mit dem Ziel, die Lerninhalte zu vernetzen. Es scheint niemandem aufzufallen, dass die von uns mit Nachdruck unterstützte Vernetzung der Fächer durch das derzeitige Fragenformat stark eingeschränkt, vermutlich sogar unmöglich gemacht wird.

Wir meinen: Kompetenz in einzelnen Fächern wird nicht erreicht, indem man fachbezogen vier falsche oder halbrichtige Angaben mit einer richtigen Antwort kombiniert. Mit anderen Worten: **80 % der Angaben im Examen sind wissenschaftlicher und fachlicher Unsinn,** der die Examinanden verleiten soll, falsche Antworten auszuwählen. Diesen Ansatz betrachten wir als bedenklich, weil sich die Studierenden, die sich mit gelaufenen Prüfungsfragen auf das Examen vorbereiten, ganz überwiegend mit falschen Angaben („Fake News") beschäftigen, von denen immer etwas hängen bleibt. Es ist schon bemerkenswert, mit welcher Akribie gestandene Hochschullehrer sich diesen ganzen Unsinn ausgedacht haben und aktuell ausdenken.

„Fake News" („alternative Fakten") sind im politischen, sozialen und wissenschaftlichen Umfeld zu einem Problem geworden und diese Entwicklung wird durch die Medizinexamina mit Wirkung auf die Studierenden und das Fach unterstützt und gefördert. Aufwendige digitale Prüfungsformate mögen zu einer gegebenen Problemstellung vielschichtige Fach-Prüfungsfragen ermöglichen, jedoch entspricht der Zwang zu exakt einer Lösung nicht dem medizinischen Alltag, der vernetztes Denken und Handeln erfordert. Den Verantwortlichen kann hier Realitätsferne und didaktisches Unvermögen unterstellt werden.

Vorschläge zur Änderung der Situation finden sowohl Studierende als auch Lehrende in diesem Buch.

Eine falsche Angabe neben vier richtigen Antworten herauszufinden, sehen wir als ersten Schritt, damit die Studierenden bei der Prüfungsvorbereitung überwiegend richtige (80 %) und weniger falsche Lerninhalte verinnerlichen. Dies gilt natürlich nicht für reine Rechenaufgaben.

Der zweite Schritt wäre, neben dem Single-Choice-Format (1 aus 5) **vermehrt das Format Multiple-Choice^{forte} zu verwenden.** Dieses Format erlaubt es, Lerninhalte weiter zu fassen, die Fächer leichter zu vernetzen sowie Prüfungs- und Lerninhalte gezielt mit der Medizin zu verbinden. Die Auswahl und Kenntnisse vieler richtiger Details entsprechen der Realität, wenn es um den Erhalt und die Wiederherstellung der Patientengesundheit geht. Dafür geben wir in diesem Buch 25 Beispiele. Bei einem Systemwechsel müsste man die Zahl der Fragen bei vorgegebener Prüfungszeit deutlich verringern. Dies käme der Qualität der Fragen zugute, ohne die leichte Auswertbarkeit der Examina aufzugeben. Außerdem können diese Aufgaben deutlich schlechter durch Raten gelöst werden.

Frei nach Georg Christian Lichtenberg, der in Göttingen wirkte, ist unser Credo:

„Wir können freilich nicht sagen, ob es besser wird, wenn es anders wird; aber so viel können wir sagen: Es muss anders werden, wenn es gut werden soll."

Axel Zeeck, Ingo Mey und Stephanie Grond

Plus im Web

Zeeck

Jetzt mit Lernvideos

Chemie für Mediziner

A. Zeeck   S. Grond   S. C. Zeeck

10. Auflage

LESEPROBE

ELSEVIER

Urban & Fischer

KAPITEL

1 Atombau

Orientierung

Sie schlagen ein Chemiebuch auf und erwarten, dass es mit der Chemie losgeht, mit Formeln, Eigenschaften und Reaktionen chemischer Stoffe. Stattdessen beginnt es mit Atomen, den Bausteinen der Materie. Diese Vorgehensweise bezeichnet man als reduktionistisch und es erwächst die Aufgabe, die Bausteine später wieder zum Ganzen zusammenzusetzen und die Wirklichkeit des Menschen mit seinen körperlichen, seelischen und geistigen Fähigkeiten wahrzunehmen. Wir starten mit diesem Blick tief in die Materie, weil es die Protonen und Elektronen sind, die viele Eigenschaften und das Reaktionsverhalten chemischer Stoffe vermitteln und erklären.
Antwort erhalten Sie u. a. auf folgende Fragen:

- Welche Eigenschaften haben Protonen und Elektronen?
- Wie sind Atome aufgebaut?
- Wann spricht man von einem chemischen Element?
- Wie ist die Elektronenhülle der Atome aufgebaut?
- Warum ist Elektrosmog bedenklich?

1.1 Elementarteilchen

Die **Atome** sind die Bausteine der Materie. *Leukipp* und sein Schüler *Demokrit* kamen im 4. Jahrhundert vor Christus durch Gedankenexperimente zu dieser Einsicht. Sie waren der Meinung, dass sich die kleinsten „Elemente der Einzeldinge" nicht mehr teilen lassen (griech. *atomos* = unteilbar). Dies erwies sich als unzutreffend. Heute wissen wir, dass man bei der Zerlegung von Atomen zahlreiche subatomare Partikel (= Elementarteilchen) nachweisen kann. Von diesen betrachten wir nur drei: **Protonen** ($p^{\oplus}$), **Neutronen** (n) und **Elektronen** ($e^{\ominus}$). Diese reichen aus, um die wichtigsten Eigenschaften der Atome zu verstehen. In der Atomphysik kennt man heute weitere, z. T. sehr kurzlebige Elementarteilchen.

Proton, Elektron, Neutron

Die genannten Elementarteilchen lassen sich durch ihre *Ladung* und *Masse* charakterisieren (Tab. 1/1). Die Elementarladung beträgt absolut $-1{,}6 \cdot 10^{-19}$ C (= Coulomb) für ein Elektron und $+1{,}6 \cdot 10^{-19}$ C für ein Proton. Das Neutron ist ungeladen. Da jede messbare Ladung ein ganzzahliges Vielfaches der Elementarladung ist, genügt es zur Verständigung, relative Ladungen (– 1/+ 1) anzugeben.

Proton und Neutron haben ungefähr die gleiche Masse, ein Elektron besitzt nur etwa $^1/_{2000}$ der Masse eines Protons. Die absoluten Massen in Gramm sind wegen ihrer Kleinheit schwer zu handhaben, man verwendet deshalb relative Massen. Diese sind beim Proton und Neutron etwa gleich 1. Die Stellen hinter dem Komma ergeben sich, weil der Bezugspunkt, die **atomare Masseneinheit u**, nicht das Proton oder das Neutron ist, sondern $^1/_{12}$ der Masse eines Kohlenstoffatoms ^{12}C (☞ Kap. 1.5).

Tab. 1/1 Ladung und Masse der drei wichtigsten Elementarteilchen.

Name	Symbol	relative Ladung	relative Masse (u)	absolute Masse (g)
Proton	$p^{\oplus}$	+1	1,0073	$1{,}66 \cdot 10^{-24}$
Neutron	n	0	1,0087	$1{,}66 \cdot 10^{-24}$
Elektron	$e^{\ominus}$	−1	$5 \cdot 10^{-4}$	$9{,}10 \cdot 10^{-28}$

Aus der Kernphysik ist bekannt, dass es zu Protonen ($p^{\oplus}$) und Elektronen ($e^{\ominus}$) sog. *Antiteilchen* gibt, das Antiproton ($p^{\ominus}$) und das Positron ($e^{\oplus}$). Sie haben die gleiche Masse, aber entgegengesetzte Ladung. Aus Antiteilchen lässt sich *Antimaterie* aufbauen. Treffen Elementarteilchen und deren Antiteilchen aufeinander, löschen sie sich gegenseitig aus und setzen dabei große Mengen Energie frei. Das Positron wird Ihnen in einem medizinischen Diagnoseverfahren (PET = Positronen-Emissions-Tomographie) begegnen (☞ Kap. 2.6).

1.2 Aufbau eines Atoms

Jedes Atom besitzt einen **Atomkern**, der sich aus Protonen und Neutronen, den **Nucleonen,** zusammensetzt, und eine **Elektronenhülle**, in der sich Elektronen aufhalten. Der Atomkern ist positiv geladen und vereinigt nahezu die gesamte Masse eines Atoms in sich. Die Elektronen umgeben den Kern als Wolke negativer Ladung.

! Jedes Atom ist nach außen hin *neutral.*

Atomkern, Elektronenhülle

Der Durchmesser eines Atoms beträgt etwa 10^{-10} m (= 0,1 nm = 100 pm; 0,1 Nanometer = 100 Picometer): Erst wenn man 10^{10} Atome aneinanderreiht, ergibt sich eine Kette von 1 m Länge. Der Atomkern ist deutlich kleiner und hat einen Durchmesser von etwa 10^{-15} m (= 1 fm; 1 Femtometer). Die Größenrelation von Gesamtatom zu Atomkern ist wie die einer großen Sporthalle zu einem Tischtennisball, es gibt also sehr viel Platz in einem Atom. Dieser Platz steht den Elektronen zur Verfügung, die bei einer dichten Atompackung, wie z. B. in einem Stück Metall, die Atomkerne auf Distanz halten. Um einen Eindruck von den atomaren Dimensionen zu erhalten, kann man Größen und Abstände in der Welt wie in Tabelle 1/2 vergleichen. Man erkennt, dass der *Mensch* ziemlich genau zwischen *Mikrokosmos* und *Makrokosmos* seinen Platz hat.

Tab. 1/2 Größen und Abstände in Mikro- und Makrokosmos (in Meter).

Atomkern	Durchmesser	10^{-15}
Atom	Durchmesser	10^{-10}
Hämoglobin	Ausdehnung	10^{-8}
Zellkern	Durchmesser	10^{-6}
Erythrozyten	Durchmesser	10^{-5}
Mensch	Größe	1,7
Erde	Durchmesser	10^{7}
Sonne	Durchmesser	10^{9}
Erde – Sonne	Abstand	10^{11}
Milchstraße	Ausdehnung	10^{21}

Kernladungszahl, Ordnungszahl

Der Atomkern ist positiv geladen. Die Summe der Protonen im Atomkern ergibt die sog. **Kernladungszahl** (KLZ). Ordnet man die Atome nach steigender KLZ, entsteht daraus als gleichwertiger Begriff die **Ordnungszahl** (OZ) der Elemente. Das einfachste Atom ist das Wasserstoffatom (Elementsymbol H), es hat die Kernladungszahl 1 und damit auch die Ordnungszahl 1. Natriumatome (Na) haben die Kernladungszahl 11, Phosphoratome (P) 15, Uranatome (U) 92. Da Atome nach außen hin neutral sind, wird die Ladung eines Atomkerns durch die entsprechende Anzahl Elektronen in der Umgebung des Atomkerns ausgeglichen. Für Atome gilt also:

! **Kernladungszahl = Ordnungszahl = Zahl der Protonen im Atomkern = Zahl der Elektronen in der Elektronenhülle.**

Sauerstoff hat die Ordnungszahl 8. Damit ist klar, dass ein Sauerstoffatom 8 Protonen im Atomkern enthält und 8 Elektronen in der Elektronenhülle. Ein Sauerstoffatom besitzt jedoch die relative Atommasse 16 u. Dies bedeutet, dass der Atomkern neben den 8 Protonen noch 8 Neutronen enthalten muss, da die Elektronen zur Masse praktisch nichts beitragen.

Massenzahl

16 ist die **Massenzahl** (= Nucleonenzahl) eines Sauerstoffatoms. Ein Atom ist bezüglich der enthaltenen Elementarteilchen vollständig charakterisiert, wenn man neben der Ordnungszahl noch die Massenzahl angibt. Für Atome der oben genannten Elemente ergibt sich folgende Schreibweise:

$$^{1}_{1}H,\ ^{16}_{8}O,\ ^{23}_{11}Na,\ ^{31}_{15}P \text{ und } ^{238}_{92}U.$$

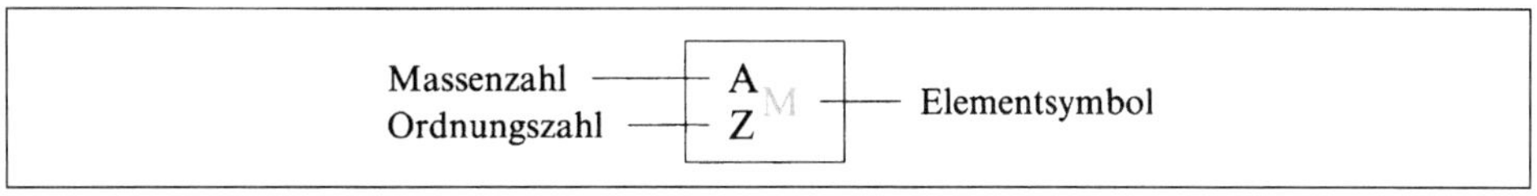

1.3 Isotope

Es gibt Atome, die in der *Kernladungszahl (= Ordnungszahl)* übereinstimmen, sich jedoch in der *Massenzahl* unterscheiden. Die Atomkerne solcher Atome enthalten dieselbe Anzahl Protonen, jedoch eine unterschiedliche Anzahl Neutronen. Die Anzahl der Neutronen im Atomkern ist die Differenz aus Massenzahl und Ordnungszahl (A – Z).

Isotope

! Atome mit gleicher Ordnungszahl, die sich in der Massenzahl unterscheiden, werden als **Isotope** bezeichnet.

Vom Chlor z. B. kennt man die Isotope $^{35}_{17}Cl$ und $^{37}_{17}Cl$, vom Uran $^{235}_{92}U$ und $^{238}_{92}U$. Die Chlor-Isotope unterscheiden sich um zwei Neutronen im Atomkern, die Uran-Isotope um drei Neutronen. Die abgekürzte Schreibweise $^{A}_{Z}M$ hilft also nicht nur, den Atomaufbau abzuleiten, sondern ermöglicht auch das Erkennen von Isotopen.

Die Isotope eines Elementes können *stabil* oder *instabil* (= radioaktiv) sein. Sie können *natürlichen* Ursprungs sein oder werden *künstlich* hergestellt, z. B. durch Kernspaltung oder durch Beschuss von Atomen mit Elementarteilchen. Die Isotope eines Elementes haben sehr ähnliche chemische Eigenschaften und können im Stoffwechsel normalerweise nicht unterschieden werden.

1.4 Elemente

Chemisches Element

Besteht ein Stoff nur aus Atomen mit derselben Kernladungszahl, dann spricht man von einem **chemischen Element**.

! In einem chemischen Element haben alle Atome dieselbe Ordnungszahl (Kernladungszahl).

Derzeitig sind 118 chemische Elemente bekannt, die alle einen Namen und eine Abkürzung *(= Elementsymbol)* haben. Das Elementsymbol leitet sich nicht immer vom deutschen Namen des Elements ab (Tab. 1/3). Man muss die Namen und Abkürzungen wichtiger Elemente kennen, um chemische Gleichungen lesen zu können.

Viele Elemente setzen sich aus zwei oder mehr stabilen Isotopen zusammen, d. h. aus Atomen mit gleicher Ordnungszahl, aber unterschiedlicher Neutronenzahl. Für die Zahl der Isotope gibt es natürliche Grenzen. Bei Elementen mit kleinen Ordnungszahlen stimmt die Zahl der Protonen und Neutronen in etwa überein. Bei Elementen mit hoher Ordnungszahl gibt es einen geringfügigen Neutronenüberschuss: Die Neutronen werden im Atomkern benötigt, um die sich gegenseitig abstoßenden Protonen zusammenzuhalten. Wird von dieser Ausgewogenheit abgewichen, werden die Atomkerne *instabil* und versuchen, sich durch Abgabe von Elementarteilchen zu stabilisieren. Es treten *Isotope* auf, die *radioaktiv* sind (☞ Kap. 2.6).

! Es gibt drei **Wasserstoff-Isotope:** $^{1}_{1}H$, $^{2}_{1}H$ *(= Deuterium)* und $^{3}_{1}H$ *(= Tritium)*. Die ersten beiden sind stabil. Tritium ist radioaktiv.

Vom Kohlenstoff ($^{11}_{6}C$, $^{12}_{6}C$, $^{13}_{6}C$, $^{14}_{6}C$) gibt es vier Isotope, von denen $^{11}_{6}C$ und $^{14}_{6}C$ radioaktiv sind. Weitere Beispiele zeigt Tabelle 1/3.

Die Isotopenzusammensetzung der auf der Erde natürlich vorkommenden Elemente ist praktisch konstant. Es gibt eine definierte **Isotopenhäufigkeit**. Wasserstoff z. B. enthält 99,99% $^{1}_{1}H$ und 0,01% $^{2}_{1}H$, Kohlenstoff 98,9% $^{12}_{6}C$ und 1,1% $^{13}_{6}C$, Chlor 75% $^{35}_{17}Cl$ und 25% $^{37}_{17}Cl$. Zinn ($_{50}Sn$) setzt sich aus 10 Isotopen zusammen, während Phosphor ($_{15}P$) ein *isotopenreines Element* ist. Der Anteil radioaktiver Isotope ist wegen des hohen Alters der Erde gering und müsste zukünftig weiter abnehmen. Atomare Katastrophen wie in Tschernobyl und Fukushima können diese Entwicklung natürlich verändern.

1.5 Atommasse, Stoffmenge Mol

Atommasse

Atommasse. Ein Wasserstoffatom $^{1}_{1}H$ hat die Masse $1{,}67 \cdot 10^{-24}$ g, ein Natriumatom $^{23}_{11}Na$ etwa das 23-Fache. Diese Massen sind unvorstellbar klein und für den Alltagsgebrauch ungeeignet. Man definiert deshalb eine relative Atommasse (A_r) mit der Einheit u (unified atomic mass unit) und setzt die Masse des Kohlenstoffisotops $^{12}_{6}C$ gleich 12,000 u. Aus dem Massenvergleich mit diesem Isotop ergeben sich alle anderen Atommassen.

! Die relative Atommasse 1 u entspricht $^{1}/_{12}$ der Masse eines Atoms des Kohlenstoffisotops $^{12}_{6}C$.

Calcularius
(chemisch Rechnen)

https://else4.de/7a5

Absolut hat ein $^{12}_{6}C$-Atom die Masse $1{,}99265 \cdot 10^{-23}$ g. Nimmt man davon $^{1}/_{12}$, ergibt sich 1 u $= 1{,}6605 \cdot 10^{-24}$ g.
Ein Blick in Tabelle 1/3 lässt erkennen, dass kein Element eine glatte Atommasse aufweist. Hierfür gibt es drei Gründe:

1. Die Masse eines Protons oder Neutrons ist nicht genau gleich 1 u (Tab. 1/1).
2. Die Massen der Elementarteilchen addieren sich nicht genau, weil es eine atomare Bindungsenergie gibt, die zu einer Massenabnahme führt (Massendefekt).
3. Die Zahlen in den Tabellenwerken spiegeln zugleich die natürliche *Isotopenhäufigkeit* eines Elements wider. Beim Kohlenstoff z. B. liegt die mittlere Atommasse wegen des Anteils von ^{13}C etwas über 12 u.

Die mittleren Atommassen der Elemente benötigt man, um z. B. bei chemischen Reaktionen Massenbilanzen aufstellen zu können. Die Massen sind für einige Elemente in Tabelle 1/3 angegeben. Man findet sie für alle Elemente im Periodensystem oberhalb des Namens (Abb. 2/1 in ☞ Kap. 2).

Tab. 1/3 Liste einiger chemischer Elemente mit Namen, Elementsymbol, Ordnungszahl (OZ), mittlerer Atommasse und Nennung einiger, z. T. künstlicher Isotope*.

Element	Symbol	OZ	Atommasse (u)	Isotope (= Nuclide)
Wasserstoff	H	1	1,008	^{1}H, ^{2}H, ^{3}H*
Kohlenstoff	C	6	12,011	^{11}C*, ^{12}C, ^{13}C, ^{14}C*
Stickstoff	N	7	14,007	^{13}N*, ^{14}N, ^{15}N
Sauerstoff	O	8	15,999	^{16}O, ^{17}O*, ^{18}O
Fluor	F	9	18,998	^{17}F*, ^{18}F*, ^{19}F, ^{20}F*, ^{21}F*
Natrium	Na	11	22,990	^{23}Na, ^{24}Na*
Magnesium	Mg	12	24,305	^{24}Mg, ^{25}Mg, ^{26}Mg
Phosphor	P	15	30,974	^{31}P, ^{32}P*
Schwefel	S	16	32,066	^{32}S, ^{35}S*
Chlor	Cl	17	35,453	^{35}Cl, ^{37}Cl
Kalium	K	19	39,102	^{39}K, ^{40}K*, ^{42}K*
Calcium	Ca	20	40,080	^{40}Ca, ^{45}Ca*, ^{47}Ca*
Eisen	Fe	26	55,847	^{55}Fe*, ^{56}Fe, ^{59}Fe*
Cobalt	Co	27	58,932	^{58}Co*, ^{59}Co, ^{60}Co*
Iod	I	53	126,904	^{125}I*, ^{127}I, ^{131}I*
Uran	U	92	238,029	^{235}U*, ^{238}U*

* Das Isotop ist radioaktiv.

Stoffmenge

Mol. Nimmt man 12,000 g des Kohlenstoffisotops $^{12}_{6}C$ und dividiert durch die absolute Masse eines C-Atoms (s. o.), so erhält man die Anzahl der C-Atome, die in 12 g enthalten sind. Das Ergebnis lautet $6{,}02 \cdot 10^{23}$. Die Zahl ist eine Naturkonstante und heißt **Avogadro-Konstante** N_A (früher Loschmidt-Zahl). Von ihr ausgehend wird die **Stoffmenge** *n* mit der Bezeichnung **Mol** (Einheitszeichen mol) definiert.

! Ein Mol eines chemischen Elements enthält $6{,}02 \cdot 10^{23}$ Atome.
Ein Mol einer chemischen Verbindung enthält $6{,}02 \cdot 10^{23}$ Moleküle.

Die Avogadro-Konstante gibt also an, wie viele Teilchen in der Stoffmenge 1 mol enthalten sind. Anders ausgedrückt: Gleiche Stoffmengen verschiedener Stoffe enthalten die gleiche Anzahl Teilchen.

Avogadro-Konstante

! **Avogadro-Konstante:** $N_A = 6{,}02 \cdot 10^{23}\ mol^{-1}$

Mit der Stoffmengen-Angabe wird es sehr viel leichter, chemische Reaktionen quantitativ zu beschreiben, weil die Stoffmenge unabhängig ist von äußeren Parametern, wie z. B. Druck und Temperatur. Ein Mol eines Elements entspricht der mittleren Atommasse in Gramm (Beispiel Natrium: 1 mol = 23 g). Ein Mol einer chemischen Verbindung entspricht der Molekülmasse in Gramm (Beispiel Wasser: 1 mol = 18 g).

Mit den bekannten Abkürzungen kann man auch kleine Teilmengen beschreiben (Tab. 1/4). Selbst 1 nmol (= 1 Nanomol = 10^{-9} mol) enthält immer noch ca. $6 \cdot 10^{14}$ Teilchen des betrachteten Stoffes, das sind mehr Teilchen, als es Menschen auf der Erde gibt (ca. 10^{10}). Sich diese Größenordnungen zu verdeutlichen wird wichtig, wenn über die Dosierung von Arzneimitteln gesprochen wird oder wenn man sich mit der *Homöopathie* beschäftigt. Erst ab einer Konzentration von 10^{-24} mol/L kann man davon ausgehen, dass kein Molekül einer Verbindung mehr in der Lösung enthalten ist.

Tab. 1 Gültige Basiseinheiten nach dem Internationalen Einheitensystem (SI-Einheiten).

Länge (l)	in Metern (m)
Masse (m)	in Kilogramm (kg)
Zeit (t)	in Sekunden (s)
Temperatur (T)	in Kelvin (K)
Stoffmenge (n)	in Mol (mol)
Stromstärke (I)	in Ampère (A)
Lichtstärke (I_v)	in Candela (cd)

Tab. 2 International festgelegte Präfixe für dezimale Teile und Vielfache von SI-Einheiten.

Präfix		Faktor	Präfix		Faktor
Tera-	(T)	10^{12}	Dezi-	(d)	10^{-1}
Giga-	(G)	10^{9}	Zenti-	(c)	10^{-2}
Mega-	(M)	10^{6}	Milli-	(m)	10^{-3}
Kilo-	(k)	10^{3}	Mikro-	(μ)	10^{-6}
Hekto-	(h)	10^{2}	Nano-	(n)	10^{-9}
Deka-	(da)	10	Piko-	(p)	10^{-12}
			Femto-	(f)	10^{-15}
			Atto-	(a)	10^{-18}

Tab. 3 Abgeleitete SI-Einheiten.

Abgeleitete SI-Einheit	Beziehung zur Basiseinheit
Fläche	m^2
Volumen (V)	cm^3 ($1\ L = 1\ dm^3 = 10^{-3}\ m^3$)
Dichte (ρ)	$kg \cdot m^{-3}$ (gebräuchlich: $g \cdot cm^{-3}$)
Geschwindigkeit (v)	$m \cdot s^{-1}$ ($1\ m \cdot s^{-1} = 3{,}6\ km \cdot h^{-1}$)
Stoffmengenkonzentration (c)	$mol \cdot L^{-1}$ ($mol \cdot m^{-3}$)
Molare Masse (M_m)	$g \cdot mol^{-1}$ ($kg \cdot mol^{-1}$)
Molekülmasse (M_r)	u ($1\ u = 1{,}66054 \cdot 10^{-27}\ kg$)
Druck in Pascal (Pa)	$1\ Pa = 1\ kg \cdot s^{-2} \cdot m^{-1} = 1\ Nm^{-2}$
Druck in Bar (bar)	$1\ bar = 10^5\ Pa = 1000\ hPa$
Kraft in Newton (N)	$1\ N = 1\ kg \cdot m \cdot s^{-2}$
Energie in Joule (J; Wärmemenge, Arbeit)	$1\ J = 1\ kg \cdot m^2 \cdot s^{-2} = 1\ Nm$
Leistung in Watt (W)	$1\ W = 1\ kg \cdot m^2 \cdot s^{-3} = 1\ J \cdot s^{-1}$
Elektrische Ladung in Coulomb (C)	1 C = 1 As
Elektrische Spannung in Volt (V)	$1\ V = 1\ kg \cdot m^2 \cdot A^{-1} \cdot s^{-3} = 1\ W \cdot A^{-1}$
Frequenz in Hertz (Hz)	$1\ Hz = 1\ s^{-1}$
Radioaktivität in Becquerel (Bq)	$1\ Bq = 1\ s^{-1}$

Tab. 4 Beziehung zwischen SI-Einheiten und einigen älteren, noch in Gebrauch befindlichen Einheiten.

	Beziehung zu SI-Einheiten
Zeit (t) in Minuten (min)	1 min = 60 s
in Stunden (h)	1 h = 60 min = 3600 s
in Tagen (d)	1 d = 24 h = 86400 s
Temperatur in Grad Celsius (°C)	T (in K) = T (in °C) + 273,15
Druck (p) in Torr	1 Torr = 1,33 mbar
in Atmosphäre	1 atm = 1,013 bar = 760 mmHg = 1013 hPa
in mmHg	1 mmHg = 1 Torr = 1,33 mbar
Energie in Kalorien (cal)	1 cal = 4,18 J
Länge in Ångström	$1\ Å = 10^{-10}\ m$
Radioaktivität in Curie	$1\ Ci = 3{,}7 \cdot 10^{10}\ s^{-1}$